Sabine Hübner | Reiner App

Tue dem Kunden Gutes und rede darüber!

Sabine Hübner | Reiner App

Tue dem Kunden Gutes und rede darüber!

Mehr Erfolg durch die richtige Servicekommunikation

REDLINE | VERLAG

Bibliografische Information der Deutschen Nationalbibliothek:
Die Deutsche Nationalbibliothek verzeichnet diese Publikation in der Deutschen National-
bibliografie; detaillierte bibliografische Daten sind im Internet über **http://d-nb.de** abrufbar.

Für Fragen und Anregungen:
huebner@redline-verlag.de
app@redline-verlag.de

1. Auflage 2013

© 2013 by Redline Verlag, ein Imprint der Münchner Verlagsgruppe GmbH,
Nymphenburger Straße 86
D-80636 München
Tel.: 089 651285-0
Fax: 089 652096

Redaktion: Ulrike Kroneck, Melle-Buer
Satz: Georg Stadler, München
Druck: CPI – Ebner & Spiegel, Ulm
Printed in Germany

ISBN Print 978-3-86881-336-4
ISBN E-Book (PDF) 978-3-86414-238-3
ISBN E-Book (EPUB, Mobi) 978-3-86414-480-6

Weitere Informationen zum Verlag finden Sie unter
www.redline-verlag.de
Beachten Sie auch unsere weiteren Imprints unter
www.muenchner-verlagsgruppe.de

Inhalt

Vorwort

Service und Kommunikation – es gibt keine stärkere Kombination, um Kunden dauerhaft zu überzeugen. Mehr noch: Heute lassen sich Service und Kommunikation gar nicht mehr trennen. Denn jede Facette von Service wird von Kommunikation getragen. Und je mehr Service individualisiert und personalisiert wird, desto persönlicher muss Kommunikation sein. Wir sind überzeugt: Das Marketing der Zukunft wird personalisierter Service sein.

Marketing mit der Gießkanne funktioniert nicht mehr. Der Kunde möchte auf Augenhöhe mit einem Unternehmen sprechen, und er besteht darauf, dass das Unternehmen ihm zuhört. Leider sind die wenigsten Unternehmen darauf eingerichtet, und die wenigsten nutzen das gewaltige Potenzial eines echten Dialogs mit dem Kunden. Stattdessen werden mit viel Aufwand große Service-Ideen zuerst auf den Markt gebracht und dann an die Wand gefahren: zum Beispiel, weil Unternehmen ihren Kunden gar nicht verraten, welchen Service sie bieten. Weil sie sich für die wirklichen Bedürfnisse des Kunden nicht interessieren und auch nicht dafür, über welche Kanäle sie ihre Kunden erreichen könnten. Oder weil sie zu langweilig, zu kompliziert, zu arrogant, zu aufdringlich oder zu kalt kommunizieren. Kurz: Es geht schief, was nur schiefgehen kann. Unternehmen verschenken so wertvolle Chancen und entwerten hohe Investitionen.

Falsche Kommunikationsstrategien wirken im Service so verheerend wie nirgends sonst. Sie richten massive Vertrauensschäden an und ziehen existenzbedrohende Umsatzeinbrüche nach sich. »Vertrauen kommt so langsam wie ein Fußgänger und verschwindet so schnell wie ein Reiter«, formulierte der niederländische Staatsmann Johann Thorbecke schon im 19. Jahrhundert.

Heute verschwindet Vertrauen in Sekundenschnelle, denn jeder Kunde »teilt« zu jeder Zeit seine Begeisterung oder seinen Unmut via Internet. Höchste Zeit also für Unternehmen, Service- und Marketingstrategien nicht mehr als getrennte Aufgaben anzusehen, sondern als eine einzige Herausforderung. Es geht dabei nicht nur um eine perfekte Verzahnung von Service und Marketing, sondern um eine komplette Integration.

Denn der Kunde der Zukunft interessiert sich nicht für das, was sich Marketingabteilungen für ihn vorstellen, und er will auch nicht von outgesourcten Serviceabteilungen getröstet werden. Er will, dass Unternehmen sich anhören, was er sich selbst vorstellt, er will über alle Kanäle auf Augenhöhe mit den Unternehmen sprechen, und er will, dass Unternehmen ihm genau das liefern, was er sich wirklich wünscht – oder besser noch: gewünscht hätte, wenn er selbst darauf gekommen wäre.

Wir wünschen Ihnen eine angenehme und inspirierende Lektüre!

Sabine Hübner und Reiner App

Einleitung

Service ist wie darstellende Kunst: Er ist nicht materiell, er ist immer wieder einmalig, er entsteht im Zusammenspiel mit dem Kunden, er wird individuell völlig unterschiedlich wahrgenommen, und er lebt via Kommunikation. Deshalb ist Service nur schwer standardisierbar, schwer planbar, schwer kalkulierbar, schwer messbar. Das allein hat exzellenten Service schon immer zu einer besonderen Herausforderung für Unternehmen gemacht. Jetzt kommen weitere Herausforderungen dazu:

➤ Der Kunde lebt im Dauerstress.

➤ Der Kunde leidet unter der Informationsüberflutung.

➤ Der Kunde kauft und kommuniziert über viele Kanäle.

➤ Der Kunde will Klasse *und* Masse, Reales *und* Digitales.

➤ Der Kunde »fühlt« öffentlich im Web 2.0.

24/7: Leben ohne Atempause

Wir haben keinen »normalen« 9-to-5-Job mehr, sondern sind sieben Tage in der Woche durchgehend auf Abruf: 24/7 heißt die neue Formel. Wir haben keine durchgeplanten Biografien mehr, die von einer Karrierestufe zur nächsten und bis zur wohlverdienten Rente führen. Stattdessen wird biografischer Wirrwarr zur Normalität: Wir arbeiten immer in mehreren Projekten gleichzeitig, beantworten Kundenanfragen per Smartphone schon um 6 Uhr am Frühstückstisch oder um 23 Uhr aus dem Hotelbett, holen hektisch die Kinder aus der Tagesbetreuung und die Hemden aus der Reinigung, bestellen zwischendurch alles Lebensnotwendige im Internet und sind heilfroh darüber, dass der Friseur nebenan die Pappkartons mit unseren Online-Bestellungen im Hinterzimmer zwischenstapelt. Wir legen Wert auf schöneres Wohnen, sind aber kaum zu Hause.

»Die Herausforderung besteht nicht länger darin, noch mehr oder noch bessere Produkte anzupreisen, sondern auf die Bedürfnisse der Kunden zugeschnittene Dienste anzubieten«, schreibt Dr. Martina Kühne, Senior Researcher am GDI Gottlieb Duttweiler Institut. Sie analysiert wirtschaftliche und gesellschaftliche Veränderungen in Konsum, Shopping, Einzelhandel und Dienstleistungen. »Wir wollen als Kunden nicht noch einen Kühlschrank, sondern einen Service, der dafür sorgt, dass er stets angemessen gefüllt ist. Und wir wollen kein besseres Auto, sondern einen Dienst für Mobilität auf Abruf. Innovation verbessert nicht länger Produkte, sie ermöglicht den Kunden, ihr Leben besser zu bewältigen – so lautet die neue Servicelogik.«[1]

»Zuvielfalt«: Leben ohne Orientierung

Das Leben bewältigen: Das heißt heute etwas völlig anderes als für die Generationen vor uns. Lehnten sich zum Beispiel die Menschen in den 1950er- und bis hinein in die 1970er-Jahre noch gegen zu wenig Freiheit, zu enge Moralvorstellungen, zu wenig Wahlfreiheit auf, so haben wir heute das umgekehrte Problem: Nicht ein zu enges soziales Korsett nimmt uns die Luft zum Atmen, sondern eine geradezu absurde Zahl von Möglichkeiten – ganz gleich, ob es um die Wahl einer medizinischen Behandlung oder eines Toastbrots, eines tragbaren Kleincomputers oder einer Haftpflichtversicherung, einer Religion oder einer Einlegesohle geht. Innerhalb dieser »Zuvielfalt« müssen wir uns zurechtfinden, entscheiden und zugleich selbst verwirklichen – am besten erfolgreich. Denn in einer Zeit, in der unser Geschick unserer Vorstellung nach nicht mehr von oben gelenkt wird (vom gnädigen Fürsten, vom lieben Gott etc.), sondern nur mehr von uns selbst, gibt es niemanden mehr, den wir für unser Scheitern verantwortlich machen können.

So kommt es, dass jede Entscheidung als existenzielle Prüfung empfunden wird, dass Menschen sich orientierungslos, überfordert und erschöpft fühlen. Und so kommt es, dass Kunden sich von jedem Anbieter und am liebsten von jedem Produkt wünschen: »Sprich mit mir!«

Genau hier setzt die »neue Servicelogik« an: Sie bietet »Lösungen statt Produkte, individuelle Hilfestellung statt Massenkonsum« – so jedenfalls sieht es Andreas Steinle, Geschäftsführer des Zukunftsinstituts, Kelkheim.[2] Neue Dienstleister werden uns dabei helfen, den Alltag outzusourcen: »Dienstleistungen, Service und Hilfestellungen zwischen Kind und Karriere, Beziehung und Beförderung werden sich in den nächsten Jahren noch stärker zu einer Unterstützungsökonomie formieren.« Vier Märkte zeichnen sich Steinle zufolge in diesem Feld ab:

➤ **Familien-Services** wie Baby-Hotels oder Reiseangebote mit Kinderbetreuung,

➤ **Health-Services** von Tourismus-Anbietern, Versicherungen oder Kosmetikherstellern,

➤ **Everyday-Services** von persönlichen Assistenten, Trainern oder Ärzten,

➤ **Genuss-Services** von Wellness-Hotels, Buchläden oder Banken.

Doch auch klassische Service-Experten wie Hotels oder Friseure müssen umdenken. Denn exzellenter Service bedeutet nicht unbedingt »mehr« Service und »mehr« Kommunikation, sondern einen »genau richtigen« Service samt Kommunikation. So genießt es der eine Hotelgast, keine unnötige Zeit beim Frühstücken verschwenden zu müssen und dafür eine wunderbare Kaffeemaschine nebst kleinem Snack im Zimmer vorzufinden. Kommunikation mit dem Servicepersonal: Nein, danke! Wohingegen der andere exzellenten Service in einem opulenten Frühstücksbüffett und einem freundlichen Small-Talk sieht. Ähnlich empfindet die eine Friseurbesucherin einen Halbtagesbesuch im Salon inklusive ausführlichem Gespräch über geplante Urlaubsreisen als puren Luxus-Service, wohingegen die andere einen schwatzfreien Blitz-Hausbesuch vor Arbeitsbeginn bevorzugt.

Die universelle Formel für Service und Kommunikation gibt es nicht. Beides muss heute so individuell sein, wie Menschen unterschiedlich leben, arbeiten und konsumieren.

Markt, Mall, Mobile: Der Kunde kauft immer und überall

Im Handel hat sich so viel geändert, dass Service und Kommunikation völlig neu gedacht werden müssen. Werfen wir kurz einen Blick zurück:

➤ Traditionell kauften die Menschen auf **Märkten** ein. Langsam entwickelten sich Produktehandel, Manufakturwarenhandel und mit der Kolonialzeit auch der Handel mit Kolonialwaren – zumeist in Form kleiner **Ladengeschäfte**. Service bestand zu dieser Zeit vor allem in einer freundlichen Kommunikation mit dem Kunden und in der Erfüllung der Kundenwünsche.

➤ 1852 öffnete in Paris das erste **Warenhaus**, das alles unter einem Dach anbot: Das Maison du Bon Marché galt als Palast des Kommerzes, der die Konsumwünsche des Adels und des Großbürgertums zu erfüllen versuchte. »Der Kunde wurde zum König gekrönt, und das Warenhaus blieb mehr als ein Jahrhundert lang sein Königreich«, resümiert die Studie »Einkaufen 4.0« von Deutsche Post DHL und tns Infratest.[3] Service wurde zum exklusiven Luxus, die Kommunikation mit dem Kunden zu einem Akt der Demut.

➤ Nur wenige Jahre später entstanden in europäischen Großstädten wie Paris, Brüssel oder Leipzig die ersten **Passagen** aus Glas und Stahl, besonders prachtvoll zeigt sich zum Beispiel die Galleria Vittorio Emanuele II, die 1867 in Mailand eröffnet wurde und heute Luxusmarken-Läden wie Prada, Gucci oder Louis Vuitton und gehobene Gastronomie beherbergt.

➤ Schon wenige Jahre später verwirklichte der Unternehmer Ernst Mey die Idee, statt Vertretern bebilderte Kataloge in die hintersten Winkel der Provinz zu schicken. So entstand 1886 das **Versandhandel**-Konzept, das andere Unternehmer sehr schnell kopierten. Service und Kommunikation umfassten nun nicht mehr die persönliche Bedienung des Kunden, sondern vielmehr eine professionelle Abwicklung von Bestellung, Bezahlung und Logistik.

➤ 1930 öffnete der erste **Supermarkt** in New York – endlich durften Kunden selbst in die Regale greifen. Einfache **Einkaufszentren** folgten überall in den USA, ab den 1960er-Jahren auch in Deutschland. Mit der zunehmenden Zahl der Privatautos schossen auch die Zahl und die Größe der Einkaufszentren auf der grünen Wiese in die Höhe. Während das Konzept in den USA heute offenbar an seine Grenzen stößt, werden in Asien immer größere **Megamalls** eröffnet: zum Teil mit mehr als 1000 Geschäften wie die Dubai Mall (350 000 Quadratmeter). Damit wurde die Bandbreite von Service und Kommunikation noch größer: vom angenehmen Parken über perfektes Gebäudemanagement (Beispiel Klimaanlage), Orientierungshilfen, Unterhaltungsangeboten bis hin zu exzellentem Service innerhalb der einzelnen Läden.

➤ 1995 läutete Pionier Jeff Bezos mit seinem ersten **Online-Shop** (sein damals kleiner Buchladen www.amazon.de) eine neue Ära das Handels ein. Seitdem haben immer mehr Einzelhändler und Filialisten zusätzliche Online-Stores eröffnet, während große, traditionelle Versandhändler wie Neckermann die Revolution nicht überlebt haben. Zugleich ist der Handel mit Gebrauchtwaren über Portale wie eBay, aber auch über Online-Giganten (heute: www.amazon.de) sprunghaft gewachsen. Dieser Wandel zog neue Herausforderungen in Kommunikation und Service nach sich: von zuverlässigen Paketdiensten (hin und retour) in der realen bis hin zu zuverlässigen Bezahlwegen in der digitalen Welt.

➤ 2007 führte die Einführung des Apple-Smartphones iPhone zu einem weiteren Umbruch im Handel. Denn mit ihren intelligenten Mobiltelefonen müssen Konsumenten nun nicht mehr zu Hause oder im Büro am Rechner sitzen, um Waren zu bestellen. Sie können ordern, wann und wo immer sie wollen: nach Ladenschluss beim Window-Shopping in der Fußgängerzone, im Café, im Stau. Das neue Zauberwort heißt »**mobile**«.

»Was wir hier erleben, ist die größte Veränderung des gesellschaftlichen Konsumverhaltens seit der Industrialisierung«, konstatiert Andrej Busch, CEO von DHL Paket Deutschland in der Studie »Einkaufen 4.0«.[4] Interessant ist jedoch bei dieser Entwicklung, dass sich trotz der großen Veränderungen sehr vieles überhaupt nicht verändert hat. Unterwegs ist nichts verloren gegangen! Noch immer gibt es Wochenmärkte und Tante-Emma-Läden, Versandkataloge, Supermärkte und Malls.

Neu sind Kreuzungen aus »global« und »local«: zum Beispiel Pop-up-Stores als temporäre Tante-Emma-Läden, die ausgerechnet von Online-Giganten wie eBay in Kooperation mit dem Internet-Bezahlservice PayPal betrieben werden.[5] (Dass auch Amazon ein Ladengeschäft in Seattle eröffnen würde, erwies sich als Gerücht.)[6] Unsichtbare Händlerriesen werden plötzlich sichtbar und müssen damit ganz andere Servicequalitäten und Kommunikationskünste aus dem Ärmel schütteln – nämlich Tante Emmas.

Umgekehrt kreuzen sich local und global, wenn immer mehr lokale Dealer Produkte über eigene Online-Shops oder über Plattformen wie

Amazon oder eBay vertreiben. Laut Studie »Einkaufen 4.0« vertreibt der deutsche Einzelhandel schon fast 10 Prozent seiner Produkte über den Versandweg.[7] Damit muss er sich in Sachen Service plötzlich mit den Online-Giganten messen lassen. Denn kein Kunde ist bereit, unsaubere Bezahlvorgänge und lange Lieferzeiten in Kauf zu nehmen.

Der Konsument von heute kennt sich überall aus (Markt, Laden, Mall, Versandkatalog, Online-Shopping), er nutzt alle Kommunikationskanäle (Face-to-Face, Telefon, Online-Bestellung, Mail, Smartphone), zahlt über alle möglichen Transaktionskanäle (bar, Kreditkarte, PayPal etc.) und erhält seine Ware über alle möglichen Lieferkanäle (im Laden, per Post, per Selbstabholung etc.). Damit ist der Kunde so autonom, so informiert, so kritisch und so wählerisch wie noch nie zuvor. Und für Unternehmen wird jeder Kundenkontaktpunkt zur existenziellen Prüfung. Stimmt der Service nicht, ist der Kunde weg.

Masse und Klasse: Der Kunde will beides

Doch nicht nur Handel und Konsument haben einen enormen Entwicklungsschub durchlebt, auch die Produkte haben sich radikal verändert – und damit zu völlig neuen und anderen Herausforderungen für Service und Kommunikation geführt.

So läuft zum Beispiel eine Entwicklung zu immer individuelleren oder gar sinnorientierten Produkten parallel zu einem weiterhin enormen Erfolg des **Massenkonsums**. Zwar hatte Trendforscher Eike Wenzel, Leiter des Instituts für Trend- und Zukunftsforschung (ITZ) in Heidelberg, die Prognose ausgegeben: »Der Massenkonsum ist zu Ende«. Doch entgegen jeder Untergangsfantasie möchten wir offenbar immer noch alle zwischen den gleichen Regalen leben (»Billy«, zunehmend auch »Expedit«) und die Kinder in identischen Winterjacken herumlaufen lassen. Anders ist der große Erfolg von Massenprodukt-Spezialisten wie IKEA oder H&M nicht zu erklären. IKEA hat seinen weltweiten

Umsatz im Geschäftsjahr 2012 um fast 10 Prozent auf die Rekordmarke von 27,6 Milliarden Euro gesteigert und will allein in Deutschland 20 neue Standorte eröffnen.[8] H&M hat den weltweiten Umsatz trotz Krise um 1,5 Prozent auf 128,8 Milliarden Schwedische Kronen (14,6 Milliarden Euro) gesteigert. 2011 hatte H&M 266 neue Läden aufgemacht, in diesem Jahr sollen 275 neue Filialen folgen.[9]

Gleichzeitig jedoch wächst auch das Angebot an **personalisierten Produkten:** T-Shirt, Handyhülle, Fußmatte mit individuellem Aufdruck; Turnschuh und Flip-Flop mit individuellem Fußbett; Müsli mit individuellen Ingredienzien. Etliche Unternehmen gehen dazu über, Produkte in Kooperation mit dem Kunden zu entwickeln (wie Schulranzen, Computer). Oder sie bauen Servicekomponenten in Produkte ein, die vorher nicht mitdenken oder mithelfen konnten. Beispiel Kühlschrank: Früher konnte er nur kühlen, in Zukunft soll er selbstständig Gurken bestellen können.

Kurz: Die digitale Welt dringt in die materielle Welt ein und löst die Grenze zwischen Service und Produkt auf.

»Produkte galten als physische Objekte, die standardisierbar, lagerbar und über weite Distanzen handelbar sind. Dienste hingegen wurden als immateriell und heterogen aufgefasst, ihre Konsumation galt an den Ort und den Zeitpunkt ihrer Verrichtung gebunden«, schreibt GDI-Senior-Researcher Dr. Martina Kühne. »Dem ist jedoch nicht länger so.«

Vom Druck zur Datei: Auch hier will der Kunde beides

Das gilt nicht zuletzt für die Produkte, die in jüngster Zeit ihren Aggregatzustand verändert haben: von fest zu datenförmig. Von dieser Verwandlung in **digitale Produkte** sind derzeit vor allem Filme und Musik, Zeitungen, Zeitschriften und Bücher betroffen. Vergleichsweise

»junge Wilde« wie Amazon, Apple und YouTube treiben derzeit die Zunft der Buchdrucker und Buchhändler, der Schallplattenpresser und Musikläden, der Filmverleihe und Lichtspielhäuser mit hohem Tempo in die nächste Ära und versäumen es nicht, auch andere Branchen damit total zu verunsichern.

Nun ist der Schreck im Moment größer als die reale Veränderung: Laut *media control E-Book-Halbjahresreport* rangierte der E-Book-Anteil am Buchmarkt 2011 bei 1 Prozent und im ersten Halbjahr 2012 bei 2 Prozent.[10] Nur! Und die deutsche Musikbranche verdiente 2011 mit CD-Verkäufen immer noch mehr als mit allen anderen Produkten: rund eine Milliarde Euro, also das Vierfache der gesamten Digitaleinnahmen.[11]

Also: Kein Grund zur Panik. Aber Grund genug, die passenden Service-Strategien zu überdenken. Denn trotz der noch recht zarten Entwicklung scheint der Trend Richtung »mehr digitale Produkte«immerhin eindeutig zu sein. Und eindeutig ist auch, dass ein E-Book, das sich dem Leser über einen Online-Shop automatisch selbst empfiehlt, einen ganz anderen Servicegedanken transportiert als ein Hardcover, das vom Buchhändler persönlich empfohlen und in Glanzpapier gekleidet wird.

Like us, please! Der Kunde fühlt öffentlich

Der Witz dabei ist, dass der Leser am Rechner und der Leser am Buchladentisch prinzipiell der gleiche Leser sein kann. Der gleiche Kunde, der seine Bestellung, sein Gefallen oder Missfallen heute schneller mitteilt denn je – und zwar über alle Kanäle. So möchte er den lokalen Buchhändler genau wie den großen Online-Shop per Mail erreichen oder per Online-Bestellformular, er will anrufen können, ein Fax oder eine SMS schicken – wie es gerade passt. Und er bewertet beide Händler genauso gnadenlos offen und öffentlich in seinen Web-2.0-Erfahrungsberichten.

Es sind mächtige Rückkanäle entstanden. Unternehmen kommunizieren nicht mehr einseitig in Richtung Konsumenten, sondern Konsumenten kommunizieren untereinander über Unternehmen und direkt mit Unternehmen. Kunden helfen anderen Kunden in Blogs und Communitys. Und Unternehmen schalten sich hier zunehmend ungefragt ein, um ihrerseits zu helfen.

»Die Unternehmen müssen ganz neue Kommunikations- und Interaktionsformen lernen«, bestätigt G. Günter Voß, Professor für Industrie- und Techniksoziologie an der TU Chemnitz. »Derzeit besteht die Kommunikation zwischen Unternehmen und Kunden aus zwei Einbahnstraßen: In die eine Richtung posaunt das Unternehmen seine Werte und Marken, in die andere Richtung können Kunden auf Hotlines ihre Bedürfnisse, Beschwerden und Anregungen mitteilen. Doch so entsteht kein Dialog.«[12]

Dass sie ihre Posaunen zum alten Eisen packen müssen, wissen die meisten Unternehmen. In der Detecon-Studie »Kundenservice der Zukunft« gehen 86 Prozent der befragten Experten davon aus, dass eine Neuausrichtung des Kundenservice erforderlich ist, 70 Prozent sehen Social Media als Servicekanal der Zukunft.

Mehr Dialog also – aber nicht unbedingt mehr persönlicher Dialog. Denn 85 Prozent der Befragten rechnen gleichzeitig mit einer höheren Automatisierung von Serviceprozessen.[13] Denkbar sind hier Web-Self-Services, Service-Apps, aber auch Sprachcomputer an der Telefon-Hotline.

Experten versprechen sich von dieser Automatisierung eine bessere Qualität bei Serviceprozessen, die immer wieder gleich ablaufen, und somit eine höhere Kundenzufriedenheit. Was konkret heißt, dass Kunden häufiger den »Like-us«-Button drücken.

Aber, ehrlich gesagt: Wir können uns auch lebhaft vorstellen, was Karl Valentins Buchbinder Wanninger erleben könnte, wenn er Baufirma

Meisel & Compagnie im Jahr 2020 anzurufen versucht und sich dann mit Automatenstimmen herumärgert.

Der Umbruch trifft alle Branchen

Der Umbruch in der Servicekommunikation trifft alle Branchen. So müssen serviceorientierte Unternehmen wie Hotels umdenken: Einige Gäste wollen statt gesichtsloser Hotel-Hygiene lieber mit allen Sinnen willkommen geheißen werden. Andere suchen das uniformierte Standardprogramm zu günstigen Preisen, wollen dennoch aber nicht auf Design verzichten. Wieder andere möchten Concierge-Dienste nutzen, dies bitte aber online.

Im B2B-Bereich gibt es ebenfalls Veränderungen: Viele Unternehmen erkennen, dass sie ihr Servicepotenzial noch lange nicht ausgeschöpft haben. Und sie entdecken, dass Servicekommunikation selbst im Anlagenbau nicht nur auf der fachlichen Ebene läuft, sondern immer auch auf der persönlichen Ebene. Auch Hightech-Experten sind schließlich Menschen, die gelegentlich von Unsicherheiten geplagt werden und die sich über Servicekommunikation in Form selbstgezeichneter Comics freuen können.

> Wie auch immer es ausgeht: Unternehmen müssen Service und Kommunikation neu und anders denken, weil ihre Kunden heute anders leben, anders kaufen, anders kommunizieren und sich mit anderen Produkten umgeben.

Deshalb bieten wir Ihnen, liebe Leserinnen und Leser, mit diesem Buch eine Reise durch die aktuelle Entwicklung von Service und Kommunikation an. Wir haben eine Fülle von Geschichten zusammengetragen, die die große Bandbreite von brillanten und zeitgemäßen Service- und Kommunikationsideen einerseits zeigt, andererseits aber auch einen Blick in die Abgründe der jüngsten Service- und Kommunikationskatastrophen erlaubt.

Wir möchten Ihnen zeigen, warum die perfekteste Dienstleistung immer nur so viel wert ist wie die Qualität ihrer Kommunikation (Kapitel 1), warum Service nicht für sich selbst sprechen kann (Kapitel 2), aber auch nicht zu vollmundig angepriesen werden darf (Kapitel 3).

Wir schauen uns die neue Rolle aller (!) Mitarbeiter in der Servicekommunikation an (Kapitel 4) und die neue Rolle des Kunden, der nicht mehr König, sondern vielmehr Partner geworden ist (Kapitel 5).

Außerdem sind wir neugierig darauf, was perfekte Aufmerksamkeit (Kapitel 6) und gelungener Austausch (Kapitel 7) eigentlich ausmachen und warum Sinnlichkeit so eng mit Service zusammenhängt (Kapitel 8).

Wir verraten, wie Ihnen eine niemals endende Service-Geschichte gelingen kann (Kapitel 9), wie Sie Ihre Kunden überraschen (Kapitel 10), verführen (Kapitel 11), ihnen zuhören (Kapitel 12) und sie emotional ansprechen können (Kapitel 13) – und zwar ganz individuell (Kapitel 14) und ehrlich (Kapitel 15).

Schließlich wagen wir einen Blick auf das heikle Feld der Krisenkommunikation (Kapitel 16), auf die Chancen und Grenzen der Authentizität (Kapitel 17) und auf die schwierige Balance zwischen hoch informierter Servicekommunikation und Datensicherheit (Kapitel 18).

Im Nachwort werfen wir dann noch einen Blick in die Zukunft.

Dieses Buch ist kein Lehrbuch, kein Fachbuch, kein Sachbuch und auch kein Ratgeber. Wir sehen es als Geschichtenbuch mit Essaycharakter. Denn als Experten für Service (Sabine Hübner) und Kommunikation (Reiner App) möchten wir Sie nicht belehren, sondern vielmehr inspirieren, ermutigen, unterhalten und beflügeln – damit Sie genau die richtigen Ideen für Ihre erfolgreiche Servicekommunikation entwickeln können!

1.   Gut sein allein reicht nicht

»Made in Germany« – dieser Stempel ist zur Erfolgslosung einer ganzen Wirtschaftsnation geworden. Die Qualität deutscher Produkte wird in Asien genauso geschätzt wie in Europa und auf dem amerikanischen Kontinent. Das Problem ist nur: Wir befinden uns mitten in einem Dienstleistungsjahrhundert. Service-Leistungen dominieren inzwischen die volkswirtschaftliche Wertschöpfung nahezu aller ehemaligen Industrieländer. Und das ist auch gut so, denn in keinem Segment sind die Wachstumsaussichten größer. Nur ist die Unternehmenskommunikation noch immer auf das klassische Produkt fixiert. Viele Firmen haben inzwischen mit massiven Investitionen in ihre Dienstleistungen die einstige Servicewüste Deutschland zum Blühen gebracht. Fatalerweise verlassen sie sich aber fast blind darauf, dass sich die Qualität ihrer Angebote schon von selbst herumspricht. Konsequent werden die Bedürfnisse der Kunden ignoriert, und so bleiben entscheidende Ertragspotenziale ungenutzt. Wie lange dauert es noch, bis wir endlich die Chancen eines neuen Labels erkennen: »Excellent Services – offered by Germany«?

Das Produkt zählt – nicht die Kundenbedürfnisse

Jahreswende 2011/2012 – die deutsche Autobranche ist in Feierlaune. Mit Vollgas sind allen voran die Premiumhersteller aus der Absatzkrise gefahren. Doch in Stuttgart-Untertürkheim, Stammsitz von Daimler, wird Selters statt Sekt ausgeschenkt. Zwar hat die Kernmarke Mercedes-Benz weltweit noch nie so viele Autos verkauft wie im zu Ende gehenden Jahr – aber der Absatz legte weniger stark zu als bei der Konkurrenz. Man muss eine Zäsur hinnehmen: Vor rund fünf Jahren besetzte BMW den Thron der Luxus-Hersteller und verdrängte die Schwaben. Und nun erobert sogar der einstmals kleine Wettbewerber Audi den Folgeplatz. Die stolze Marke mit dem Stern muss sich mit Platz drei begnügen. Die Marktführerschaft ist verloren, man hat ein veritables Imageproblem – und versucht ihm mit traditionellen Methoden beizukommen. In den Verkaufsräumen geht es mehr denn je ums Produkt. Und zwar nur ums Produkt.

»Das Sensationelle an diesem Wagen ist, dass wir seine unbändige Leistung mit reduzierten Verbrauchs- und Emissionswerten abrufen«, wirbt der Mercedes-Verkaufsberater und zählt mit stolzgeschwellter Brust auf: »204 PS bei einem kombinierten Verbrauch von gerade mal 6,0 Litern Diesel pro 100 Kilometern – das kann sich wirklich sehen lassen!« Dabei biete das Fahrzeug an Luxus, was das Herz begehre: Ledersitze, Alu-Beläge, Nachtsichtassistent, Rückfahrkamera, Navigationssystem und Surround Sound System – angesichts der vielen Komfortdetails kann einem ganz schön der Kopf schwirren. »Ist Automobilbaukunst auf Top-Niveau«, zieht der Kfz-Profi sein Fazit.

In der Tat: Was für Linien, welch bulliges Kraftpaket! Dieser martialische Geländewagen ist ein einziger Appell an den Will-haben-Reflex. Nur ein einziger Punkt auf der beeindruckenden Liste der Verkaufsargumente bleibt offen – ist der Service, den mir die Werkstatt nach dem Kauf bietet, von genau derselben Premium-Qualität wie das Auto? Die Ästhetik mag noch so gefallen, nach wenigen Monaten nimmt man sie für selbstverständlich. Auch die Laufruhe, der Verbrauch, das Ambiente, die Begeisterung für all das wird in der Gewohnheit verdämmern. Wenn die Konkurrenz dann erst ein moderneres Produkt an den Markt bringt, spätestens dann zählen für die Kunden andere Fragestellungen. Wie lange muss ich warten, wenn ich mit einem Problem in die Werkstatt oder Niederlassung komme? Wie freundlich und kompetent werde ich bedient? Und selbst wenn es nur ein Routine-Kundendienst oder ein Reifenwechsel sein sollte. Gibt es in diesem Fall Service-Leistungen, die mich in meiner Herstellerwahl bestätigen? Lässt das Unternehmen es bei einer Tasse Kaffee aus dem Vollautomaten bewenden? Oder dokumentiert es seinen Anspruch, indem mich der Verkäufer namentlich begrüßt und sich in aller Ruhe erkundigt, ob ich mit dem Wagen zufrieden bin und was sein Haus sonst für mich tun kann?

Über all das erfahren die Kunden beim Verkaufsgespräch schlichtweg gar nichts. Über den Service mit Stern wird diskret geschwiegen. Aftersales ist ein Totalausfall: Die Erfahrungen des Kunden mit seinem neuen Auto scheinen für den Mercedes-Repräsentanten im Showroom kein Thema mehr zu sein, sobald die Unterschrift unter dem Verkaufsvertrag steht. Was bei jedem potenziellen Käufer düstere Befürchtungen nährt. Denn welcher Autokäufer hat nicht schon prägende, schlechte Service-Erlebnisse gesammelt? Wem es selbst nicht so erging, der wird spätestens beim Blick in die täglich hunderttausendfach besuchten Automobilforen nervös. Sie sind angefüllt mit wütenden Berichten über kapitale Motorschäden, berstende Turbolader, ausgeschlagene Traggelenke und horrende Werkstattkosten. Ob richtig oder falsch, wer vermag das schon zu unterscheiden? Wie sehr diese in ihrer Wucht nie dagewesenen Wogen der Skandalisierung im Social Web Ängste schüren, scheint an meinem Verkäufer bislang vorbeigegangen zu sein. Vertrauensbildende Maßnahmen? Warum denn auch? Service wird als mysteriöse Geheimakte X des Marketing behandelt.

Service mit Stern – und keiner spricht davon

Dabei hat Mercedes eigentlich keinerlei Grund, etwas zu verheimlichen. Ganz im Gegenteil, die Marke mit Stern könnte sogar mit besonderem Stolz auf ihre Leistungen verweisen: Die aktuelle Bilanz des Werkstätten-Tests der renommierten Fachzeitschrift *auto motor und sport* ergab für die Autobauer aus dem Schwabenland einen sensationellen historischen Bestwert. »Vieles spricht dafür, dass der Mercedes-Kunde derzeit mit einem nahezu optimalen Service und einer Top-Arbeitsleistung rechnen darf«, zollte die Redaktion seltenen Beifall. »Es scheint, als ob die Stuttgarter dem Premium-Anspruch der Marke nun auch im Service gerecht werden.«

Doch Mercedes bleibt wortkarg und verkneift sich die Vermarktung der hervorragenden Zensuren. In den Autohäusern wird über alles mit Begeisterung und Inbrunst gesprochen – nur nicht über das Thema Service. Dabei sind die gebotenen Zusatzleistungen inzwischen ein entscheidendes Argument auf einem Markt, der von einer immer höheren Wechselbereitschaft geprägt ist. Diese Relevanz gilt es zu erkennen. Weltweit sagen acht von zehn Autokäufern, dass Serviceangebote für sie ein wichtiges Kriterium für die Wahl ihrer Automarke bilden.[14]

»Secret Service« lässt die Potenziale unausgeschöpft

Was ist eigentlich Service? Mit dem Begriff werden in Deutschland Leistungen der Kundenbetreuung und des Kundendienstes oder Dienstleistungen im Allgemeinen bezeichnet. Das Problem dabei: Eine genaue Definition fehlt. Service ist nicht greifbar wie Produkte aus Landwirtschaft, Bergbau oder Industrie. Deswegen wurde die Bedeutung der Service-Leistungen auch erst im 20. Jahrhundert erfasst. Die Dienstleistungsforschung hat inzwischen aber erkannt und vielfach belegt: Service ist ein zentraler Garant für die Identifikation der Kunden mit der Marke. Doch noch immer liegt in vielen Unternehmen der Schwerpunkt der Kommunikation auf Produkt-Marketing. Zwar sind häufig anspruchsvolle Dienstleistungen entwickelt worden, doch sie werden fatalerweise als Verschluss- und Geheimsache betrachtet: als »secret service«. Diese unbedachte Diskretion hat ihren Preis. Es werden entscheidende Potenziale für Umsatz, Ertrag und vor allem Kundenbindung verschenkt. »Dienstleistungen sind Wachstumsmotor, bleiben aber hinter ihren Möglichkeiten zurück.« Zu diesem ernüchternden Fazit kommt die Friedrich-Ebert-Stiftung in ihrer umfassenden Studie »Dienstleistungen in Deutschland: Besser als ihr Ruf, dennoch stark verbesserungsbedürftig!«[15]

Service kann Leben retten

Die Wünsche des Publikums reichen von einer erweiterten Garantie über Ersatzfahrzeuge bis hin zum vorab mit eingekauften Kundendienst. Die Hersteller haben sogar den Bedarf erkannt. Ihr Angebot lässt wenig offen. Ein Mobilitätsservice, der in ganz Europa Pannenhilfe leistet, gehört heute schon zum Standard. Einzelne Anbieter gehen weit darüber hinaus. BMW bietet zum Beispiel einen Tele-Call an, der Werkstattaufenthalte automatisch plant. Wann war noch mal der nächste Kundendienst fällig? Diese Frage stellt sich nicht mehr. Denn die Techniker erhalten per Funk vom Auto Daten, können Ersatzteile bestellen und einen Termin mit dem Fahrzeughalter vereinbaren. Und da Zeit im Business-Alltag ein knappes Gut ist, gibt es auf Wunsch zusätzlich einen Hol- und Bringservice für Flughäfen. Geschickt wird die Reisezeit, in der der Wagen nicht gebraucht wird, für alle anstehenden Arbeiten am Auto genutzt.

Wer mal den Autoschlüssel im Kofferraum eingeschlossen hat oder den Parkplatz seines Wagens nicht mehr findet, auch für den gibt es beeindruckende Lösungen: Bei BMW ConnectedDrive und BMW Assist genügt ein Anruf beim Callcenter, und der Kofferraum öffnet sich wie von Zauberhand – denn das Auto wurde per SMS informiert und hat reagiert. Und der vergessene Parkplatz erscheint auf dem Smartphone des Besitzers, auf Wunsch inklusive Straßenkarte. Viel wichtiger noch: Bei einem Unfall sendet das Auto alle wichtigen Daten an die Rettungskräfte, neben der Position zum Beispiel auch die Schwere des Unfalls und die Zahl der Fahrzeuginsassen. Andere Hersteller arbeiten an ähnlichen Systemen.

Interesse an kostenpflichtigen Zusatzleistungen zeigen aber bei weitem nicht nur die Käufer des Premium-Segments oder die Fahrer nobler Geschäftswagen. Auch eine klare Mehrheit der Gebrauchtwagenkunden wünscht sich heute mehr Service, stellte das Magazin *Autohaus* 2011 in einer Untersuchung fest. Entsprechende Angebotspakete bieten bereits viele Autohäuser an – gebucht hat sie bislang aber nur eine Minderheit der Käufer. Über sechs Millionen Autos wechseln pro Jahr ihren Besitzer. Der Markenhandel profitiert davon wenig, nicht einmal jeder zweite Gebrauchte wird beim Fachhändler gekauft. Und wer privat kauft, der wird später bei einer Reparatur meist auch nicht in die Vertragswerkstatt kommen. Das heißt, die Umsätze gehen gleich mehrfach verloren. Dabei ist die Nachfrage durchaus vorhanden. Ob es um die Fahrzeugfinanzierung geht oder um Inspektions-, Mobilitäts- und Garantiepakete – die Kaufbereitschaft ist groß. Nur wird dieses hervorragende Instrument der Kundenbindung im Alltag leider zu selten eingesetzt. Im Verkaufsgespräch erfahren die Interessenten viel über das Auto, aber kaum etwas von all den Leistungen drum herum, die ihnen doch so wichtig sind. Angesichts von immer geringer werdenden Umsatzrenditen im Neu- und Gebrauchtwagengeschäft wird ein vielfach überlebenswichtiges Ertragspotenzial verschenkt.

Beamtenton statt Lustmacher

Die Zurückhaltung bei Information und Bewerbung von Dienstleistungen ist umso unverständlicher, als die Automobilbranche unter Hochdruck an neuartigen Mobilitätsangeboten arbeitet. Das zugrunde liegende Konzept lautet: automobiler Service statt automobiler Besitz. Der Grund für das massive Engagement liegt im Wertewandel. In Großstädten und bei jüngeren Bevölkerungsgruppen wird der Autobesitz zunehmend als Belastung empfunden. Parkplatzprobleme, Staus und hohe Kosten mindern die Attraktivität des eigenen Fahrzeugs zusehends.

Dabei ist die Konsumlust an sich keineswegs zurückgegangen. Nur gilt sie jetzt eben nicht mehr dem flotten Sportwagen, sondern Smartphones und Tablet-Computern. In Deutschland hat sich der Anteil der Neuwagen-Interessenten im Alter zwischen 18 und 29 Jahren binnen der letzten zehn Jahre halbiert. In manchen Großstädten fällt der Schwund sogar noch wesentlich dramatischer aus. Schon heute rechnet die Branche damit, dass sie künftig weniger vom Kfz-Verkauf als vielmehr von den Mobilitätsservices leben wird. Kein Wunder also, dass die Hersteller bereits eigene Carsharing-Angebote entwickelt und an den Start gebracht haben. Sollte sich allerdings ein auf die spezifische Firmenkommunikation geeichter Stammkunde der Traditionsunternehmen für die Angebote interessieren, so wird er sein blaues Wunder erleben.

»DriveNow! Auto finden, Auto fahren, ein Tarif« – die Carsharing-Website von BMW und Sixt spricht eine direkte, am Nutzen orientierte Sprache. Schwarz-Weiß und kühles Blau, Straßenkarten und reduktionistische Symbole, es herrscht pure Rationalität. Von wegen »Freude am Fahren« – die bajuwarische Lust am Auto und einer dazu passenden Sprache ist wie weggeblasen. Offensichtlich stellen sich die zuständigen Kommunikationsfachleute den Carsharing-Kunden als roboterhaftes Wesen vor, das über Excel-Tabellen gebeugt mit Trauermiene seinen Wagen ordert. Dass Teilzeit-Fahren der Einstieg in die spezifische Markenbindung sein könnte, scheint undenkbar. Genauso sparsam empfängt Mercedes die Nutzer auf seiner Internet-Präsenz Car2go. Auch hier ist fast alles in sterilem Schwarz, Weiß und Blau gehalten. Die Besucher der Website bekommen zunächst einmal die volle Strenge des württembergisch-pietistischen Beamtentons zu hören und werden über die »ungeahnten Möglichkeiten der innerstädtischen Fortbewegung« belehrt. Eine Buchung entlaste den Verkehr in der Innenstadt, komme der Umwelt und damit »schließlich jedem Einzelnen« zugute, heißt es streng ermahnend. Wie man dem Kunden die Buchung zu erleichtern gedenkt und was er für Services geboten bekommt, ist offenbar zunächst einmal von nachrangigem Interesse. Und das Versprechen eines »revolutionären Mobilitätskonzepts« hätte nun wirklich einen etwas dynamischeren und freundlicheren Auftritt verdient, um Glaubwürdigkeit auszustrahlen.

Man wagt es kaum zu hoffen, aber Carsharing kann tatsächlich Spaß machen! Immerhin Volkswagen hat das verstanden. Sein Angebot »Quicar« spricht mit einer betont lockeren Sprache. »Einmal anmelden. Buchen. Losfahren. So einfach ist Quicar«, versprechen die Wolfsburger und duzen selbstredend ihr Publikum: »Wenn du eins brauchst, nimmst du dir eins.« Klar, dass erst mal ein 3-D-animierter Trickfilm das System erklärt. Wow! Jetzt fehlt nur noch, dass Volkswagen dieses Angebot in seine »normale« Markenkommunikation aufnimmt und die Tonalitäten aufeinander abstimmt. Denn in Zukunft werden sich die VW-Zielgruppen nicht mehr in Autokäufer und Carsharer aufteilen lassen. Schließlich könnte den potenziellen Sportwagen-Interessenten im Autohaus durchaus das Kaufargument überzeugen, dass er von seinem Autohaus auch mal einen Transporter ausleihen kann. Kann ja sein, dass es einen Familienausflug zu organisieren oder ein Sofa zu transportieren gibt.

Schlechter Service spricht sich herum – guter leider weniger

Wer neue Marktanteile gewinnen will, muss die Kundenbedürfnisse erkennen und passgenaue Lösungen entwickeln. Doch wer dabei stehen bleibt, hat seine Energie vergeblich investiert. Entscheidend für den Durchbruch am Markt ist es, die kommunikativen Hindernisse zu überwinden. Sonst erzielt auch das bestens ausgetüftelte Serviceangebot nicht die Akzeptanz und Reichweite, die es verdient hat. Besonders deutlich werden die Chancen und Risiken von Service-Dienstleistungen dabei im Reparaturfall. Geben wir es ruhig zu: Wir Kunden sind ungerecht. Wenn ein Markenprodukt einen Schaden erleidet, sind wir enttäuscht. Und zwar selbst dann, wenn unser eigenes Verhalten mit zum Schaden beigetragen hat. Doch andererseits versöhnt uns nichts mehr als die rasche, reibungslose und preiswerte Beseitigung des Problems. Hier kann ein Markenhersteller die entscheidenden Punkte sammeln.

Schlechter Service spricht sich schnell herum, guter Service leider weniger. Laut einer Studie des Internet-Providers Easynet und des Meinungsforschungsinstituts YouGov würde die Hälfte der Deutschen die eigenen Arbeitskollegen darüber informieren, wenn Schwierigkeiten mit einem Dienstleister auftauchen.[16] Bei Problemen mit dem Service steigt jeder dritte Geschäftskunde aus der Zusammenarbeit aus, meist ohne Vorwarnung. Von vorrangiger Bedeutung ist laut der Studie dabei der Faktor Kommunikation. Diesen empirischen Fakten zum Trotz verlassen sich die meisten Unternehmen dennoch blind darauf, dass sich die Qualität ihrer Serviceangebote schon herumspricht – und dass die Kunden bei Problemen von selbst das Gespräch suchen. Die Zahl der Firmen, die wegen dieser Missverständnisse verbittert sind und am Ende untergehen, ist leider Legende. Ganze Branchen bangen um ihre Existenz, weil sie einfach nicht offensiv genug von ihren vorhandenen Qualitäten als Dienstleister reden.

Service-Botschaft mit eklatanten Lücken

Erst ein lautes Ratschen von der Mücheninsel, dann ein Gurgeln und zum Schluss Stille – der Geschirrspüler ist hinüber. Wer hat einen solchen Defekt nicht schon erlebt? Sofort ist die gute Feierabend-Laune getrübt. Oje, das wird teuer! Dabei war das Gerät doch noch gar nicht so alt. Eine Reparatur könnte sich lohnen. Oder ist es doch besser, gleich eine Neuanschaffung in Erwägung zu ziehen? Schauen wir doch mal beim Bosch-Dienst nach, der steht im Ruf, sehr professionelle Arbeit zu leisten. »Kundendienst beauftragen. Entspannt zurücklehnen«, verspricht die Robert Bosch Hausgeräte GmbH auf ihrer Website, »immer für Sie da, wenn Sie uns brauchen. Wir reparieren kompetent und zuverlässig.« Die Botschaft liest man wohl, allein es fehlt die Preisangabe – und diese eklatante Lücke ist entscheidend. Was wird wohl allein die Anfahrt eines Technikers kosten? Wie hoch wird der Stundensatz sein? Und dann kommen womöglich noch teure Ersatzteile hinzu. Es sind genau diese latenten Befürchtungen, die oft vielversprechende Aufträge verhindern und die vorhandene Kundentreue infrage stellen.

Dabei hat sich der Bosch-Dienst alle Mühe gegeben, ein attraktives Angebot aufzubauen: Es gibt eine wirklich günstige Service-Pauschale. Die Anfahrt des Technikers ist darin bereits eingeschlossen. Hinzu kommt, dass der Preis für die Untersuchung eines defekten Hausgeräts später auf die Reparaturkosten angerechnet wird. Vorab gibt es sogar kostenlosen Rat: Eine Service-Hotline leitet den Kunden auf Wunsch an, kleinere

Probleme zunächst mal im Do-it-yourself-Verfahren zu beheben. Summa summarum also ein ausgetüfteltes Angebot in mehreren Stufen.

Die Service Rating GmbH stellt dem Bosch-Werkskundendienst dementsprechend das Urteil »exzellent« mit fünf Krönchen aus. Schließlich investiert Bosch massiv in die Service-Leistungen. Ein anderes Vorgehen kann sich ein hochqualitativer Anbieter im Segment der sogenannten »weißen Ware« auch gar nicht leisten. Denn hier herrscht ein intensiver Preiswettbewerb. Sieben Tage die Woche ist daher die Hotline erreichbar, rund um die Uhr. Es gibt 30 Service-Shops, ein Logistikzentrum und eine Werkstatt für Kleingeräte. Die Prozesse sind optimiert, ein Innovationsmanagement ist implantiert und das Top-Management leitet die Strategie-Entwicklung. Ein perfektes Angebot – aber nur beinahe. Alles passt. Nur die Kommunikation bleibt weit unter dem sonst gebotenen Qualitätsstand zurück. Es gibt keine klaren Symbole, die Gratisdienste leicht verständlich von kostenpflichtigen Services abgrenzen. Und entscheidende (Preis-)Angaben fehlen sogar ganz. Klar, ein Anruf könnte all die Missverständnisse beseitigen. Doch wie viele Interessenten rufen tatsächlich an? Und wie viele lassen sich von lückenhaften Online-Botschaften abschrecken, die Dienstleistungen in Anspruch zu nehmen?

Service braucht Aufmerksamkeit

Produkte sind bereits vor ihrem Kauf sichtbar – Angebote im Service hingegen brauchen Inszenierung, um zu wirken. Viele Unternehmen geben sich zwar enorme Mühe in der Entwicklung von Dienstleistungen. Doch sie vergessen, dass ihr Service nur dann beim Kunden ankommt, wenn er die Schwelle der Wahrnehmung überschreitet. Eine kostenlose Massage ist eine wunderbare Aufmerksamkeit für die Business-Gäste eines Hotels. Und trotzdem wird ein solches Angebot in der Hotelbroschüre meist übersehen. Vielleicht hören die Gäste auch den Hinweis im Hausvideo nur mit halbem Ohr. Besser dagegen ist es, wenn ein Hinweis an der Hotel-Rezeption erfolgt. Auffälliger freilich ist ein Bademantel auf dem Hotelbett, versehen mit einer Fotokarte, die zwei kräftig zugreifende Hände zeigt: »Kleine Massage gefällig? Nutzen Sie unseren kostenlosen Service.« Die perfekte Dienstleistung allein ist zu wenig, sie braucht als Partner eine originelle Kommunikationsidee.

In der Präsentation der Produkte wird trotz der massiven Investitionen das Thema Service zurückhaltend behandelt. Das zeigt der Vergleich mit Technologie-Aspekten: »Green Technology« und »Active Water«, was hat sich der Konzern nicht für tolle Namen für seine Ressourcen schonenden Innovationen einfallen lassen. Natürlich wurde auch in eine klare Bildsprache mit schlüssigen Logos investiert. Dahinter steckt ein überzeugendes, stringentes Markenkonzept. Doch hätten nicht die ausgezeichneten Dienstleistungen nach dem Kauf dieselbe Aufmerksamkeit verdient? Denn nirgends sind die Kunden besser zu überzeugen als durch dauerhaft perfekte Betreuung. Service ist zentral für Markenimage und -treue – für dieses Ziel kommt nur die beste Kommunikation infrage.

Eine ganze Branche, die sich unter Wert verkauft

Stellen Sie sich ein Unternehmen vor, das Ihnen wunschgemäß jeden Morgen in aller Herrgottsfrühe ein topaktuelles Produkt liefert. Direkt vor Ihre Haustüre. Und natürlich in aller Diskretion und mit größter Zuverlässigkeit. Eine beeindruckende Dienstleistung zum unschlagbar günstigen Preis von wenigen Cent pro Tag! Diese Firma kennen Sie nicht? Nun, dann haben Sie wahrscheinlich keine Tageszeitung abonniert – oder Sie nehmen den Zustellservice für selbstverständlich. Warum sollten Sie auch auf diese Extraleistung aufmerksam werden? Schließlich wird sie jeden Tag auf dieselbe unauffällige Weise erbracht. Welches Zeitungshaus wäre je auf die Idee gekommen, nur ein einziges Mal im Jahr mit ein paar lecker duftenden, backfrischen Brötchen oder Croissants darauf aufmerksam zu machen, dass es unschlagbar nah bei seinen Lesern ist? Eine ganze Branche verkauft sich unter Wert. Darf sie sich da über zurückgehende Auflagenzahlen wundern?

Servicekommunikation braucht Fantasie statt Routine. Wie das funktioniert, zeigt der Parkettleger von nebenan. Wann immer sein Team in eine Siedlung fährt, um bei einem Kunden einen Boden abzuschleifen, werden die Nachbarn vorgewarnt. »Wir sind morgen in Ihrer Nachbarschaft tätig und möchten uns vorab bei Ihnen entschuldigen, falls es bei unseren Arbeiten zu einer Lärmbelästigung kommen sollte, die wir so gering wie möglich halten werden.« Natürlich bleibt es nicht bei der Entschuldigung, sondern es gibt auch den Hinweis: »Wenn auch Sie sich nach einem neuen eleganten Parkettboden umschauen oder einen Renovierungswunsch haben – rufen Sie uns einfach an oder kommen Sie bei uns persönlich vorbei. Wir sind ganz in Ihrer Nähe.«

So charmant vermarktet das Handwerk freilich nur selten seine Dienstleistungen. »Was wäre die Welt ohne das Handwerk?«, fragt es Sie in einer Werbekampagne. Wer eine rein rhetorische Frage von solch erdrückendem Gewicht aufbaut, den scheinen arge Zweifel an der eigenen Bedeutung zu plagen. »Selbst bei einem 0 : 0 haben wir zwei Tore gemacht«, erzählt Ihnen das Handwerk – und wenn Sie etwas um die Ecke denken, werden Sie den kleinen Scherz gewiss verstehen (die beiden Tore wurden diesmal nicht erzielt, sondern mit Pfosten und Latte handfest hergestellt). Wer derart gezwungen witzig sein will, dem wird wohl allzu oft der Humor abgesprochen.

Warum nicht eine Nummer einfacher und drei Nummern näher beim Kunden? Vielleicht wollen Sie ja gar keinen historisch-philosophischen Exkurs über die Leistungen der Handwerker seit der beginnenden Altsteinzeit hören. Sondern es geht Ihnen einfach nur darum, Ihr Bad umbauen zu lassen. Und zwar ohne dass sich ein Staubregen wie nach einer Vulkan-Eruption über alle benachbarten Räume und das Treppenhaus senkt. Vielleicht könnte Sie eine Hausdämmung begeistern. Nur müsste die zuverlässig ausgeführt werden, während Sie im Sommerurlaub sind. Oder Sie sehnen sich nach einer nagelneuen Küche. Doch die alte sollte zunächst erst mal entsorgt werden – und zwar nicht von Ihnen selbst. Man glaubt es kaum, aber all diese Dienste bietet Ihnen das Handwerk. Es spricht derzeit nur nicht davon. Sondern lieber über sich selbst und seine überragende Bedeutung, von der Sie als Kunde freilich ziemlich wenig profitieren.

Monolog stößt auf taube Ohren

»Du kannst mich einfach nicht verstehen«[17] lautet der Titel eines Bestsellers der amerikanischen Autorin Deborah Tannen. Es handelt sich um einen klassischen Beziehungsratgeber. Doch läuft in der Beziehung zwischen Unternehmen und Kunden nicht genauso viel schief wie zwischen Paaren? Auch hier wird konsequent am Gegenüber und seinen Bedürfnissen vorbeigeredet. Das Handwerk feiert sich als Weltenerbauer, Universitäten prahlen mit ihrer Teilnahme an der Exzellenz-Initiative von Bund und Ländern, und Städte und Regionen protzen mit ihrer Wirtschaftskraft. Klar, ein wenig Eigenlob darf schon sein. Doch wenn es zu hoch dosiert wird, steckt ein fatales Prinzip dahinter. Unternehmen, Verbände und Institutionen sprechen häufig viel zu viel über sich – und viel zu wenig über ihr Angebot für die Menschen, die sie gewinnen wollen. Gute Verkäufer wissen hingegen, dass sie die Kundenperspektive einnehmen müssen. Motto: »Der Kunde braucht keine Bohrmaschine, er braucht ein Loch.« Die technischen Details des Geräts an sich sollten im Gespräch keine Rolle spielen, es muss um den Nutzen für den potenziellen Käufer gehen. Wem diese Änderung der Perspektive gelingt, der wird zwangsläufig weniger über seine Erfolge und Produkte reden – und mehr über seine Services. Wer beim Monolog bleibt, der wird auf taube Ohren stoßen. Denn die Kundenbeziehung ist genauso empfindlich wie die Liebesbeziehung.

Service-Kloster Deutschland

Deutschland ist schon lange keine Servicewüste mehr. Aber dafür mutet es oft wie ein Service-Kloster an: Über Dienstleistungen zu reden, scheint ein Schweigegelübde zu verbieten. Warum ist das so? Die Ursache ist irgendwo ganz unten in der Tiefe der kollektiven Psyche der Wirtschaftsnation zu finden. Wir Deutschen sind fixiert – fixiert auf die Leistung am greifbaren Produkt. Marketing und Kommunikation, das heißt deswegen für unsere Firmen: über Gegenstände reden. Paradoxerweise werden sie dabei umso emotionaler, je mehr es um kühle Technik geht. Ob es Autos, Staudämme, Windräder oder Maschinen sind, die ultramoderne Flachbildschirme herstellen, die Hersteller geraten bei ihren Produkten regelrecht ins Schwärmen. Made in Germany, das ist der ganze Stolz der Exportnation Deutschland.

Allein schon die Reihenfolge der Wirtschaftssektoren enthält als versteckte Botschaft eine Rangordnung: Primärer Sektor – das ist die Land- und Forstwirtschaft, die am Anfang unserer Zivilisation stand und bis heute die Garantie dafür ist, dass wir nicht verhungern. Sekundärer Sektor – das ist in unserer Vorstellung einfach so gut wie alles, was danach kommt. Wir sehen durch die Nickelbrille des 19. Jahrhunderts noch immer rauchende Schlote vor uns und geschäftig lärmende Fabriken mit Tausenden Arbeitsplätzen. Und der tertiäre Sektor? Ach ja, den hat unser Unterbewusstsein abgespeichert unter »ferner liefen«. Dumm nur, dass diese Perspektive die wahren Verhältnisse auf den Kopf stellt. In der Bundesrepublik spielt zwar die Industrieproduktion eine wichtigere Rolle als fast überall sonst in Europa. Aber das sollte uns den Dienstleistungssektor nicht unterschätzen lassen: Schon 1970 betrug der Anteil an Beschäftigung wie auch Wertschöpfung bereits 45 Prozent – heute sind es sogar über 70 Prozent.

Allmählich erkennen deshalb auch Unternehmen mit Wurzeln in der Produktion, dass im Service ein nicht zu unterschätzendes Wachstumspotenzial liegt. Die deutschen Maschinenbauer etwa erwirtschaften laut Verband Deutscher Maschinen- und Anlagebau (VDMA) zurzeit bereits knapp 20 Prozent ihres Gesamtumsatzes mit Dienstleistungen rund um ihre Produkte – Tendenz stark steigend. Früher ging es gerade mal um den Verkauf von Ersatzteilen. Heute werden im B2B-Bereich äußerst komplexe Leistungen geboten. Dazu zählen Check-up-Systeme genauso wie Angebote für Schulungen, die Übernahme des kompletten Betriebs oder der Wartung. Laut Analysten liegt auf diesen Feldern ein gar nicht zu unterschätzendes Ertragspotenzial. Service wird im Maschinenbau zum strategischen Erfolgsfaktor.

Zugleich steigen jedoch auch die Herausforderungen: Die Nutzungsdauer zahlreicher Maschinen führt zu langen Servicezyklen. Durch den Aufstieg von immer mehr Schwellenländern besteht eine erhebliche Nachfrage. Dies bedingt jedoch eine immer größere kulturelle Vielfalt der Geschäftsbeziehungen. Verschiedene Sprachen und regionale Gewohnheiten können den Wartungstechnikern erheblich zu schaffen machen. Hinzu kommt, dass in Zeiten des Booms so viele Maschinen produziert und verkauft werden, dass der Aufbau von Servicepersonal und -konzepten oftmals weit hinterherhinkt. Langfristig werden die Unternehmen allerdings weltweit nur erfolgreich sein, wenn sie sich vom Produkt- zum Lösungsanbieter wandeln. Der Aufbau eines intelligenten Wissensmanagements und eines krisenfesten Dienstleistungsworkflows ist zwingend. Dies nicht zuletzt auch deswegen, weil Serviceangebote genau diejenigen Zusatzleistungen sind, die bei der Akquise von Großaufträgen den Ausschlag geben.

Je stärker der Service, desto kleiner die Krise

Die Wettbewerber differenzieren sich immer mehr mittels Dienstleistungen. Von ihnen hängen in hohem Maße Image, Bekanntheitsgrad und Kundenbindung ab – und damit auch die Absicherung in Krisenzeiten. Die Unternehmensberatung Bain & Company kam in ihrer Studie »Wachstumsmotor Service« 2010 zum Ergebnis: Je stärker das Serviceangebot eines Investitionsgüterherstellers, desto erfolgreicher hatte er die Folgen der Finanz- und Wirtschaftskrise bewältigt. Die Ertragssituation von Maschinen- und Anlagenbauern, deren Dienstleistungen mehr als 30 Prozent zum Umsatz beitrugen, sei deutlich höher als die der Wettbewerber gewesen.

Im Maschinenbau haben das neben den Medizingeräte-Herstellern insbesondere auch die Aufzughersteller erkannt. Kein Wunder: In beiden Bereichen ist im Falle eines Defekts das gesundheitliche Wohl von Menschen bedroht. Entsprechend hoch ist die Sensibilität der Kunden für die Zuverlässigkeit und Schnelligkeit der gebotenen Dienstleistungen. Ein ganzer Kreis von regional orientierten Herstellern von Aufzügen in Deutschland hat sich bestens darauf eingestellt. Ihr Erfolg: Sie trotzen wie kleine gallische Dörfer dem Oligopol der den Weltmarkt beherrschenden Branchenriesen Otis, Thyssen-Krupp, Schindler, Kone und Co.

Die große Chance der Kleinen kam im Jahr 2007: Mit einer beispiellosen Strafe in Höhe von 992,3 Millionen Euro ging die EU-Kommission gegen die Großhersteller vor. Der Vorwurf lautete, sie hätten ihre Marktmacht missbraucht, ein Kartell gebildet und unerlaubte Preisabsprachen getroffen. Die Brüsseler Behörde schäumte vor Wut. Denn peinlicherweise zählte sie selbst zu den Betroffenen – bei der Renovierung des Kommissionsgebäudes hatte sie offenbar deutlich überhöhte Preise an die Hersteller bezahlt. Energisch griffen die EU-Kartellwächter aber auch deswegen durch, weil die Beschränkung des Wettbewerbs fast nirgends so langfristige Folgen hat wie auf diesem Markt: Aufzüge und Rolltreppen ziehen über Jahrzehnte hinweg Folgeverträge für die Wartung nach sich.

Das Mannheimer Unternehmen Lochbühler Aufzüge ließ es sich nicht nehmen, den Fall aufzugreifen und die Vorteile regionaler Hersteller deutlich zu machen: Die Kunden hätten durch die Giganten der Branche unter dem Risiko von Preisabsprachen und der Einschränkung der Leistungsvielfalt zu leiden. Zunehmende Abhängigkeit und der systematische Abbau der Servicequalität seien die Gefahr. Um sich derart angriffslustig gegenüber Weltkonzernen zu positionieren, muss ein Mittelständler schon sehr viel Selbstbewusstsein besitzen. Doch die Zahlen sprechen für Lochbühler und Co.: Die regionale Marktabdeckung der Hersteller ist oft sehr respektabel – und das nicht von ungefähr. Bei ihren Anlagen kommt es im Branchenvergleich zu weniger Pannen, und sie bieten durch ihre starke regionale Verankerung wesentlich kürzere Reaktionszeiten. Entscheidend ist das vor allem dann, wenn Menschen in Aufzügen festsitzen.

Aufzugbauer wie das Stuttgarter Unternehmen Haushahn werben deswegen zum Beispiel offensiv mit den Hausnotruf-Systemen, die sie aufgebaut haben. Fahrgäste erreichen per Knopfdruck rund um die Uhr das Team der firmeneigenen Notrufzentrale, das alle Standortinformationen automatisch erhält, die Fahrgäste beruhigt und die Service-Techniker losschickt. Mit dem Angebot übernimmt Haushahn für die Aufzugbetreiber die gesetzlichen Pflichten, einen funktionierenden Notruf vorzuhalten, und bietet ein Rundum-sorglos-Paket. Voraussetzung dafür ist dabei nicht nur eine reibungslos funktionierende Technik. Vor allem müssen die Unternehmen über perfekt ausgebildete Servicemitarbeiter von der Notrufzentrale bis zum Techniker verfügen, eine hervorragende regionale Abdeckung und optimale Reaktionszeiten gewährleisten. Der Erfolg der mittelständischen Aufzugsbauer basiert auf einem bis in alle Feinheiten ausgetüftelten Dienstleistungsportfolio. Er zeigt augenfällig allen anderen Investitionsgüter-Herstellern, welches Zukunftspotenzial der Service für sie bietet. Vorausgesetzt, die Dienstleistungsanbieter stellen ihr Licht nicht länger unter den Scheffel.

2.   Licht aus – Spot an!

»Licht aus – Spot an!«, mit diesem legendären Ruf erzielte »Disco«-Moderator Ilja Richter in den 1970er-Jahren Kultstatus in Deutschland. Erst verdunkelte er das Studio, dann lenkte er die gesamte Aufmerksamkeit auf ein einziges Gesicht und ließ es im Licht des Scheinwerfers erstrahlen. Dieses Drehbuch funktioniert heute sogar besser denn je. Sein Erfolgsmuster: Inszenierung und Konzentration.

Kampf um Aufmerksamkeit

Seit den bunten Siebzigern ist unser Leben mit jedem Tag greller und bewegter geworden. Die Informationsmengen, die Tag für Tag rings um uns aufleuchten, haben inzwischen bedrohliches Ausmaß angenommen. Wer in der rasch bewegten Glitzerwelt der Massenkommunikation erkennbar bleiben will, braucht Fokussierung. Erst müssen die vielen irritierenden Lichter erlöschen, erst muss die Welt für eine Sekunde ins Dunkel fallen. Dann kann der Scheinwerfer aufblitzen und seine volle Wirkung entfalten. Paradoxerweise müssen wir zuerst vordergründige Informationen aus dem Bewusstsein löschen. Erst dann gelingt es uns, die nötige Aufmerksamkeit für eine entscheidend neue Botschaft zu generieren. Denn anders als in den Zeiten der Jäger und Sammler sind wir es im Alltag nicht mehr gewohnt, unseren Geist auf einen Punkt zu richten. Wir spalten unsere Aufmerksamkeit in zahllose schwache Teil-Aufmerksamkeiten auf.

Beispiel 1&1: Ein taffer Westerwälder als Galionsfigur

Weihnachten 2008: Die Aktienkurse fallen, die Autoindustrie stürzt in die Absatzkrise, der Maschinenbau zittert – es herrscht Rezession, die US-Immobilien- und Finanzkrise ist in der Realwirtschaft Europas angekommen. Auch im rheinland-pfälzischen Montabaur herrscht düstere Stimmung. Vor zwanzig Jahren hat hier Ralph Dommermuth seine »1&1 EDV-Marketing GmbH« gegründet. Kurz darauf begann mitten in der deutschen Provinz ein faszinierender Teil des Dotcom-Booms. 1&1 legte ein rasantes Wachstum hin. Dem Internet-Pionier gelang eine Vielzahl von Übernahmen und Beteiligungen, auch die Freemailer GMX und Web.de segelten bald unter seiner Flagge. Binnen kürzester Zeit hortete das Unternehmen mehrere Millionen Kundenverträge. Doch genau dieser Erfolg droht jetzt zum Verhängnis zu werden. Die Qualität des Angebots, vor allem des Kundendiensts, hat massiv gelitten. Jeder Vergleichstest in den Fachblättern löst in Montabaur größte Nervosität aus. Täglich gehen Tausende Beschwerdemails und -anrufe in der Firmenzentrale ein. Der Unmut der neu gewonnenen Kunden kocht über.

Wachstum um jeden Preis? Die Krise sorgt in der 1&1-Zentrale für Nachdenklichkeit. Jetzt, kurz vor der Jahreswende, zieht Ralph Dommermuth die Reißleine. Ihm ist klar, so kann es nicht mehr weitergehen. Auf der Weihnachtsfeier verkündet er seinen bass erstaunten Mitarbeitern eine Entscheidung, mit der niemand gerechnet hat: 1&1 muss weg von der reinen Orientierung an Quantität – die Zukunft liege darin, die Qualität der Kundenbeziehungen zu steigern. 1&1 soll ein serviceorientiertes Unternehmen werden. Doch so leicht lässt sich das Ruder nicht herumreißen. Über lange Jahre hinweg wurden ganz andere Signale gesendet. Wie also kann es gelingen, die neue Strategie möglichst wirkungsvoll zu kommunizieren? Auch auf diese Frage hatte Dommermuth eine eindeutige Antwort parat: Personalisierung. Der 1&1-Service brauche eine Galionsfigur.

Weihnachten 2009: Ein Werbespot erregt Aufmerksamkeit, der zur besten Sendezeit auf fast allen Sendern läuft. »Mein Name ist Marcell

43

D'Avis. Ich bin der neue Leiter Kundenzufriedenheit«, stellt sich das künftige Gesicht von 1&1 vor. Dann zeigt der neue TV-Star demonstrativ seine Visitenkarte mit E-Mail-Adresse: »Ich würde mich sehr freuen, wenn Sie mir schreiben.« Die ersten Reaktionen? Hohn, Spott und blanke Wut. Strategische Kehrtwenden sind schwierig – zur größten Herausforderung aber werden sie, wenn es um das hochsensible Thema Service geht. Ein Jahr hatte es gedauert, bis die Internet-Pioniere ihre neue Kommunikationsstrategie entwickelt hatten. Ein weiteres Jahr wird es dauern, bis sie damit erste Glaubwürdigkeitserfolge erzielen.

Zunächst gilt es harte Zeiten durchzustehen. Über das Videoportal YouTube tauscht die Netzgemeinde zahllose Persiflagen des kostspieligen 1&1-Spots aus. Mal ist D'Avis auf verzweifelter Brautschau zu sehen, dann kooperiert er mit der Mafia, und schließlich wird er wegen chronischer Erfolglosigkeit gefeuert. Wie ein Lauffeuer verbreiten sich die bitterbösen Filmchen, die kübelweise Hohn über der Internet-Crew aus Montabaur ausschütten. Dieses »Marketing« ist so viral, wie es sich 1&1 nur wünschen kann. Nur leider zielt es in die falsche Richtung. Der Ruf des Unternehmens klettert nicht in lichte Höhen – sondern er geht noch tiefer in den Keller. Die Foren der Online-Portale quellen über von echten oder gefakten Horror-Meldungen über nicht oder schlecht funktionierende Geräte und Dienste der aggressiv werbenden deutsche Marke. »Körbeweise« gehen Tag für Tag Mails an die Adresse von D'Avis, in denen bis zum Anschlag frustrierte Kunden mal so richtig Dampf ablassen.

Doch 1&1 hat vorgebaut: Ganz anders als die Kritiker unterstellen, ist Marcell D'Avis nämlich keine von findigen Werbestrategen geschaffene Kunstfigur. Den taffen Westerwälder gibt es tatsächlich. Und sein Job ist wirklich das Service-Management. Welch ein Unterschied zur Kunstfigur Robert T. Online, mit dem die Telekom einst ihren Börsengang einleitete. Die schrille Werbe-Persönlichkeit aus der Retorte erzielte mit seiner Mischung aus arrogantem Lachen, durchgegeltem Haar und provokanter Gestik zwar Aufmerksamkeit. Doch er trug keineswegs zur Seriosität des platzierten Angebots bei. Die Rheinland-Pfälzer dagegen bekannten sich mit ihrer Werbeikone bewusst zur regionalen Herkunft. »Wir wollten keine Marketing-Show bieten, sondern es ging uns um Authentizität«, berichtet D'Avis. Er zählt zu den 1&1-Pionieren, ist seit 1993 dabei und kennt den Dienstleistungsbereich des Unternehmens aus dem Effeff.

Persönlichkeit schafft Authentizität

Menschen interessieren sich für Menschen – diese bewährte Journalisten-Weisheit hat nichts von ihrer Aktualität verloren. Kunden wollen nicht nur Service-Versprechen hören, sie wollen sehen, wer dafür steht. Denn die Werte, die hinter einer Marke stehen, dürfen nicht abstrakt formuliert werden – sie müssen gelebt werden. Aus diesem Grund sind kühle oder gar künstliche Werbefiguren passé. Hunderttausende Videos auf Kanälen wie YouTube beweisen, dass nicht absolute Perfektion wichtig ist, sondern die Übereinstimmung von Inhalt und personaler Präsentation. Der gezielt eingesetzte kleine äußere Makel erhöht sogar in vielen Fällen die Glaubwürdigkeit der Aussage. Unternehmen, die sich authentisch präsentieren, optimieren ihre Akzeptanz. Fehler der Vergangenheit werden ihnen eher verziehen. Diese Regel ist besonders dann von zentraler Bedeutung, wenn es um das Ziel geht, einen Imagewandel zu transportieren.

Nur so lässt sich kommunizieren, dass die Rheinland-Pfälzer es mit ihrem Versprechen einer Kehrtwende ernst meinen. Mit dieser Absicherung kann 1&1 in die Offensive gehen. Statt die Schöpfer der Spott-Videos auf YouTube juristisch zu belangen, lädt der Internet-Konzern die Aktivisten an den Firmensitz ein. Motto: Wir haben nichts zu verbergen, ihr könnt direkt vor Ort überprüfen, wie ernst wir es mit unserer neuen Botschaft meinen. Als die Internet-Gemeinde zufriedengestellt zum ICE-Bahnhof Montabaur direkt gegenüber dem 1&1-Sitz trabt, gehen bereits die ersten Videos unter dem Titel »Marcell D'Avis und ich« per Smartphone online. Das Eis ist gebrochen.

Wer gehört werden will, muss Stille schaffen

Unser Service hat ein Gesicht – diese Botschaft erzeugt maximale Aufmerksamkeit. 1&1 gelang es damit, die zahllosen kritischen Debatten über sein Angebot auf einen Punkt zu konzentrieren. Das war natürlich noch keine Erfolgsgarantie. Das Unternehmen musste konsequent Produkte, Strukturen und Prozesse grundlegend verändern. Doch all das wäre umsonst gewesen. Es hätte die aus dem Ruder gelaufenen Diskussionen nicht zu stoppen vermocht. Dank der Kampagne verdichtete sich die Glaubwürdigkeitsproblematik plötzlich. Gibt es Marcell D'Avis wirklich? Diese Frage stand plötzlich im Vordergrund. Die Pioniere in Montabaur hatten mit ihrer Personifikationsstrategie einen beispiellosen Erfolg erzielt: Das Publikum hörte ihnen wieder zu. 1&1 bekam seine Chance, mit Service zu überzeugen.

Im Ozean der Informationsflut blitzen rings um uns her permanent zahllose Botschaften auf. Nichts beansprucht in unserem Leben mehr Zeit als der Medienkonsum. Die Beziehung, die Kinder, die Arbeit, ja sogar der Schlaf – all dem gönnen wir jeweils weniger Zeit als den Medien. Ganze neun Stunden verbringen wir laut einer repräsentativen Studie des Hightech-Verbandes Bitkom[18] tagtäglich mit Smartphone, Tablet-Computer, Notebook, TV und iPad. Die Reizüberflutung hat dabei längst die Grenzen zwischen privater und professioneller Kommunikation fortgespült. Wir sind in den Social Networks tagsüber und abends unterwegs – und nicht einmal nachts schalten viele das beruflich genutzte Smartphone aus, das fortwährend neue Mails aus dem Netz saugt.

Silentium! Wer gehört werden will, muss zunächst einmal Stille schaffen. Wie viele Handys von Nokia kennen Sie? Wahrscheinlich keines, denn in der Angebotsvielfalt Hunderter Typen bleibt kein Name im Gedächtnis hängen. Wie viele Handys von Apple kennen Sie? Alle – denn es gibt nur einen Namen: iPhone. Wenn schon die Produkt-Kommunikation nur durch Konzentration funktioniert, um wie viel mehr dann die Kommunikation von Services! Dienstleistungen sind nicht greifbar. Wer eine Fülle von ihnen bietet, der wird kaum auf Nachfrage treffen.

Nur wer seine Kommunikation auf einen Punkt lenkt, trifft ins Schwarze

Konsumenten zu erreichen wird im Medien-Zeitalter immer schwieriger. Wer Zuschauer, Zuhörer und Dialogpartner nicht in den ersten Sekunden zu fesseln vermag, der hat ihre Aufmerksamkeit verloren. Dabei geht es zunächst darum, einen Riss in der endlosen Abfolge von Botschaften zu erzielen, der wir Tag für Tag ausgesetzt sind. Serviceangebote brauchen den einen Moment der Irritation, des Erstaunens und des Innehaltens, um wahrgenommen zu werden. Dann gilt es, die geschaffene Gelegenheit zu nutzen: Nur wer seine Kommunikation auf den einen, entscheidenden Punkt lenkt, trifft ins Schwarze. Denn das Konzentrations- und Erinnerungsvermögen der Kunden ist launisch. An fünf mittelmäßigen Angeboten zieht es wirkungslos vorbei – an einem einzigen, wirklich starken Serviceangebot bleibt es haften.

Beispiel Nespresso: Zur Schau gestellte Intensität

»Nespresso. What else?«, fragt Nestlé in seinem berühmten Werbespot für die innovativen Kaffeekapseln, die einen ganzen Markt revolutioniert haben. Augenzwinkernder und augenfälliger ist die Botschaft der Reduktion nie ins Bild gerückt worden. Produkt, Botschaft und Optik sind eins. Die Vorsilbe »Nes« gibt bereits die Antwort auf die Frage, sie ist die verkürzte Form von »nothing else«.

Das Produkt-Design führt die Negation auf allen Ebenen fort. Alukapseln für Kaffee, patronengleich – das ist zur Schau gestellte Intensität. Dann die Maschinen. Kreis, Halbkreis, Rechteck, das muss genügen. Knöpfe und Hebel sind auf ein makelloses Minimum reduziert. Genauso minimalistisch die Farbpalette. Schwarz und spiegelndes Metall dominieren. Eine Bauhaus-Architektur für Küche und Wohnzimmer.

Kaffee? Duftete der in unserer Erinnerung nicht nach schwäbischer Hausfrauenküche? Nach Schwesternzimmer im Krankenhaus? War der nicht mit Plastik-Thermoskanne, Wachstischdecke und Obstkuchen verknüpft? Vielleicht dämmern auch Bilder in uns herauf vom verstaubten Plüschidyll konservativer Cafés in Fußgängerzonen? Oder es kam uns die angeschlagene Henkeltasse in den Sinn, in der unser Schreibtischkollege wahlweise seine Kugelschreiber oder eine braune Automatenbrühe aufbewahrte? Weg mit all diesen Erinnerungen. »Nespresso. Nothing else.«

Diese Markenpräsenz ist tödlich wie ein Killer. Sie löscht gnadenlos unsere präsenten Erinnerungen an eine dröge, graue Wohnküchen- und Schreibtisch-Atmosphäre aus. All die vordergründigen Information zum Thema Kaffee erlöschen. Es ist, als würde die Kaffeewelt für uns neu erfunden. Wenn aber eine völlig neue Welt scheinbar aus dem Nichts geschaffen werden soll, dann braucht sie umfassende Inszenierung. Diese Aufgabe übernehmen vor allem Serviceangebote: »Spot an!«

»Boutiquen« nennt Nespresso seine Geschäfte – und hält Wort dabei. Nestlé hat sich für seine Powermarke die besten Lagen ausgesucht und empfängt mit puristischem Interieur – schwarz, quadratisch, edel. Wie in exquisiten Weinhandlungen gibt es einen Verkostungsbereich für die Kunden – die schmeichelhaft »Connaisseurs« genannt werden. Klug überträgt Nestlé den Kult um den Wein auf Kaffee. Die Produktsprache schildert die Geschmacksnuancen von »blumig« über »Honig und Zitrus« bis hin zu »holzig«. Schritt für Schritt wird eine Metaphern-Eleganz entfaltet, die sonst exklusiven Bordeaux, Burgunderweinen oder Barolos vorbehalten ist. Geschickt eingeflochten sind Reminiszenzen an die Duftwelt exquisiter Parfümerien oder an die Schmuckwelten (»Kollektionen«) der Juweliere.

Die Nespresso-Atmosphäre entsteht also nur scheinbar aus dem Nichts. Die Reduktion zerstört nur festgefügte Wahrnehmungsmechanismen, die ein neues Verständnis des Produkts Kaffee verhindern würden. Zugleich werden aber Erfahrungsmuster aus anderen Lebensbereichen aktiviert. Nach allen Regeln der Kunst wird auf diese Weise ein Markenkosmos erzeugt, der seine eigenen Regeln und Rituale besitzt. Das Kernprodukt wird in mehreren – allerdings nicht zu vielen – Geschmacksrichtungen dargeboten. Intensität, Koffeingehalt und Tassengröße werden durch einen Farbcode signalisiert. Jeder Kunde durchläuft sein Initiationsritual und hat am Ende »seine« Farbe. Überall auf der Welt kann er oder sie sich darauf verlassen, ob in der Nespresso-Boutique oder bei Nespresso-Freunden, exakt denjenigen Kaffee zubereitet zu bekommen, der längst zum Identitätsmerkmal geworden ist. Das Teilen des Geheimwissens gehört natürlich dazu. Ein verständiges, wissendes Nicken nach der Wahl einer Kapsel ist das Siegel einer verschworenen Gemeinschaft. Die charmante Diskretion, mit der diese Rituale vollzogen werden, macht die Aura der Nespresso-Boutiquen aus. Sie sind kleine Tempel und Ruheoasen im Tumult der Städte.

Der Nespresso-Club formalisiert den geschlossenen Bund mit den Kunden. Vertrautheit, menschliche Nähe und Individualität sind seine Markenzeichen. Die Kapseln, Maschinen und das Zubehör werden nicht nur auf Wunsch in einem bestimmten Zeitfenster nach Hause geliefert. Als Alternative kann alles auch in den Boutiquen abgeholt werden. Zudem gibt es eine Bestellannahme rund um die Uhr sowie einen individuell festgelegten Bestell- oder Entkalkungsalarm. Diese Services werden maßgeschneidert angeboten – jeder Kunde kann seinen Rhythmus und seine Bestellmenge individuell festlegen. Klar, dass im Reparaturfall auch die Maschinen vor Ort abgeholt werden und zur Überbrückung ein Leihgerät bereitgestellt wird. Die Botschaft spielt auf allen Ebenen, doch ihr Inhalt ist eindeutig: Unsere Gemeinschaft lässt niemanden im Stich.

Servicekommunikation muss aus einem Guss sein

Unternehmen kommunizieren heute auf ausgesprochen vielfältige Art und Weise mit ihren Kunden, Partnern und Interessenten. Sie legen weiterhin Print-, TV- und Hörfunk-Kampagnen auf, nutzen aber auch Online-Werbung und diverse Social Media. Klassische Werbestrategien treffen zeitgleich auf Branding und Personal-Branding-Konzepte. Die Gefahr ist groß, dass durch die enorme Zahl der Kanäle und Marketingprojekte eine nicht mehr kontrollierte Fülle an Signalen ausgesandt wird. Marken brauchen Identität – das heißt Kommunikation aus einem Guss. Nur wer in der Lage ist, seine unterschiedlichen

Kanäle und Messages zu bündeln, bleibt für seine Kunden wiedererkennbar. Hinzu kommt: Unterschiedliche Zielgruppen haben zwar klare Vorlieben für die Nutzung einzelner Medien – doch sie registrieren zugleich sensibel, was sich auf anderen Plattformen ereignet. Wessen Stil und Inhalte sich widersprechen, dem droht bestenfalls Ignoranz, schlimmstenfalls aber dauerhafte Ablehnung.

Wie 1&1 setzt auch Nestlé auf dieses Konzept. Doch die Anforderungen an die Werbe-Ikone sind bei der Schweizer Kaffee-Kultmarke gänzlich andere. Hier wird kein Pragmatiker gebraucht, sondern eine international bekannte Persönlichkeit mit Stil, Charme und Sexappeal. George Clooney verkörpert genau das. Er ist der ideale moderne Hohepriester, um die Nespresso-Rituale zu vollziehen. Sein schwarzsilbernes Haar inszeniert die auf den mythischen Schwarz-Weiß-Kontrast reduzierten Nespresso-Farben. Der Hollywood-Star bekam vom amerikanischen *People Magazine* mehrfach den Titel des »sexiest man alive« verliehen. »Nespresso. What else?« – der Slogan aus seinem schmunzelnden Mund ist lustvolle Verführung.

Wirkungsvoller Minimalismus

Eine Marke, eine Botschaft, eine markante Persönlichkeit – das ist höchst wirkungsvoller Minimalismus. Dieses Prinzip nutzt die ständige Wiederholung, um Zugehörigkeits- und Bindungsgefühle zu erzeugen. Gedächtnistrainer lehren, dass es sieben Wiederholungen braucht, bis eine Botschaft beim Empfänger ankommt und dort etwas auslöst. Zur Quantität kommt die Qualität: Je mehr verbale und visuelle Botschaften miteinander verknüpft sind, desto stärker bleiben sie in unserem Gedächtnis haften. Denn wir Menschen sind Augentiere – unser Denken ist auf vielfältige Art mit Bildern verbunden. Und weil wir uns für nichts mehr interessieren als für Menschen, ist das Gesicht die beste Garantie für die Erinnerung.

Die Nespresso-Welt ist derart perfekt arrangiert, dass einem der Atem stockt. Natürlich macht das angreifbar – doch auch das haben die Marketing-Spezialisten von Nestlé bedacht. Sie stellen den Kult-Charakter ihrer Marke nicht hemmungslos zur Schau. Sondern sie brechen die Inszenierung mit sanfter Ironie. George Clooney als Hohepriester? Nun, dann zeigt ihn ein Spot eben bei seiner Himmelfahrt. Direkt hinter der Himmelspforte tauscht er seinen Nespresso-Einkauf ein, um Petrus für ein zweites Leben hienieden auf Erden zu bestechen. In der Nespresso-Welt ist alles heilig – und auch wieder gar nichts. Diese verschmitzte Markenphilosophie macht immun gegen Angriffe.

Ein globalisierungskritisches Video attackierte Nestlé mithilfe eines Clooney-Doubles. Darin versetzt ein Nespresso-Schild dem vermeintlichen Star einen unsanften Schlag zwischen die Beine. »So fühlt es sich an, wenn man als Kaffeepflücker ausgebeutet wird!« Doch so berechtigt das Anliegen der Kritiker auch sein mag, sie bestätigen mit ihrer sexuellen Anspielung zunächst einmal die Wirkungsmacht von Clooney. Die Marke Nespresso hat mit ihrem Kommunikator ein klar identifizierbares Angriffsziel. Nur wirkt Clooneys Eros nicht qua Dominanz, sondern qua Charme. Und so entwickelte sich der Spot zwar binnen kürzester Zeit zu einem YouTube-Hit. Doch das schadete Nestlé keineswegs. Der Nespresso-Kult funktioniert bestens. Denn seine Mystik wird stets mit einem Augenzwinkern entfaltet. Einer solchen stil- und anspruchsvollen Gemeinschaft gehören wir gerne an. Und wir zelebrieren mit Genuss und immer wieder aufs Neue ihre Rituale.

Beispiel Shell: Tankwarte reaktivieren einen Mythos

Hochwertiger Service appelliert immer an etwas zutiefst Verinnerlichtes. Er durchbricht die Muster unserer Alltagserfahrung – und beschwört magisch und machtvoll das längst verloren Geglaubte. Kennen Sie den Streifen »Die Drei von der Tankstelle«? 1930 landeten Willy Fritsch, Oskar Karlweis, Heinz Rühmann und in der weiblichen Hauptrolle Lilian Harvey einen Sensationserfolg. 1955 kam es zum Remake des Streifens, der Liebe, Freundschaft, Benzin, Öl und Zapfsäulen inszeniert. Doch diese unnachahmliche Mischung schien zwei Jahrzehnte später für immer aus dem kollektiven Gedächtnis getilgt. Seit dem Ölpreisschock der 1970er-Jahre setzte die Republik mehrere Jahrzehnte lang Tanken mit Knausern gleich. Service? Wozu? Der Tankwart schied anscheinend unbemerkt und unbetrauert dahin. In der Welt der Stationen zählte nur noch die Bewegung des Preises pro Liter, angezeigt auf grellen Schildern von gewaltiger Größe.

2005 erkennt die Kette Shell, dass sie gegen den Strich bürsten muss. Die Strahlkraft ihrer Marke liegt in Untersuchungen wie dem Brand-Index des Marktforschungsinstituts Yougov deutlich hinter dem Branchenführer Aral. Die kommunikativen Voraussetzungen sind schlechter – doch die Herausforderungen so gewaltig wie für alle Wettbewerber. Das Problem: Realität und Image der Tankstellen klaffen inzwischen meilenweit auseinander.

Stück für Stück hat die gute alte »Tanke« in den letzten Jahrzehnten nämlich zahlreiche neue Funktionen übernommen. Zuerst wurden die Stationen zu Kiosken, die nicht nur Auto-Zeitschriften, sondern auch viele andere Magazine und Zeitungen feilbieten. Dann bauten sie eindrucksvolle Warenangebote auf, die mancherorts mit Supermärkten wetteifern können. Ob Fertigpizza, Zahnpasta, Süßigkeiten oder Getränke – heute gibt es an der Tankstelle alles. Wer unterwegs zu Tante Gerda ist, kann dort selbstverständlich auf den letzten Drücker Blumen einkaufen. Wem es plötzlich nach Feierabend an Abendunterhaltung fehlt, der findet auf dem Heimweg ein reiches Angebot an DVDs und CDs. Und natürlich ist inzwischen auch eine Bäckerei integriert, aus deren Backöfen es verführerisch nach leckeren Brötchen duftet. Schon frühmorgens lädt auf dem Weg ins Büro hinter den Zapfsäulen ein kleines Café dazu ein, sich noch kurz einen Espresso und dazu ein Croissant zu gönnen. Spätestens damit ist die Tankstelle kein bloßer Shop mehr, sondern eine Dienstleistungsanbieterin par excellence.

Diese beeindruckende Verwandlung einer ganzen Branche konnte nur dank einer überzeugenden Kommunikationsleistung gelingen. Zuallererst musste die automatische Verknüpfung des Shops mit dem Tankvorgang gelöst werden. Dann galt es die zahlreichen Leistungen in den Blickpunkt zu rücken, die nichts mit dem Thema Diesel, Öl und Benzin zu tun hatten: Shell-Konkurrent Aral machte unter dem Slogan »Alles super« auf sein erweitertes Angebot aufmerksam. Und die Kette DEA führte in ironischen Werbespots die Station als sozialen Treffpunkt vor: Manta-Fahrer Ingo trifft darin lauter Bekannte, die ihm freundlich »Super, Ingo!« zurufen. Gemeint ist zur Verblüffung des Spot-Helden allerdings nicht dessen tiefergelegter Prolo-Flitzer – sondern die Spritsorte. »Super, Ingo. Nicht Diesel!«, klärt ihn schließlich eine DEA-Angestellte auf. Auf diese witzige Weise wird die Mutation der einst steril-praktischen Tankstelle zum belebten Dorfplatz voller Tratsch und Begegnungen vorgeführt. »Hier tanken Sie auf!«, verspricht DEA. »Auftanken«, das löscht alle Erinnerung an Auspuffgestank, Reifengeruch und heulende Motoren – sie wird abgelöst durch das Versprechen einer Verwöhnkultur.

Shell entscheidet sich für ein noch stärkeres Signal. Der Wandel im Inneren der Tankstelle soll bereits draußen an der Zapfsäule auf den Punkt gebracht werden. Durch Personalisierung. Durch den Appell an Nostalgie. Durch die Reaktivierung eines Mythos. Wer könnte als Botschafter für ein weitgehendes Service-Versprechen besser geeignet sein als der gute alte Tankwart? Deswegen führt die Kette zunächst an ausgewählten Stationen den persönlichen Service an der Zapfsäule wieder ein. Es ist, als verstumme plötzlich der laute, grelle 3-D-Film unseres hektischen Alltags. Als hörten wir das leise Knistern des Schwarz-Weiß-Kinos vergangener Tage – und eine freundliche, Vertrauen weckende Stimme, die uns fragt: »Was kann ich für Sie tun?«

Perfekter Service braucht perfekte Vorbereitung

»Verrückte Idee!«, heißt es zunächst. Viele Beobachter sind spontan fasziniert – aber zugleich skeptisch. Denn sind die lange Jahre eingeübten Erfahrungsmuster nicht zu tief verankert? Tanken evoziert bei den meisten Deutschen eine Mischung aus Frust und Sparwut. Je höher die Spritpreise steigen, desto länger werden die Warteschlangen bei den vermeintlich günstigeren Anbietern. Kein Wunder also, dass man die Shell-Strategie, so hübsch sie sich auch ausnehmen mag, bereits im Desaster enden sieht. In Zeiten des Slogans »Geiz ist geil« kann die Initiative angeblich nur auf Ablehnung stoßen. Schließlich soll der neue alte Service ja immerhin einen ganzen Euro kosten – und es ist doch bekannt, dass beim Tanken jeder Cent Preiserhöhung Empörungsstürme auszulösen vermag.

Doch Shell berechnet den Euro nicht automatisch für die Dienstleistung. Sondern die Kette überlässt ihren Kunden selbst die Entscheidung, ob sie den unverbindlichen Vorschlag annehmen möchten. Der Tankwart gibt den Fahrzeugbesitzern eine »rote Zufriedenheitskarte« in die Hand. Mit der können sie signalisieren, ob sie ihren Obolus entrichten möchten. 85 Prozent sagen Ja zu diesem Angebot. Zur stilvollen Art des Tankens passt diese stilvolle Art der Bezahlung schlicht hervorragend. Schon bald stellt sich heraus: Die Deutschen haben beim Tanken ihren Sinn für Nostalgie wiederentdeckt. Dank der Tankwarte kann Shell seinen Benzinabsatz um mehrere Prozentpunkte steigern. Wenige Jahre später bieten bereits 2 600 Kollegen an über 1 000 Stationen ihre Dienste an.

Zum perfekten Zusatzangebot an Service gehört eine professionelle Vorbereitung – und daran ließ es Shell nicht fehlen. Für alle Tankwarte gab es extra Schulungen. Schließlich sollen alle Kunden auf gleichbleibend hohem Niveau ergänzende Angebote erhalten, wie zum Beispiel Reifendruck prüfen, Ölstand messen, Scheiben reinigen, Wasserstand kontrollieren. Dies alles sind Beiträge, die die Trennung zwischen der unangenehmen, weil kostspieligen Zapfsäulen-Realität draußen und der angenehmen Atmosphäre drinnen aufheben. Alles passt – denn Tanken selbst wird wieder als Dienstleistung definiert.

Die hohe Akzeptanz wird vor allem dank der gelungenen Kommunikation erreicht: zum Beispiel mit nostalgischen TV-Spots, die Fünfzigerjahre-Nostalgie entfalten, oder mit einer neuen schwarz-roten Uniform als Erkennungszeichen der Tankwarte. Klar, dass auch ein eigenes Logo entwickelt wurde. Es prangt auf den großen Erkennungssäulen der Stationen. Und so werden die Kunden bereits im Vorbeifahren auf das zusätzliche Serviceangebot aufmerksam gemacht. Wie erfolgreich dieser Wandel Shell gelungen ist, zeigt das Beispiel des kleinen Neckarortes Kirchentellinsfurt. Hier hat sich unweit von Stuttgart an einer vierspurigen Bundesstraße eine große Shell-Station zum Szenetreffpunkt von Truckern, Rentnern und Jugendlichen entwickelt. Der Andrang ist so gewaltig, dass der Volksmund den Ort mit dem markant langen Namen heiter-ironisch in »Kirchen-Shell-insfurt« umgetauft hat. Licht aus, Spot an: Heinz Rühmann lebt, die Fokussierung auf den Tankwart hat den Wandel einer ganzen Dienstleistungswelt eindrucksvoll inszeniert.

3. Mit vollem Mund überzeugt man nicht

»Wir sind die besten Kundenversteher der Branche!« – »Wir geben die umfassendste Garantie auf dem Markt!« Viele Unternehmen haben erkannt, dass sie ihre Dienstleistungen offensiv vermarkten müssen. Doch nicht wenige versprechen weit mehr, als sie zum Zeitpunkt des Versprechens halten können. Die Agenturen mögen die Messages der Unternehmen noch so perfekt in Szene setzen – jedes Service-Bekenntnis, das nicht hinreichend in den Prozessen, Strukturen und der Kultur des Unternehmens verankert ist, rächt sich bitterlich. Denn im Zeitalter der sozialen Medien herrscht Transparenz. Deswegen ist Kommunikation heute weniger denn je Selbstzweck. Erst muss die Substanz aufgebaut sein – und dann können die Werber zeigen, wie gut sie ihr Handwerk verstehen.

Raus aus dem Mief, rein in den Skandal

Die 1970er-Jahre waren ein buntes, peppiges Jahrzehnt des gesellschaftlichen Aufbruchs. Doch war wirklich alles so wild damals? Nein, denn wahrscheinlich gab es tief im Innersten der kollektiven Seele eine Sehnsucht nach Verlässlichkeit. Keiner verkörperte sie besser als Herr Kaiser. Damals tauchte das Gesicht der Versicherungsmarke Hamburg-Mannheimer zum ersten Mal auf. Fast vier Jahrzehnte lang blieb es an der Seite der Bundesbürger. Herr Kaiser, immer korrekt gekleidet und arbeitsam den Aktenkoffer schwingend, war die Inkarnation des Wohlfahrtsstaats. Arbeit, Eigentum, Verlässlichkeit, so wünschten es sich die Deutschen – und so brachte es das Marketing damals perfekt auf den Punkt. »Gut, dass ich Sie treffe!«, schallt es dem Sympathieträger in den Spots von überallher entgegen. Herr Kaiser war der freundliche, gut aussehende Nachbar der Deutschen.

Vier Jahrzehnte funktionierte dieses Konzept der Nähe und Vermenschlichung einer Marke hervorragend. Doch dann fiel die Klappe. Der Düsseldorfer Versicherungskonzern entschied: Es war an der Zeit für etwas Zeitgemäßeres. Schluss mit der Marke Hamburg-Mannheimer! Weg mit dem angestaubten Image aus den Siebzigern! Künftig würde man die bewährten Versicherungsprodukte unter dem alten Unternehmens-, aber völlig neuen Markennamen »Ergo« unters Volk bringen. Modern, frech und unkonventionell. Denn es galt die Chance zu nutzen, einen saturierten Markt neu aufzurollen. Die Agentur Aimaq & Stolle schien den perfekten TV-Spot dafür zu liefern.

Ein junger Mann, in Jeans und angeschrammter rotbrauner Lederjacke, spaziert über eine Brücke. Hintergrund: natürlich die Spree und der Fernsehturm Berlin. Hier ist das hippste Milieu in ganz Deutschland zu Hause. Trendsetter, die einen ganz speziellen urbanen Lebensstil pflegen. Fahrräder, Stahlträger und S-Bahn kommen ins Bild, alles fein ausgewählte Zutaten der angesagtesten Großstadtszenerie im Lande. Man fasst es kaum, aber plötzlich beginnt der junge attraktive Kerl tatsächlich mit imaginären Versicherungen zu plaudern. Der Fünftagebart-Träger duzt sein Gegenüber ganz im Stil des Social-Media-Zeitalters. »Was ist eigentlich schiefgelaufen zwischen uns? Habe ich irgendwas getan, dass ihr so komisch seid, so fremd?«, spricht er die Konzerne an. »Könnt ihr nicht einfach mal aufhören, mich zu verunsichern? Und anfangen, mich zu versichern?«

Steil positioniert, jäh abgestürzt

Ein genialer Spot: Hauptdarsteller, Sprache, Silhouette sind perfekt abgestimmt. Ein echter Hingucker, der dafür genutzt wird, eine extrem steile Positionierung zu transportieren: Die neue Versicherungsmarke erscheint als pure Antithese zu allen Wettbewerbern. Die Kritik, die der Protagonist des Spots äußert, zielt auf alles, was bislang auf dem Markt ist. Gleichzeitig wird damit die Erwartung geweckt: Die neue Marke Ergo macht alles anders und besser. Dort die grauen Herren mit ellenlangen Vertragstexten und unverständlichem Beamtenkauderwelsch – hier die unkonventionellen, lockeren Milieu-Versteher von Ergo.

Wie sah es mit der Substanz aus, auf der diese beeindruckende Kampagne aufbaute? Darauf gab die *Financial Times* im März 2011[19] eine überraschende Antwort: Nicht die Ergo, sondern die HUK-Coburg habe gemeinsam mit der Verbraucherschutzorganisation Bund der Versicherten (BdV) die Vertragsbedingungen für Hausratpolicen sprachlich gründlich entrümpelt. Endlich sollten die Kunden auch ohne lange Studien verstehen, was sie zur Unterschrift vorgelegt bekamen. Die Verbraucherschützer waren voll des Lobes: Andere Anbieter sollten sich an der Aktion ein Beispiel nehmen. Die *Financial Times* dazu: »Damit stiehlt der Versicherer dem Konkurrenten Ergo die Schau. Ergo verspricht in einer großen Werbekampagne Kundenfreundlichkeit, hat aber bislang keine Taten folgen lassen.« Treffer, versenkt – der ganze Aufwand der Werber erwies sich von jetzt an als kontraproduktiv für die Ergo.

Schon wenige Wochen später platzte dann eine Bombe: Damals berichtete das *Handelsblatt*, verdiente Vertriebsmitarbeiter des Ergo-Konzerns hätten in der Budapester Gellert-Therme eine Orgie gefeiert.[20] Titel: »›Mordsspaß‹ mit Prostituierten für die Truppe von Herrn Kaiser.« Der Fall lag bereits Jahre zurück und betraf die Hamburg-Mannheimer, verquickte sich aber in den Schlagzeilen und Medienberichten rasch mit dem Namen Ergo. Die gesamte Kommunikationsstrategie der Neupositionierung hatte auf Werte wie Ehrlichkeit, Einfachheit und Offenheit gesetzt und dabei den Rest der Branche als dunkle, intransparente Kontrastwelt erscheinen lassen. Und jetzt zeichnete der Skandal von der Ergo selbst ein Bild, das jene Schattenwelt der Versicherungsbranche in jeder Hinsicht übertraf. So steil sich die Ergo positioniert hatte, so jäh war nun der Absturz.

Herausforderung Wertewandel

Die Zielgruppen-Fokussierung ist heute in aller Munde. Unternehmen erforschen gesellschaftliche Milieus und lassen ihre Kommunikation darauf abstimmen. Doch meinen sie es auch ernst, wenn sie sich zu den Werten ihrer Kunden und Interessenten bekennen? Die Lebensstile und Orientierungen der einzelnen Gruppen sind äußerst komplex. Und sie ändern sich rasant. Nicht jedes Unternehmen ist der Herausforderung gewachsen, Schritt mit der gesellschaftlichen Entwicklung zu halten. Der Blackberry-Hersteller RIM stand über Jahre hinweg mit seinen Produkten für einen bestimmten Business-Lifestyle: Die Geräte waren Ausweis von Erfolgsorientierung, -inszenierung und -kontrolle. Die digitalen Services von RIM garantierten eine sichere Kommunikation – ein Versprechen, das lange Zeit verfing. Doch heute herrscht eine neue Vielfalt auf den Führungsetagen. Flache Hierarchien, Kreativität, Querdenken und Vermischung von Job und Freizeit – für diese Welt steht die Kommunikation mit iPhone oder Android-Smartphone. Wie hat RIM reagiert? Indem es die Tasten der Blackberrys durch Touchscreens ergänzte und in einen Nachbau der Konkurrenzgeräte verwandelte. Doch Anbiederung kommt selten gut an, das musste der Hersteller durch den Absturz seiner Umsätze bitter erfahren. Ein Einzelfall? Nein, die Normalität. Kirchen werben heute für Gottesdienste, als seien es Rock-Events. Klassische Orchester greifen zur Comic-Sprache, um mit lautmalerischen Ausdrücken wie »Ploing«, »Zupf« und »Pling« jüngere Milieus anzusprechen. Und von der Politik, die ihre Presse-Statements via Facebook und Twitter verbreitet, ganz zu schweigen. Diese Konzepte führen allesamt in die Irre. Wer nur auf die Oberfläche eines Lebensstils blickt, wer Lebensstile zu kopieren sucht, statt sie zu verstehen, wird schlicht nicht ernst genommen.

Verstoß gegen den Leitwert Offenheit

Offenheit ist der zentrale Leitwert der jungen Milieus, welche die Ergo mit ihrem spektakulären Spot in Szene setzte. Ausgerechnet dagegen schien die neue Marke nun zu verstoßen. Entsprechend groß war die Herausforderung für eine gelingende Krisenkommunikation. Die Reaktion hätte eine Entschuldigung, die Demonstration echten Aufklärungswillens und ein deutliches Zeichen sein müssen, dass das Unternehmen bereit ist, die notwendigen Konsequenzen zu ziehen. Fatalerweise setzte das Management in der Öffentlichkeit ein ganz anderes Signal: Es entschied rasch und der Negativ-Presse zum Trotz, die Kampagne von Neuem anzufahren. Das erweckte den Eindruck von Trotz und mangelnder Belehrbarkeit. Kein Wunder, dass die Journalisten nun nachlegten. Die Ergo kam nicht mehr aus den Negativ-Schlagzeilen.

Wiederum das *Handelsblatt* berichtete von einem Betrugsverdacht gegen das Unternehmen im Zusammenhang mit Riester-Verträgen.[21] Jahrelang, so lautete der Vorwurf, hätten Tausende Kunden offenbar zu viel für ihre Verträge bezahlt. Immer neue Berichte über umstrittene Anreizsysteme für Mitarbeiter, drohende juristische Folgen und die Distanzierung von Werbepartner Jürgen Klopp füllten Zeitungen, Magazine und Online-Medien.

Im Netz baute sich eine Erregungsspirale auf. Die sozialen Medien waren voll von empörten Kommentaren. Und jetzt nahmen Blogger auch noch den innovativen TV-Spot der Ergo aufs Korn:[22] Die zentralen Szenen, so hieß es, seien von einem berühmten Vorbild »inspiriert«. Einem ähnlichen Drehbuch war bereits Jahre zuvor eine Sequenz des Streifens »High Fidelity« mit John Cusack gefolgt. Zitate sind im Filmschaffen nichts Neues. Doch angesichts der negativen Erwartungsfolie sprachen nun viele User in den Online-Foren dem Spot – und damit der Ergo – den Anspruch auf Authentizität ab.

Absolute Kontrolle gibt es nicht mehr

Die Ergo-Kommunikation konnte nur derart aus dem Ruder laufen, weil ihr ganz am Anfang der Kampagne eine verhängnisvolle Fehlsteuerung unterlief. Die Risiken beim »Aufbau der Marke Ergo« wurden von den Strategieplanern früh erkannt – aber völlig falsch bewertet. In Tests mit Verbrauchern sei die Kritik geäußert worden, »dass (…) die Kampagne zu wenig Informationen zu Ergo und seinem Angebot bietet«.[23] Die Beteiligten sahen in diesem Informationsdefizit aber keine Bedrohung, sondern einen Vorteil. Die Kritikpunkte seien »insofern positiv zu sehen«, schrieben sie, »als die Kampagne ein ausgeprägtes Interesse daran weckt, mehr über Ergo zu erfahren«. Das Marketing müsse entscheiden, »wann es die Kampagne mit zusätzlichen Informationen über das Unternehmen und seine Leistungen konkretisiert«.

Dahinter steckt der verhängnisvolle Irrglaube an die absolute Kontrolle über den Kommunikationsprozess. Ganz so, als besetzten Unternehmen heute noch allein die Rolle der Informationslieferanten – und die Kunden und Interessenten verharrten passiv in der Rolle der Informationsempfänger. Doch die Informationshoheit ist in Zeiten der Medienrevolution dahin.

Königsdisziplin Erwartungsmanagement

Welche Erwartungen wecke ich bei meinen Zielgruppen? Diese Frage sollte am Anfang jeder Kampagne stehen. Dabei zählt nicht der Buchstabe der Kundenversprechen – sondern das, was die Kunden aus den Aussagen der Unternehmen herauslesen. Vollmundige Versprechen zu verkünden und sie nachher wieder mittels Relativierungen einfangen zu wollen, ist ein aussichtsloses Unterfangen. Sicher, steile Versprechungen sorgen zunächst einmal für Aufmerksamkeit. Doch ganz gewiss auch für jähe Absturzgefahr. Denn wer zu viel verspricht, dem glaubt man nicht mehr. Daher ist es grundfalsch, Wunschbilder zu zeichnen und vorhandenen Erwartungen blind zu folgen. Denn das führt mitten in die Enttäuschungsfalle, aus der es kein Entkom-

men mehr gibt. Wer dem entgehen will, der muss lernen, die Kunden-
erwartungen zu dosieren. Erwartungen während des ganzen Prozes-
ses zu managen ist von zentraler Bedeutung bei der Kommunikation
von Dienstleistungen. Ab und zu kann dabei auch Selbstkritik nötig
sein, sie verhindert nicht die Bekräftigung neuer Anstrengungen. Die
Lebensmittelmarke Rewe hat dafür einen treffenden Claim gewählt:
»Rewe – jeden Tag ein bisschen besser.«

Alice – eine Marke als Wunderfee

Auch in anderen Branchen werden Marken bereits während ihres Auf-
baus unbeherrschbaren Risiken ausgesetzt. Beispiel Telekommunikation: »Alice« ist ein Vorname, der Fantastisches verspricht – seit dem fa-
mosen Roman *Alice im Wunderland* des britischen Schriftstellers Lewis
Carroll. Deswegen war es natürlich eine Ansage, als die Telecom Italia
ihre Festnetz- und Breitbandprodukte unter diesem Markennamen ver-
marktete. Alice im Telekommunikationsland versprach ihren Kunden
märchenhafte Dinge: Zentrale Lockmittel der Marke waren ein schneller Wechsel zum neuen Anbieter und ein hervorragender Service. Ein
hübsches Gesicht, ein attraktiver Körper – die Zauberfee sollte deutlich
machen, dass es eine reizvolle Zukunft der Telekommunikation jenseits
der alten Branchenriesen gab. In Italien schlüpfte die Schweizerin Mi-
chelle Hunziker in die Alice-Rolle, in Deutschland das Modell Vanessa Hessler.

Die Wirklichkeit sah völlig anders aus, als es die Kampagne suggerier-
te. Die Stiftung Warentest gab dem Anbieter in einem Vergleichstest
gerade mal die Note »ausreichend«.[24] Alice lasse angekündigte Frei-
schalttermine verstreichen, ohne Betroffene zu benachrichtigen. Kunden mussten laut dem Test sogar damit rechnen, dass eine Bestellung
komplett verloren ging. Eine geradezu erschreckend mangelnde Qualität stellten die Prüfer bei der Unterstützung per E-Mail oder Telefon
fest. Die erotisierende Wirkung von Alice hielt offenbar nicht lange
vor: Die Internetforen liefen schon bald über vor Kritik an der Schönen.

Kleine Servicesünden bestraft der Herr sofort, könnte man denken, bei größeren lässt er offenbar ein paar Jahre verstreichen – bis er sie umso härter ahndet. Bei Alice kam der absolute Super-Gau im Jahr 2011. Marken-Schönheit Vanessa Hessler hatte gerade mal wieder in der Filmrolle der »Cinderella« Aufsehen erregt, als sie ein verhängnisvolles Interview gab. Darin trauerte sie ihrer jahrelangen Liebesbeziehung zu Mutassim Gaddafi nach, der während der Revolution in Libyen gemeinsam mit seinem Vater, Diktator Muammar Gaddafi, getötet worden war. Den Gaddafi-Clan sah sie als Opfer von Gewalt und als ganz normale Menschen wie du und ich. Einer der schlimmsten Potentaten der arabischen Welt in der Opferrolle? Das war der Telefónica dann doch zu viel. Die neue Eigentümerin der Marke Alice kündigte den Vertrag mit Hessler. Alice war fortan gesichtslos und wurde 2012 still und ohne öffentliche Trauerbekundungen auf dem Friedhof der Werbeikonen bestattet.

Warum lassen sich Anbieter immer wieder auf das riskante Spiel mit waghalsigen Versprechungen ein? Warum wecken sie gezielt unerfüllbare Versprechungen? Der Grund liegt im Kampf um öffentliche Aufmerksamkeit, der schärfer geführt wird denn je. Mit einem perfekt inszenierten Kampagnenauftakt ist es aber nicht getan. Je erfolgreicher die Message, desto größer droht die Enttäuschung auszufallen. Entscheidend ist vor jeder Kampagne eine grundlegende Untersuchung des endogenen Potenzials. Für einen DSL-Anbieter heißt das zum Beispiel, ehrlich zu analysieren, wie schnell und verlässlich er Leistungen bereitzustellen und Störungen zu beseitigen vermag. Erst Jahre später verbesserte Alice signifikant die Strukturen und führte ein Servicebarometer ein, das die durchschnittliche Wartezeit in Hotlines und bei Mail-Anfragen transparent machte. Warum nicht gleich so?

Per Navigation in die Sackgasse?

Die Hersteller von Navigationsgeräten haben ein doppeltes Problem: Sie stecken im Preiswettbewerb – erstens gegeneinander, zweitens gegen die zunehmend beliebte Navigation per Handy-App. Also rüsten TomTom, Garmin, Navigon, Becker, Falk und Co. immer weiter auf. Die Bildschirme wachsen an, die Berechnung der Ziele wird schneller, und inzwischen stimmt meist auch das Timing der Sprachführung mit der Straßenposition überein. Bei so viel Fortschritt fällt die Differenzierung auf einem dicht besetzten Marktsegment schwer. Entscheidend könnte dafür der Service sein – zum Beispiel, was die Aktualisierung der Kartendaten anbelangt. Schließlich werden jedes Jahr neue Straßen hinzugebaut, alte Routen werden gesperrt, oder es gibt neue Regelungen. Deswegen werben inzwischen einige Hersteller mit dem Versprechen von lebenslangen Karten-Updates.

Doch schon bei der Erstinstallation stellen zahlreiche Käufer fest, dass das Kartenmaterial veraltet ist. Wer das kostenlose Update-Angebot nutzen will, auf den wartet oft die nächste Enttäuschung: In vielen Fällen klappt die Synchronisation nicht, weil die Programme ständig abstürzen. Andere Systeme sind nicht mit dem populär gewordenen Apple-Betriebssystem kompatibel. Und dann gibt es sogar Geräte, in denen der Speicherplatz nicht annähernd für die Datenmenge der versprochenen neuen Kartendaten ausreicht. »Navi-Updates oft teuer und langwierig«,[25] resümiert der ADAC in einem Vergleichstest. Umso mehr zählt in diesen Situationen der Support. Doch gerade dort sparen fast alle Anbieter. Der »ADAC young generation« prüfte die Hotlines auf Herz und Nieren und kam zu einem alarmierenden Befund: Die meisten Hersteller nennen demnach auf den Geräten, Verpackungen und Anleitungen nicht einmal eine Service-Rufnummer. »Bitte Navi kaufen und keine weiteren Fragen stellen«[26] scheine das bedauerliche Motto mancher Unternehmen zu sein.

Bei den Problemen geht es um weit mehr als um das Fehlen von Verbraucherfreundlichkeit. Autofahrer lassen sich von einem Navigationssystem lenken – das setzt ein Höchstmaß an Vertrauen voraus. Dieses wird jäh enttäuscht, wenn das Versprechen lebenslang kostenloser Updates nicht trägt. Es geht also um die Geschäftsbasis der Navi-Hersteller, die mit mangelndem Service in eine geschäftliche Sackgasse zu geraten drohen.

Ein einziges Wörtchen als PR-Desaster

Auch eines der bekanntesten Unternehmen der Automobilindustrie ist in diese Falle getappt: Opel. In den 1950er- und 1960er-Jahren lautete der Claim der Rüsselsheimer Automobilschmiede: »Opel – der Zuverlässige«. Die Qualität konnte sich damals im Benchmarking mehr als sehen lassen. In den Nachkriegsjahren galt Volkswagen als Billigmarke. Opel hingegen wurde mit den stolzen Modellnamen wie Kapitän und Admiral zum Symbol für Erfolgreiche im Wirtschaftswunderland. Die Auto-Postille *auto motor sport* schwärmte damals vom Kapitän, er sei »ein schnelles, temperamentvolles, zuverlässiges und wirtschaftliches Reisegefährt«[27]. Opel, das war eine überzeugende Mischung von begrenztem Luxus und Biederkeit. Man zeigte damit, dass man wieder wer war, ohne zu protzen. Kein Wunder, dass Heinz Rühmann dieses Auto als Kriminalkommissar in dem Streifen »Es geschah am helllichten Tag« fuhr. Niemand nahm damals zur Kenntnis, dass Opel zum US-Konzern General Motors gehörte. Opel, das war ein Synonym für deutsche Wertarbeit und Qualität.

In seiner größten Krise suchte der Autobauer Halt in jener ruhmreichen Vergangenheit. Seit den 1980er-Jahren hatten die Rüsselsheimer ihr Qualitätsimage komplett eingebüßt. Doch vielleicht gelang es, die Erinnerung an »den Zuverlässigen« zu reaktivieren? 2010 verblüffte der Hersteller die Kundschaft mit dem Angebot einer lebenslangen Garantie. Wow, das hörte sich so selbstbewusst wie großzügig an. Doch leider sahen sich die Rüsselsheimer genötigt, im Kleingedruckten ein paar Einschränkungen vorzunehmen. Die Garantie sollte zum Beispiel nur bis zu einer Laufleistung von 160 000 Kilometer greifen. Offenbar rechnete man damit, dass das automobile Leben eines Opel dann sein quasi natürliches Ende finden würde. Auch gab es ab einer bestimmten Laufleistung nur noch anteilige Beträge für die Ersatzteile.

Solche Einschränkungen von Garantien waren und sind allerdings absolut marktüblich. Bereits seit Jahren boten die Wettbewerber und Versicherer ähnliche Angebote. Und dennoch wurde das Service-Versprechen für Opel zum PR-Desaster. Es lag einzig an dem kleinen Wörtchen »lebenslang«, das General Motors eine Klage wegen irreführender Werbung einbrachte. Jenseits des Medienskandals hat Opel an die Werte bürgerlicher Zielgruppen appelliert. Doch die Marke war weit davon entfernt, die einstige Stammklientel nach ihrer Erwartungshaltung zu verstehen. Es ging einzig und allein darum, eine ganz normale Garantie möglichst aufsehenerregend zu vermarkten. Marketing und Service waren völlig entkoppelt, was sich unter anderem in erheblichen Differenzen mit den Opel-Händlern zeigte,[28] die für die Zusagen im Alltag geradezustehen hatten. Das Ergebnis: Nach nur einem Jahr musste die Marke das Versprechen zurückziehen.

Ein Angebot ohne Beipackzettel

»Lebenslange Garantie« – liebe Unternehmen, geht es nicht bitte eine Nummer kleiner? Glaubt ihr wirklich, der Umsatz steigt proportional zur Dicke des Werbeversprechens? Werbung, Marketing und Kommunikation machen ihren Job nur dann wirklich gut, wenn sie nicht völlig losgekoppelt von den Realitäten agieren. Unternehmen müssen zuerst verlässliche Servicestrukturen und Prozesse implantieren und ihre veränderte Haltung und die dahinterstehenden Werte bei den Mitarbeitern verankern. Erst dann können sie damit beginnen, ein zusätzliches Dienstleistung-Portfolio aufzubauen. Zum Schluss – und nicht als erster Schritt – folgt dann die Vermarktung.

Wie das verlässlich funktionieren kann, führen erfolgreich immer wieder innovative mittelständische Unternehmen vor. Die in Süddeutschland beheimatete Sortimentsbuchhandlung Osiander – mit zahlreichen Einzelbuchhandlungen immerhin Nummer vier in Deutschland – wächst seit Jahren gegen den Branchentrend. Das Geheimnis dahinter? Gute Beratungsqualität und hervorragender Service. Während die anderen Großbuchhandlungen auf schiere Größe setzen, spielt Osiander die Dienstleistungskarte. Dazu gehört, dass Internet-Bestellungen so schnell und kostenlos beim Empfänger ankommen wie beim großen Online-Marktführer Amazon. Zusätzlich werden sie aber, wann immer es geht, mit einem umweltfreundlichen Fahrradkurier ausgeliefert.

Die Buchhandlung mit Stammsitz im schwäbischen Tübingen bietet zudem ein Versprechen, das sich unglaublich anhört: Die Kunden können jedes Buch, das sich zurzeit im Handel befindet, bei Osiander umtauschen. Also doch wieder eines dieser Serviceangebote mit giftigem Beipackzettel? Weit gefehlt. Der Buchhändler steht zu seinem Wort. Er tauscht tatsächliches jedes aktuelle Buch um. Egal, welchen Preis es hat. Egal, ob es bei Osiander selbst oder bei einem Wettbewerber gekauft wurde. Egal, ob ein Kassenzettel vorliegt. »Warum sollen wir einen Kunden, der selbst bei einem Fremdgutschein an Osiander denkt, für alle Zukunft zum Wettbewerber schicken?«, fragt Geschäftsführer Christian Riethmüller und schmunzelt: »Wir sind doch nicht blöd – wer zu uns kommt, den laden wir ein, dauerhaft bei uns zu bleiben.« Ein klares, mutiges Bekenntnis, das – man höre und staune – tatsächlich auch im Alltag Bestand hat. Denn alle Mitarbeiter wissen genau Bescheid über die außergewöhnliche Rückgaberegel, die nur ein Mosaikstein der in vielen Projekten verankerten Dienstleistungsstrategie von Osiander ist. Serviceorientierung wird bei den Tübingern eben nicht nur als zeitlich befristeter Beitrag zur Steigerung des Bekanntheitsgrades gesehen. Sondern als dauerhafte Haltung und Wertebekenntnis.

4. Was innen nicht glänzt, kann außen nicht funkeln

Die Trennung von innen und außen gibt es bei der Servicekommunikation nicht mehr. Wer mit Service Kunden überzeugen will, muss zuerst die eigenen Teams gewinnen. Denn im Web-2.0-Zeitalter hat jedes Unternehmen so viele Pressesprecher wie Mitarbeiter.

»Super Arbeitgeber«, »super Arbeitsklima«, »hier fühlt man sich wohl«, »was will man mehr«, »so macht die Arbeit wieder Spaß« – wer diese Kommentare auf der Arbeitgeberplattform kununu.com liest, wird skeptisch: Kann ein Arbeitgeber tatsächlich so viel Begeisterung auslösen, ohne dass eine PR-Abteilung dahintersteht?

Das Beratungsunternehmen Abat aus Bremen kann es offensichtlich. 93 Erfahrungsberichte stehen auf der Plattform, 16 500 Mal wurden diese Berichte aufgerufen, die durchschnittliche Bewertung liegt bei 4,5 von 5 möglichen Punkten.[29] Das ist Employer Branding mit höchster Wirksamkeit und ohne jegliche Kosten. Gegenbeispiel: »Viel Mehrarbeit ohne ein Danke und ohne Ausgleich«, »verspätete Lohnzahlung«, »bei Fragen an mich wenden, da ich hier nichts Böses schreiben darf« … diesen Denkzettel bekam ein süddeutscher Lebensmittelhersteller, die meisten Kommentare beschränken sich auf die Vergabe von 1,1 von 5 Punkten. Ein solches Bild auf kununu.com lässt sich von keiner PR-Abteilung wieder geraderücken.

Unternehmen können heute nicht mehr trennen zwischen gelackten Außendienstmitarbeitern einerseits, die nett gescheitelt einen guten Eindruck machen, und verstaubt-nerdigen Sachbearbeitern andererseits, die man lieber sicher in Hinterzimmern vor den Blicken der Öffentlichkeit versteckt. Die Vernetzung aller mit allen hat die Trennung zwischen innen und außen aufgehoben.

Die im Dunkeln sieht man doch

Social-Media-Plattformen wie XING (mitsamt seiner kürzlich akqui-rierten Plattform kununu.com) oder Facebook und auch viele Internet-auftritte der Unternehmen selbst zeigen eben nicht mehr nur die offizi-ellen Gesichter, sondern alle Gesichter – nicht mehr nur die offiziellen Verlautbarungen, sondern alle Meinungen. »Denn die einen sind im Dunkeln, und die andern sind im Licht, und man siehet die im Lich-te, die im Dunkeln sieht man nicht« – dieser schöne Satz aus Bertolt Brechts »Dreigroschenoper« gilt heute nicht mehr.

Heute kann sich jeder via Web 2.0 öffentlich zeigen, und heute kann je-der per Smartphone immer und überall »seine« Firma und »seine« Produkte präsentieren – im Business-Meeting genauso wie im Fitness-studio oder beim Drink an der Bar. Jeder hat jederzeit die Freiheit, seine ganz persönliche Innensicht einer Firma zu schildern, die mit der Au-ßendarstellung herzlich wenig zu tun haben kann. Damit hat jedes Un-ternehmen heute so viele Pressesprecher wie Mitarbeiter. Und auch so viele Außendienstler wie Mitarbeiter.

Apple, Starbucks, Amazon: Kratzer im Glanzlack

Für kleinere, unbekannte Firmen mit exzellentem Service ist das eine riesige Chance, starke Mitarbeiter und interessante Kunden anzuzie-hen. Für starke Marken wie Starbucks oder Apple, die auf allen Ebe-nen Fan-Mitarbeiter anziehen, hat diese Entwicklung auch Schatten-seiten. Zwar sind Fan-Mitarbeiter oftmals bereit, für relativ weniger Geld relativ härter zu arbeiten als Mitarbeiter unbekannter mittelständischer Unternehmen in der Provinz. Aber die Leidensfähigkeit hat Grenzen.

Wenn, wie zum Beispiel bei Apple, Mitarbeiter »über miese Bezahlung, über Lärm und Dauerstress am Arbeitsplatz sowie über eine Diktatur der guten Laune« klagen, wird darüber gleich seitenweise im *Spiegel* berichtet – und es solidarisieren sich Kunden mit Mitarbeitern.[30]

Zweites Beispiel: Wenn eine Kult-Kaffeehauskette wie Starbucks ein Effizienz-Team durch die Cafés schickt, um das Kaffeekochen zu beschleunigen, werden kritische Stimmen aus der Belegschaft (»Sie versuchen, Mitarbeiter in Roboter zu verwandeln«)[31] sofort gehört, verbreiten sich über Social Networks und können eine an sich gelungene PR-Idee des Unternehmens ins Gegenteil verkehren.

So hatte Starbucks im Jahr 2009 eine Kampagne entwickelt, bei der Kunden neue Reklameposter der Kaffeehauskette und auch neu dekorierte Filialen fotografieren und via Twitter, Facebook oder Flickr verbreiten sollten. Schnell ergriffen Starbucks-Kritiker die Chance, sich im Rahmen eines eigenen Stopp-Starbucks-Contests mit Protestplakaten vor den Filialen zu fotografieren und diese zu verbreiten. Dies wiederum brachte nicht nur der eigenen Aktionsseite viel Aufmerksamkeit, sondern wurde auch von klassischen Medien verfolgt und diskutiert.

Eine zweite Panne mit Social Media leistete sich Starbucks im Jahr 2012, und zwar in einem Tweet für Starbucks Ireland: »Happy hour is on! Show us what makes you proud to be British for a chance to win.« Die *irischen* Follower von Starbucks Ireland (@starbucksie) sollten also auf einem Foto bei Instagram zeigen, wie stolz sie darauf sind, »Briten« zu sein. Man braucht die Geschichte beider Länder nicht besonders gut zu kennen, um zu sehen, dass es sich hier nicht um ein kleines Versehen handelt, sondern um eine Kommunikationskatastrophe. Entsprechend schnell entwickelte sich der Sturm der Entrüstung in einen Twitter-Shitstorm: »Who the Hell wrote that last tweet!? Proud to be

British on an Irish account???«, so ein Follower, »awaiting the apology before I visit your stores again!!« drohte ein anderer.[32]

Warum Kunden in Deutschland über diesen Fauxpas im fernen Irland Bescheid wissen? Weil jeder – Kunden, Kenner, Kritiker und natürlich auch Mitarbeiter – die Chance hat, harsche Kritik über Plattformen wie Wikipedia wirkungsvoll zu verbreiten.[33]

Mit diesen Informationen im Hinterkopf lassen sich die Zeilen auf den Karriereseiten des Unternehmens nur noch mit Stirnrunzeln lesen: »Bei Starbucks zu arbeiten bedeutet mehr, als einfach nur Mitarbeiter zu sein. Wir sehen unsere Mitarbeiter als Partner, denn sie bilden den Grundstein unseres Erfolges. Wir suchen Menschen, die Spaß daran haben, unsere Ansprüche an Qualität, Integrität und herausragenden Geschmack in die Tat umzusetzen, denn wir möchten unsere Gäste nicht nur zufriedenstellen, sondern begeistern.«[34]

Drittes Beispiel: Amazon. Die ARD-Dokumentation »Ausgeliefert! Leiharbeiter bei Amazon« hat die katastrophalen Arbeitsbedingungen in Amazons Lagerhallen aufgedeckt. Nach der Ausstrahlung der Reportage riefen innerhalb einer Woche 1,5 Millionen Internetnutzer den Film in den Online-Mediatheken der ARD auf. In sozialen Netzwerken, vor allem auf Facebook und Twitter, brach ein heftiger Shitstorm aus: Nutzer diskutierten die offenbar schlechten Arbeitsbedingungen für Leiharbeiter aus dem EU-Ausland, die magere Bezahlung, die unwürdigen Unterkünfte und die mögliche Verstrickung einer Security-Firma mit der Neonazi-Szene. Internationale Medien von der *New York Times* über den britischen *Independent* und eine Zeitung in China bis hin zu Medien in Russland griffen die Story auf. Das Thema schlägt hohe Wellen.

Unmittelbar nach dem Vorfall ist es noch nicht absehbar, ob überhaupt und wie negativ dieser sich auf Amazons Geschäfte auswirken wird. Klar ist jedoch: Der Service für den Endkunden mag noch so vorbildlich sein – wenn hinter den Kulissen eines Unternehmens Mitarbeiter wie Menschen zweiter Klasse behandelt werden, ist das vielen Kunden eben nicht mehr egal. Soziale Gerechtigkeit ist zu einem Wert geworden, den sie perfektem Service nicht unterordnen wollen.

Druck vernichtet Serviceorientierung

Was bringt nun eine Mitarbeiterbegeisterung, die nicht von allein entsteht, sondern durch gezielten Druck von oben herbeigezwungen wird? Ziehen gequält lächelnde Mitarbeiter Kunden an? Wohl kaum. In den Fällen Apple und Starbucks sind es die funkelnden Marken, die etliche Kunden über den fehlenden Glanz in den Augen der jungen Servicekräfte hinwegsehen lassen.

Vertreiber kultiger Massenprodukte können sich ein solches Auftreten gegenüber jungen, leicht austauschbaren Aushilfskräften auf der Fläche vielleicht (noch?) leisten. Anders sieht es aus, wenn es um hochwertigere, individuellere Produkte oder Dienstleistungen geht: Kundenberatung im Autohaus, in einem IT-Unternehmen, in einer Werbeagentur oder bei einem Hersteller von Industriemaschinen zum Beispiel, exklusiver Service in einem Hotel der gehobenen Klasse – hier schrecken verschreckte Mitarbeiter Kunden ab. Denn diese empfinden es als Zumutung, wenn eigentlich gut qualifizierte Ansprechpartner aufgrund des autoritären Gehabes ihrer Vorgesetzten keine klaren Entscheidungen treffen und keinen Klartext sprechen können.

Klar: Unter Druck kann sich keine Serviceorientierung entwickeln, weil Mitarbeiter aus Angst immer zuerst an das eigene Überleben im Unternehmen denken und dann, vielleicht, an den Kunden. Unter Druck kann sich auch keine herzliche Großzügigkeit entwickeln – ein großzügiger Umgang mit Zeit, Raum und Aufmerksamkeiten, der exzellenten Service erst ausmacht. Mehr noch: Wenn ein Mitarbeiter unter Druck steht, überträgt sich das klamme Gefühl auf den Kunden. Wer möchte von einem Mitarbeiter beraten werden, dem der Angstschweiß auf der Stirne steht? So etwas löst Mitleid aus statt Begeisterung.

Druck führt also nicht zu Serviceorientierung. Aus Erfahrung wissen wir: Es helfen auch keine optimierte Prozessorganisation, keine Job-Rotation, kein Controlling, keine künstliche Mitarbeitermotivation, keine modernsten Kommunikationsmedien und auch nicht die Idee, Kundenorientierung im Anstellungsvertrag und in den Leistungszielen festzuschreiben, so wie Tom Buser, CEO der YukonDaylight AG, es in seinem Buch *Erfolgreiches Contactcenter* vorschlägt. Das alles ist viel zu technisch gedacht. Natürlich hat er recht, wenn er schreibt: »Im Kundenunternehmen ist JEDER Mitarbeitende Teil des Kundendienstes.« Doch dies ist eine Selbstverständlichkeit, wenn Unternehmen eine Servicekultur leben, die nicht erst beim Kunden beginnt, sondern bei jedem Mitarbeiter.

1. Mitarbeiter als erste Kunden behandeln

»Mein Kunde sitzt nebenan« – diesen Satz sollten Sie sich jeden Tag ins Gedächtnis rufen. Denn nur ein zufriedener Mitarbeiter kann Kundenzufriedenheit erzeugen, nur ein Mitarbeiter, der sich seinem Unternehmen verbunden fühlt, kann Kundenbindungen aufbauen, und nur derjenige kann Servicekultur von ganzem Herzen leben, der eine solche Kultur im eigenen Unternehmen jeden Tag erlebt.

Eigentlich klar: Wenn schon Kollegen nicht aufmerksam miteinander umgehen, unklar kommunizieren und Vereinbarungen nicht einhalten, kann gegenüber dem Kunden kein exzellenter Service gelebt werden.

Zufriedene Mitarbeiter führen zu zufriedenen Kunden – diese These gilt schon lange als richtig, konnte aber bis vor kurzem nicht wissenschaftlich verifiziert werden. Ruth Stock-Homburg, Professorin für Marketing und Personalmanagement an der Technischen Universität Darmstadt, hat dieses Projekt in Angriff genommen und 2009 eine umfangreiche Studie veröffentlicht, in der sie direkte, indirekte und moderierende Effekte aufzeigt. »Mitarbeiterzufriedenheit steigert zum einen indirekt die Kundenzufriedenheit, und zwar über die Qualität des Angebots des Unternehmens und des Interaktionsverhaltens, und hat unabhängig davon einen eigenständigen direkten Effekt auf die Kundenzufriedenheit«, so ihr Ergebnis. Interessant sind die von ihr gefundenen Differenzierungen. So ist der Zusammenhang zwischen Mitarbeiter- und Kundenzufriedenheit bei verschiedenen Mitarbeitern und Kunden unterschiedlich stark ausgeprägt. Einen hohen Einfluss hat die Mitarbeiterzufriedenheit zum Beispiel auf Kunden,

➤ für die Vertrauen und Leistung wichtige Werte darstellen,

➤ die *keine* besondere Preissensibilität haben,

➤ die besonders häufig in Kontakt mit Mitarbeitern stehen,

➤ oder wenn Unternehmen besonders integrationsintensive und/oder innovative Leistungen vermarkten.

Umgekehrt heißt das: Es gibt *keinen* starken Zusammenhang zwischen der Zufriedenheit von Mitarbeitern und von Kunden, wenn die Leistung einer Organisation keine hohe Bedeutung für einen Kunden hat und auch Vertrauen keine große Rolle spielt (vielleicht sind in Zentralbibliotheken und Bürgerämtern deshalb so oft relativ schlecht gelaunte Mitarbeiter anzutreffen), wenn Kunden besonders preissensibel sind (deshalb sind relativ schlecht gelaunte Mitarbeiter im Discounter dem Umsatz nicht abträglich), bei seltenem Kundenkontakt (deshalb sind viele Amazon-Kunden vielleicht auch dann zufrieden, wenn Mitarbeiter in Amazons Lagerhallen schlechten Arbeitsbedingungen ausgesetzt sind[35]) oder Standard-Dienstleistungen, die nicht innovativ sein müssen (Beispiel Routineprüfung von Anlagen).[36]

2. Mitarbeiter zu Partnern machen

Wir leben in einer vernetzten Welt, in der Hierarchien weitgehend ausgehebelt sind: In Unternehmen kommunizieren Mitarbeiter untereinander, mit Mitarbeitern anderer Unternehmen, mit Freelancern und mit Kunden so schnell, dass es erstens irrwitzig wäre, diese Prozesse engmaschig von oben führen zu wollen. Und zweitens kontraproduktiv, den Kunden wie einen König auf einen Thron zu setzen.

Doch obwohl die Vernetzung aller mit allen die Kraft der Hierarchien geschwächt und die Grenzen zwischen Unternehmen und Umfeld aufgelöst hat, denken wir immer noch in Hierarchien und Abteilungen. In unseren Köpfen halten sich die Bilder von *oben* und *unten*, von *innen* und *außen*.

Oben/innen herrscht der Chef, *oben/außen* der Kunde, *unten/innen* schuften die Angestellten und *unten/außen* die externen Dienstleister. Die Folgen: Jeden Tag scheitern Führungskräfte und Unternehmen an der fixen Idee, Mitarbeitern minutiös vorschreiben zu können, wie exzellenter Service zu funktionieren habe. Jeden Tag scheitern Mitarbeiter daran, Kunden zufriedenzustellen, gerade weil sie sich an die bis zur Absurdität ausgearbeiteten Servicevorschriften halten und aus genau diesem Grund das Mitdenken systematisch abgewöhnt haben. Jeden Tag ärgern sich die Kunden über schlechten Service. Und jeden Tag ordnet das Management mehr Maßnahmen an, um eine bessere Dienstleistungsqualität zu erzwingen, Mitarbeiter murren, und Kunden ärgern sich weiter.

Wie kommen wir aus diesem Teufelskreis heraus? Indem wir dem Kunden auf Augenhöhe begegnen, der heute ohnehin keine gehorsamen Dienstleister mehr gebrauchen kann, die Servicevorgaben folgen wie hirn- und herzlose Roboter. Und indem wir auch unseren Mitarbeitern auf Augenhöhe begegnen. Ja, sie zu unseren Partnern machen.

Mit filigranen Parallelsystemen zu massiven Veränderungen

Mitarbeiter können nur dann Partner sein, wenn sie innerhalb einer Organisation sichtbar und hörbar werden, wenn sie gewissermaßen ihre Arbeitsräume unter Deck verlassen, sich in die Gesellschaft der illustren Macher und Entscheider begeben und einen Dialog auf Augenhöhe starten dürfen. Wenn Hierarchien aber über Generationen gewachsen sind, ist eine solche Durchmischung nicht von heute auf morgen machbar – *oben* und *unten* sind sich fremd, begegnen sich mit Skepsis und Unsicherheit. Wer in einer solchen Situation eine »Revolution« ausruft und alle Unterschiede zur Seite wischen will, stiftet noch mehr Verunsicherung. Geschickter ist es, Hierarchien von der Seite auszuhebeln.

Wenn ich, Sabine Hübner, ein Unternehmen bei der Verbesserung der Servicequalität unterstütze, gehe ich deshalb folgendermaßen vor: Ich lasse alle Hierarchien zunächst so bestehen, wie sie sind. Daneben errichte ich eine schnelle und filigrane Parallelorganisation in Form einer Fokusgruppe, die mit Mitgliedern aus allen Ebenen und Bereichen besetzt ist. Ich setze das Team gewissermaßen in ein schnelles Beiboot. Weil nun dieses Beiboot in den meisten Fällen nicht als Spaßmobil, sondern als Rettungsboot im Einsatz ist, befinden sich alle Beteiligten in einer Ausnahmesituation, in der der gemeinsame Dialog plötzlich leichtfällt.

Ob die Mitglieder sich selbst als Change Agents bezeichnen, als Innovationstreiber oder als Task Force, ist von Unternehmen zu Unternehmen sehr verschieden. Die Mitarbeiterin eines Kosmetikunternehmens kann sich vielleicht sehr gut mit der Rolle einer Botschafterin für herzlichen Service identifizieren, während der Mitarbeiter einer IT-Beratung sich eher als Teil einer Treibergruppe versteht. Ich gebe hier absichtlich keinen Begriff vor, um kulturellen Unterschieden Raum zu geben.

Wichtig ist, dass der Parallelorganisation ein hohes Maß an Tempo, an Innovation, Kreativität und Ungehorsam offiziell zugestanden wird. Dazu gehört, dass alle Mitglieder permanent untereinander im Austausch stehen und dass ihnen permanent Zugang zu jeder Fach- und jeder Führungskraft innerhalb des gesamten Unternehmens gewährt wird. Nur so können Informationen schnell fließen, Ressourcen schnell gewonnen, Probleme schnell gelöst und effizientes Handeln schnell angestoßen werden.

Mindestens genauso wichtig ist es, dass die Change Agents nicht als lästige Diener zweier Herren wahrgenommen werden, sondern als existenziell wichtige Vorantreiber eines Wandels, der Unternehmen zukunftsfähig macht.

Tatsächlich hängen Unternehmen nicht nur existenziell von der Loyalität ihrer Kunden ab, sondern auch von der Expertise, dem Talent und der Persönlichkeit ihrer Mitarbeiter. Kündigen die zentralen »Köpfe«, kann das eine Firma in den Ruin stürzen. Bleiben sie, kann es weiter aufwärtsgehen. Dass einige Unternehmen dies nicht nur erkannt, sondern sich auch zu Herzen genommen haben, zeigen drei aktuelle Beispiele:

Freizeit-In: Gestresste Business-Kunden lieben Powernapping – nicht nur im eigenen Hotelzimmer, sondern gerne auf einer multifunktionalen Liege in einem eigens dafür eingerichteten Snoozle-Raum. Das Göttinger Tagungs- und Eventhotel Freizeit-In (www.freizeit-in.de) hat einen solchen Raum eingerichtet (»Gingko-Lounge«) und mit einem gigantischen Musikmöbel ausgestattet, in das man sich zur Entspannung hineinlegen und eine »sanfte Klangmassage« genießen kann (»Allton-Klangwoge«). Wenn es um Powernapping geht, macht das Hotel – und das ist das Besondere an diesem Konzept – keinen Unterschied zwischen Gästen und Mitarbeitern. Jeder hat das Recht, sich hier zu regenerieren. »In Zeiten des Fachkräftemangels und des demografischen Wandels müssen wir als Arbeitgeber sexy bleiben, um unsere gut ausgebildeten, top motivierten Mitarbeiter in Göttingen zu halten«, erklärt Geschäftsführer Olaf Feuerstein. »Daher bieten wir sehr viel mehr als andere Arbeitgeber. Kinderbetreuung, Schulungs- und Karriereplanung, flexible Arbeitszeitkonten, Fitness- und Präventionskurse und jetzt auch Powernap – alles ganz individuell auf die Bedürfnisse des einzelnen Mitarbeiters abgestimmt.«

Vamos Reisen: Der Hannoveraner Reiseveranstalter Vamos (www.vamos-reisen.de) hat sich auf Familienferien spezialisiert. »Zeit für mich – Zeit für dich« heißt das Motto, unter dem eine »Balance aus eigenen Aktivitäten für Eltern und Kinder sowie gemeinsamen Aktivitäten für die ganze Familie« gelingen soll. Wichtige Punkte im Leitbild des Unternehmens sind Qualität, Menschlichkeit, Ökologie und auch »Partizipation und Individualität«. Und das ist der interessante

Punkt: »Die Angestellten kennen die Ziele sowie die finanzielle Lage des Unternehmens und sind am wirtschaftlichen Erfolg beteiligt«, so das Leitbild. »Der Führungsstil ist kooperativ. Er basiert auf der hohen Eigenverantwortlichkeit jedes Einzelnen. (…) Kreatives Denken und Handeln ist erwünscht.« Damit macht Vamos seine Mitarbeiter zu Mit-Unternehmern – zu Partnern. Offenbar wird das Konzept tatsächlich gelebt: Auf kununu.com loben Mitarbeiter das »sehr angenehme Arbeitsklima« und bestätigen die abgebauten Hierarchien – allerdings nicht ganz unkritisch (»unklare Strukturen«).

Henkel: Ende März 2010 öffnete in München das »Wash & Coffee« (http://wash-coffee.com/). »Schöner als jeder Waschsalon. Besser als manches Café« möchte Wash & Coffee sein, außerdem ein neuer Treffpunkt für junge Menschen in München, die sich entspannen, neue Freunde kennenlernen, Kaffee trinken und kostenlos im Internet surfen wollen. Der Waschsalon stellt »die neuesten Bosch-Waschmaschinen und -Trockner sowie beste Waschmittel von Persil zur Verfügung, die deine Wäsche optimal pflegen«, heißt es auf der Homepage. Was hat Henkel davon? »Wir sammeln bei dem Projekt in München Erfahrungen, inwieweit wir auf eine ganz neue Weise die Markenbekanntheit unserer Marke Persil insbesondere bei einer jungen Zielgruppe stärken können«, erklärt Lutz Mehlhorn, verantwortlich für Wash & Coffee bei Henkel. »Durch den direkten, unmittelbaren Dialog mit den Verbrauchern beim Waschen können wir zudem mehr über ihre Wünsche, Bedürfnisse sowie ungelöste Probleme und Anliegen erfahren.« Der Kunde als Partner – das ist der erste Schritt. Henkel geht den entscheidenden, zweiten Schritt weiter und macht darüber hinaus eigene Mitarbeiter zu Partnern. Denn das Konzept wurde nicht von einer externen Agentur erdacht, sondern von Henkel-Azubis. Sie hatten die Idee, junge Leute in einem neuartigen Waschsalon mit Persil in Kontakt zu bringen. Laut gastronomie-report.de erschien die Idee »zunächst abwegig«, dann reifte sie langsam, es entstand ein komplettes Konzept: Henkel lieferte das Waschmittel, Bosch Waschmaschinen und Trockner, Tassimo und Rösterei Dinzler den Kaffee, O2 die Verbindung ins Internet.[37]

Unternehmen, die Mitarbeiter zu überzeugten Partnern gemacht haben, müssen in Sachen Serviceorientierung keinerlei Druck ausüben – das wäre sogar kontraproduktiv. Wie aber sieht es bei den Unternehmen aus, deren Mitarbeiter sich nicht nur wie Partner fühlen, sondern sogar wie Fans?

3. Mitarbeiter zu Fans machen

Tatsächlich gibt es Unternehmen, die kaum etwas tun müssen, um Kunden für neue Produkte und Kandidaten für vakante Positionen zu interessieren: BMW, Audi, Porsche zum Beispiel. Diese Automotive-Hersteller haben eine riesige Fangemeinde und können sich vor Initiativbewerbungen kaum retten. Andere Hersteller stehen im Regen. Warum?

Es sind die Geschichten, die vom Unternehmen und im Unternehmen erzählt werden. Es ist die Mission, für die Mitarbeiter morgens gerne aufstehen und unglaubliche Strapazen in Kauf nehmen. Willibert Schleuter, ehemaliger Bereichsleiter Elektrik/Elektronik bei Audi in Ingolstadt, hat einen zentralen Teil der Audi-Story in seinem Buch *Die sieben Irrtümer des Change Managements* festgehalten.[38]

Es ist eine Heldengeschichte: Seine Mannschaft sah sich im Vergleich zur Konkurrenz weit abgeschlagen, mobilisierte alle Kräfte, überwand alle Schwierigkeiten, schaffte den Durchbruch zur Spitze der technischen Entwicklung, ließ dann die Mitbewerber hinter sich, brachte Audi auf die erfolgreiche Spur, auf der das Unternehmen bis heute so selbstverständlich fährt, dass wir uns an die früheren Technik- und Imageprobleme kaum noch erinnern können. Mission erfüllt.

Schleuter hat diesen Durchbruch offenbar nicht erreicht, indem er jedem Mitarbeiter »Kundenorientierung« in den Arbeitsvertrag geschrieben hat. Sondern ganz anders. Er hat

> Management und Mitarbeiter geschockt, indem er unangenehme Fakten offen auf den Tisch gelegt hat;

> sofort Perspektiven und Ziele entwickelt und damit eine sportliche Leidenschaft in der Mannschaft entfacht: »Wir spielen wieder erste Liga!«

> Lust auf Revolution gemacht nach dem Motto: »Wir krempeln das Unternehmen um, und zwar von unten nach oben!«

> auf allen Ebenen das persönliche Gespräch gesucht, intensiv zugehört und permanent Kritik eingefordert;

> die Sinnfrage beantwortet: Elektronik ist kein Anhängsel, sondern Speerspitze einer neuen Entwicklung, die das Autofahren für den Kunden völlig verändern wird.

Natürlich hat er damit polarisiert – nicht jeder hat Lust, ungefilterten Klartext zu hören, sich für die erste Liga anzustrengen oder eine Revolution vom Zaun zu brechen.

Viele aber hat er begeistert, nicht zuletzt, indem er in großen Versammlungen und kleineren Meetings Visionen ausgemalt und spannende Geschichten erzählt. Und zwar mit viel Gefühl, aber mit scharfem Verstand und ohne falsche Versprechungen.

Wie werden Mitarbeiter zu Fans?

Persönliche Werte sind mit starken Emotionen verknüpft, aber auch mit starken, rationalen Argumenten. Deshalb reicht eine Kommunikation, die »nur« emotional ist, nicht aus. Sie muss auch relevante Inhalte in Bezug auf wichtige Werte transportieren. Denn jedes Unternehmen und jede Marke transportierten bestimmte Werte. Je besser diese Werte mit den Werten der Mitarbeiter übereinstimmen, desto eher zieht es sie in die Fankurve.

> **Audi**: Schleuter zufolge war es nicht nur das Management, sondern es waren vor allem die Mitarbeiter, die leidenschaftlich für »ihren« erfolgreichen Change-Prozess bei Audi gekämpft haben. Werte wie Leistung und technische Überlegenheit sind für sie zentral.

> **Abato**: Das IT-Beratungsunternehmen gewährt viel Freiheit und Eigenverantwortung. Und aus den zahlreichen Bewertungen unter kununu.com geht hervor, dass dieser Wert für seine Mitarbeiter zentral ist.

> **Alnatura**: Die Bio-Supermarktkette pflegt eine eigene Philosophie rund um die Themen Nachhaltigkeit, Gerechtigkeit, Ganzheitlichkeit (Motto: »Sinnvoll für Mensch und Erde«). »Welchen Beitrag leisten wir für Menschen und Gesellschaft?«, ist die Frage, die für hier tätige Mitarbeiter-Fans im Mittelpunkt steht, mit der (das vermitteln entsprechende Kommentare auf kununu.com) aber andere nur wenig anfangen können.

Mitarbeiterkommunikation muss direkt, ehrlich, offen und emotional sein, Prozesse und Strukturen jedoch müssen durch und durch rational gesteuert werden. Genau auf dieses komplexe Zusammenspiel kommt es an. Wenn es gelingt, können sich Mitarbeiter in leidenschaftliche Fans verwandeln.

4. Den Dialog wagen

Es ist die Integration von gelungener Kommunikation und exzellentem Service gegenüber den eigenen Mitarbeitern, die diese zu Partnern machen und schließlich in Fans verwandeln kann. Dazu gehört, dass Unternehmen emotionale wie rational durchdachte Botschaften an ihre Mitarbeiter aussenden *und* diese zu Wort kommen lassen. Das kann sehr unbequem, sogar unangenehm sein. Denn wer nicht nur stromlinienförmigen Karrieristen das Mikrofon in die Hand und freie Bahn im Intranet gibt, sondern allen Mitarbeitern, der muss sich mit Kritik auseinandersetzen, mit neuen Perspektiven und auch mit individuellem Geltungsdrang. Das kann Nerven kosten. Und Zeit. Und doch führt kein Weg daran vorbei.

Denn der offene Dialog mit den Mitarbeitern ist heute eigentlich keine Frage mehr, die ein Unternehmen mit Nein beantworten kann. Es lässt sich gar nicht mehr verhindern, dass Mitarbeiter ihre Meinung in Online-Foren öffentlich kundtun. Und der Druck von unten wird größer.

Privatdozentin Dr. Simone Huck-Sandhu und Dr. Klaus Spachmann vom Fachgebiet Kommunikationswissenschaften und Journalistik der Universität Hohenheim bestätigen dies in ihrer Studie »Zwischen Strategie und Schnellschuss: Interne Kommunikation in der Wirtschaftskrise«. Mitarbeiter werden der internen Kommunikation gegenüber immer kritischer und anspruchsvoller. Die Kommunikationsforscher sehen voraus, dass interne Kommunikation »in den sehr stark von Veränderungen betroffenen Unternehmen künftig stärker als strategisches Management angelegt« sein wird, auch wenn die entsprechenden Budgets weiter gekürzt werden.[39]

Ruht die interne Kommunikation aber auf einer gelebten Unternehmenskultur mit klar definierten Werten, dürfte diese Herausforderung gut zu meistern sein. In diesem Fall kann sogar jede neue Facette der Krisenkommunikation dazu dienen, sich der gemeinsamen Werte im Dialog gemeinsam neu zu versichern.

Mit offenem Visier

Mitarbeiter lassen sich nicht mehr so leicht von rosaroten, von der Abteilung für interne Kommunikation sorgsam unaussagekräftig formulierten Nebelschwaden einhüllen, sondern beharren auf ihren Fragen. Verweigert man ihnen den Dialog, zeigen sie ihren Unmut überall via Web 2.0. Dem Management bleibt nichts anderes übrig, als darauf zu reagieren und sich ebenfalls zu zeigen.

Am besten live und in Farbe. 81 Prozent der deutschen Führungskräfte sind laut einer Befragung, die das *Handelsblatt* in Zusammenarbeit mit den IT-Unternehmen Damovo und Cisco durchgeführt hat, sogar davon überzeugt, dass dies die angemessene Form der Kommunikation sei. In der Realität aber informieren zwei Drittel der Chefs ihre Mitarbeiter per Mail, wenn es ans Eingemachte geht. Nur 44 Prozent wagen das persönliche Gespräch. Die Folge: Zwei von drei Führungskräften halten ihre Kommunikationsleistung für gut, doch nur 37 Prozent der Mitarbeiter fühlen sich ausreichend informiert.[40]

Für Führungskräfte heißt das: Ja, die Vernetzung hat uns viele Erleichterungen gebracht und unser Arbeitstempo enorm erhöht. Doch im Zweifelsfall ist es immer besser, sich nicht hinter dem Rechner oder dem Smartphone zu verstecken, sondern persönlich mit den Betroffenen zu sprechen. Offen, konzentriert, authentisch.

Sprechen statt schreiben, heißt die Devise. Verstecken gilt nicht.

Fazit: Ein exzellentes Service-Niveau erreichen Sie, wenn Sie zuerst Ihre Mitarbeiter in den Mittelpunkt Ihrer Aufmerksamkeit stellen. Geben Sie Anerkennung, gewähren Sie Freiheiten, geizen Sie nicht mit Feedback, lassen Sie Informationen fließen, schaffen Sie optimale Strukturen, erzählen Sie emotionale Geschichten, sorgen Sie für eine tragfähige Basis aus gelebten Werten, und – last, but not least – zahlen Sie eine angemessene Vergütung. Nichts demotiviert mehr als knauserige oder sogar verspätete Gehaltszahlungen.

Wenn wir unsere Mitarbeiter fair behandeln, sie sogar zu Partnern machen, geben wir ihnen die Freiheit und Lizenz zu exzellentem Service. Dann müssen wir Serviceorientierung nicht vertraglich einfordern, sie entsteht ganz selbstverständlich.

Denn was innen glänzt, kann auch nach außen funkeln.

5. Wer ist der Kunde: König, Partner, Freund, Fan – oder Feind?

Der Kunde, das fremde Wesen. Früher wurde er zum König ausgerufen, jetzt soll er Freund oder gar Fan werden. Noch nie war die Orientierungslosigkeit so groß. Das Problem: Wer seine Kunden nicht richtig einzuschätzen weiß, spricht an ihnen vorbei. Warum so kompliziert? Die Kundenbeziehung als faire Partnerschaft – das ist die beste Grundlage für gelingende Servicekommunikation.

»Verbraucher haben in Deutschland nichts zu lachen. Unternehmen lassen sie in Callcenter-Warteschleifen schmoren, Behörden traktieren sie mit absurden Vorschriften«, klagt die Wochenzeitschrift *Der Spiegel*. Dagegen hilft Kolumnist Tom König, Retter und Rächer in Personalunion. Wütend durchpflügt er die komplette Servicewüste vom Fahrkartenkauf bei der Deutschen Bahn über den Ärger mit defekter Ware vom Discounter, erfährt die Unmöglichkeit, bei PayPal zu kündigen, und erlebt das Abenteuer, einen Ehering im Versandhandel zu bestellen.[41]

Grüße aus der Servicewüste

Die »Servicewüste« ist ein dankbares Medienthema, das hierzulande immer funktioniert. Es gehört zu Deutschland wie »German Angst« und »Weltschmerz«. Und es ist ein altes Leiden: Der Kunde fühlt sich dem Vertreter eines Unternehmens immer noch so hilflos ausgeliefert wie einer preußischen Amtsperson. Bei jeder Bestellung spielt die Angst vor Missachtung und vor Missverständnissen mit, interessanterweise auf beiden Seiten. Der Kunde hat Angst, sich in der alten Welt der Bürokratie heillos zu verheddern, der Servicemitarbeiter hat Angst, in der neuen Welt des permanenten »Like-it«-Plebiszits nicht nur vor den Augen seines Chefs, sondern vor den Augen der Weltöffentlichkeit zu versagen.

»Bei uns ist der Kunde König«, hört man in beinahe allen Unternehmen. Doch hört man genauer hin, so mischen sich auch ängstliche, genervte oder sogar feindliche Töne darunter. Wir alle kennen Sprüche wie »Vorsicht, Kunde droht mit Auftrag« oder, pardon: »Der Kunde nervt wie Sau« (so Sascha Lobo in seiner *Spiegel*-Kolumne).[42] Warum nervt er? Er wird immer anspruchsvoller. Früher stellte er sich noch geduldig am Serviceschalter an, heute verlangt er »Sofortness« immer und überall, sei es an der Kundenhotline, an der Kasse oder am Fahrkartenautomat.

Dass es Unternehmen immer schwerer fällt, den Kundenkönig zufriedenzustellen, bestätigt auch eine aktuelle Umfrage zum Thema Kundenorientierung der HHL Leipzig Graduate School of Management und des Marktforschungsinstituts tns Infratest. Nahezu zwei Drittel der im Mai 2012 Befragten waren der Meinung, dass der Grundsatz »Der Kunde ist König« immer weniger beherzigt werde. Gerade in der Altersgruppe der 14- bis 20-Jährigen sind 65 Prozent dieser Auffassung. Ein »Armutszeugnis für das Marketing«, konstatierte HHL-Professor Manfred Kirchgeorg. »Unternehmen müssen an der Kundenorientierung arbeiten, denn vielfach fühlt sich der Kunde eben nicht als König.«

Doch Umfragen wie diese setzen voraus, dass es heute überhaupt noch sinnvoll ist, den Kunden immer und prinzipiell auf einen Thron zu setzen. Wie gesagt: Wir glauben das nicht. In einer Zeit, in der alle mit allen vernetzt sind, sitzt niemand mehr automatisch oben oder unten. Dennoch gibt es Unternehmen, die sich ihren Kunden jetzt zu Füßen werfen und sich als »Servile Brand« neu erfinden wollen. Die Marke wird zum devoten, persönlichen Butler eines selbstbestimmten Königskunden – so zumindest sehen es die Trendsucher der Plattform www. trendwatching.com.

Der Kunde als König

Hinter dem Schlagwort »Servile Brand« steht die Idee einer Revolution (klar: Trend-Plattformen müssen regelmäßig Revolutionen ausrufen, um ihrerseits Aufmerksamkeit zu erregen, dennoch scheint die Beobachtung nicht ganz aus der Luft gegriffen zu sein).

Die Revolutionäre hängen dieses Mal nicht »les aristocrats à la lanterne«, sondern die Marke. Sie sind überzeugt: Seit der Kunde eher den Internet-Kommentaren anderer Kunden glaubt als herkömmlichen Werbebotschaften, will er nicht mehr Diener seiner Marke sein, er will sich seine Vorlieben nicht mehr von Marken vorschreiben lassen. Die »Zeiten der Markenverehrung« seien vorbei, schreibt Trend-Experte Burkhard Schneider. »Es geht nicht mehr darum, Ihren Konsumenten zu sagen, dass Sie wichtig sind und dass sie einen kleinen Teil davon haben können, wenn sie nur dafür bezahlen.«[43] Die neue Haltung: »Was auch immer du brauchst oder willst – wir sind hier, um dir zu helfen.« Für Marketers bedeute Servile Brands »ein Marketing, das kein Marketing ist«.

Die Trendwatchers haben eine Fülle von Beispielen zusammengetragen, um ihre These zu belegen. So rettet zum Beispiel ein brasilianischer Autohändler seine Kunden, die mit ihrem Fahrzeug liegengeblieben sind, mit einem Abschleppwagen *und* mit einer Probefahrt in einem brandneuen Modell (Trend: Kunden testen lassen). Eine App hilft chinesischen Volkswagenfahrern dabei, ihren Benzinverbrauch zu drosseln (Trend: Kunden dabei helfen, alles im Griff zu behalten). IKEA plakatiert das kanadische Quebec zur typischen Juli-Umzugswelle mit kostenlosen Umzugskisten (Trend: da zu sein, wenn die Kunden einen wirklich brauchen, auch wenn sie das selbst noch nicht wissen).

Zugegeben: Die Servile-Brand-Idee klingt gut. Sicherlich funktioniert sie in bestimmten Situationen für bestimmte Kunden. Aber sicherlich nicht immer und für alle Kunden.

Achtung, Denkfehler

Folgendes haben die Trendwatchers nicht bedacht, als sie »Servile Brands« zum neuen Trend ausgerufen haben:

Service ist kein Selbstzweck: Exzellenter Service kommt nur dann an, wenn das Unternehmen von seinem Kunden weiß, wie dessen individuelles Verständnis von exzellentem Service aussieht. Welches sind seine drängendsten Probleme? Seine sehnlichsten Wünsche? Wie sehen die emotionalen Kicks aus, die er liebt? Was würde sein Leben erleichtern? Was könnte sein Selbstwertgefühl und seine Lebensfreude steigern? Wie und über welchen Kanal möchte er von einem Unternehmen angesprochen werden? Antworten auf diese Fragen lassen sich nur im Dialog auf Augenhöhe herausfinden, nicht durch kratzfüßiges Verhalten. Walmart zum Beispiel musste bitter lernen, dass es Supermarktkunden hierzulande nicht schätzen, wenn jemand ihre Einkäufe in Tüten packt. Ungefragt und ohne ihm die Hintergründe für diesen Service zu erklären.

Der Kunde braucht selbstbewusste Experten: »Nicht mehr der Anbieter kontrolliert die Beziehung zum Kunden, sondern der Kunde diejenige zum Anbieter«, heißt es in der Service-Studie des GDI.[44] Der Kunde müsse nun befreit statt gebunden werden. Doch gibt es nicht auch viele Situationen, in denen der Kunde sich eben keinen demütigen Handlanger als Dienstleister wünscht, sondern einen selbstbewussten Experten, der im Zweifelsfall besser als der Kunde weiß, was für diesen gut ist? Nicht aus Arroganz, sondern aus Erfahrung? Oder weil er die besseren Ideen hat? Pioniere wie Henry Ford oder Steve Jobs haben sich nie als devote Diener verstanden. Hätten sie sich nach den Wünschen ihrer Kunden gerichtet, so wären nur noch schnellere Pferde gezüchtet und nur Mobiltelefone mit noch mehr winzigen Knöpfen entwickelt worden.

Der Kunde als Lover

Wir sind überzeugt davon, dass der Kunde heute kein Interesse daran hat, von jedem Unternehmen wie ein König behandelt zu werden. Er will nicht ausschließlich auf Lifestyle-Butler herabsehen, die eifrig um ihn herumwuseln und permanent versuchen, ihm das Leben mit immer mehr Services noch weiter zu erleichtern.

Er möchte auch zu irgendetwas aufschauen können. Er möchte sich mit etwas identifizieren, das ihm Selbstgewissheit gibt, das ihm Zutritt zu einer größeren, vielleicht sogar eingeschworenen Gemeinschaft gewährt. Dieses Etwas ist nach wie vor die Marke.

Das bestätigt eine Studie der Marshal School of Business an der University of Southern California.[45] Die Forscher konnten zeigen, dass die Bindung eines Kunden zu seiner Marke so stark und so komplex sein kann wie in einer Partnerschaft: Der Kunde fühlt sich wohl und glücklich, wenn die Marke in seiner Nähe ist, er fühlt sich traurig und verängstigt beim Gedanken an eine Trennung von seiner Marke, er empfindet Stolz, wenn er seine Marke präsentiert.

Wer jemals den stolzen Besitzer eins brandneuen iPhones, die Trägerin eines Hermès-Halstuchs oder den Fahrer eines besonderen Porsche-Modells beobachtet hat, wird diesen Befund intuitiv bestätigen können. Trotz der aktuellen Umbrüche in unserem Konsumverhalten fühlen wir uns unseren Marken immer noch eng verbunden. Und zwar, weil diese zeigen, wer wir sind und wofür wir stehen – oder zumindest, wer wir sein wollen und wofür wir stehen. Unsere Marken sind Teil unserer Identität. Und je intensiver wir uns mit ihnen verbunden fühlen, desto mehr Zeit, Geld und Energie sind wir bereit, in unsere Markenbeziehung zu investieren.[46] Wir nehmen lange Wege in Kauf, um unsere Marken zu erleben und um uns mit ihnen an die Bar zu setzen – was etwa die Apple Genius Bar möglich macht.

Der Kunde als Partner

Doch: Die Lover-Strategie ist ein Sonderweg. Die meisten Unternehmen haben schließlich gar keine Kultmarken im Angebot und keine Produkte, für die der Kunde gerne ein Übermaß an Zeit, Geld und Energie opfert. Sie müssen andere Wege gehen. Denken Sie an einen Hersteller von GPS-Software oder an ein Unternehmen für Maler- und Lackierarbeiten. Kundenloyalität gibt es auch hier, sicherlich, aber Lover wohl kaum.

Die meisten Kunden wollen also gar kein Heer devoter Lifestyle-Butler (woher sollen sie die Zeit nehmen, sich auch noch mit diesen Angeboten zu befassen?) und können sich den Umgang mit allzu vielen überkandidelten Marken-Königinnen schlicht nicht leisten.

Unternehmen und Kunden brauchen heute ein neues Verständnis ihrer Zusammenarbeit: als Kooperationspartner, Werteschaffer, Zukunftsgestalter, Sinnstifter. Je besser Kunden und Unternehmen es verstehen, sich gegenseitig als Partner zu würdigen und mit ihrer Expertise und Kreativität gemeinsam Neues zu schaffen, desto erfolgreicher werden sie sein.

Gemeinsam Werte schaffen

In vielen Unternehmen entwickelt bereits heute der Kunde die Produkte und Services mit.

So reagierte zum Beispiel Asus prompt auf Kritik an der GPS-Funktionalität eines Android-Tablets und stellte Usern ein kostenloses GPS-Modul zur Verfügung. Ohne die Interaktion mit der Community hätte sich das Produkt so nicht weiterentwickelt.

Ein Hersteller von Navigationssystemen programmierte die Geräte in Zusammenarbeit mit seinem Kunden so, dass Rechtsabbiege-Routen bevorzugt werden. Der Effekt: weniger Unfälle, kürzere Fahrtzeiten.

Ein Betreiber von Regionalbahnen suchte Kundenkontakt nach dem Motto »Der Chef fährt mit«. Mitglieder der Geschäftsleitung fuhren tatsächlich selbst auf den Strecken mit und fragten Fahrgäste unterwegs nach Beschwerden und Wünschen.

Ein Hersteller von Schädlingsbekämpfungsmitteln entwickelte eine App für Mitarbeiter des Fachhandels. So konnten diese auf dem Feld betroffene Pflanzen fotografieren, mithilfe der App den Schädlingstypen analysieren und das richtige »Pflanzenmedikament« empfehlen.

»Es reicht nicht mehr, die Produktion und den Vertrieb der Waren zu rationalisieren, aber die Kunden weiter vor vollendete Tatsachen zu stellen«, bestätigt Professor Peter Wippermann vom Hamburger Trendbüro in seinem Essay »Suche Zeit, biete Geld!«. Konsumenten wollen heute mitreden und mitentscheiden.

Wippermann schlägt eine »Projektgemeinschaft« zwischen Unternehmen und Konsumenten vor, eine »kooperative Zusammenarbeit«, in der nicht mehr vom Produkt aus gedacht wird, sondern allein vom Menschen aus. Letztendlich geht es bei Innovationen ja auch nicht darum, einen Service oder ein Produkt an sich zu verbessern, sondern es im Hinblick auf den Kunden zu verbessern. Und dies kann nur gelingen, wenn der Kunde in Zusammenarbeit mit dem Unternehmen herausfindet, was für ihn tatsächlich besser ist.

Unternehmen haben zwar Angst vor Chaos, wenn jeder seinen Senf dazugibt. Aber über Social Media redet heute ja ohnehin jeder mit, die Rückkanäle lassen sich nicht mehr schließen. Also tun Unternehmen gut daran, diese Impulse zu nutzen, Spielräume zu öffnen, Bürokratien abzubauen, Mitarbeiter an die lange Leine zu nehmen, den direkten Draht zum Kunden freizuschalten – und zwar über alle möglichen Kanäle.

Kundenorientierung braucht Freiheit

Exzellenter Service lebt von der Freiheit der Mitarbeiter, auf ihre persönliche Art und Weise herzlich auftreten und agieren zu dürfen. Authentizität und Herzlichkeit lassen sich nicht bürokratisch verwalten. Sie wachsen, wo Wertschätzung gelebt und Spielräume geöffnet werden. Sie verkümmern in bürokratischen Strukturen. Exzellenter Service braucht nicht mehr Führung im Sinne von noch mehr engen Vorschriften, sondern mehr Führung im Sinne einer konsequent werteorientierten und zugleich offenen Haltung des Managements gegenüber Kunden *und* Mitarbeitern.

Partnerschaftlich »palavern«

Interessanterweise bringt uns die intensive Kommunikation mit dem Kunden via Social Media, via Callcenter oder über welche Wege auch immer zurück auf den guten, alten Marktplatz. Nun zwar nicht mehr auf dem zentralen Platz in der Stadtmitte, sondern auf zentralen Plattformen im Internet. Hier tauschen Kunden mit anderen Kunden und mit Händlern Erfahrungen aus, positive Überraschungen und Ärger, entwickeln im Gespräch neue Ideen. »Das gemeinsame Palaver erhöht die Entscheidungssicherheit bei der individuellen Wahl der Angebote«, schreibt Wippermann. »Der einzelne Kunde entscheidet, aber alle werden es erfahren, wie er sich entschieden hat – und das weltweit.«[47]

Es wäre töricht, sich aus Angst aus diesem offenen, partnerschaftlichen Palaver zurückzuziehen. Das sagt schon ein altes Händlersprichwort: »Wer nicht zum Markt geht, weil dort schlecht über ihn geredet wird, kann nichts verkaufen.«

---

6.   Menschen kaufen von Menschen

Kunden sind Menschen. Mit Werten und Leidenschaften, Familie und Freunden, Beruf und Hobbys. Deswegen geht es im Service darum, genau zu wissen, wie die Kunden »ticken«. Achtsamkeit und Authentizität zählen, kalte Richtlinien und stupides Rollenspiel führen ins Abseits.

Die Stewardess, der es allein mit einem herzensguten Blick gelingt, ein panisches Kind zu beruhigen. Der Mitarbeiter an der Hotelrezeption, der unauffällig Ersatz für die vergessene Zahnbürste besorgt. Die Verkäuferin, die Ihnen verrät, dass Sie ein lange gesuchtes Produkt bei einem Mitbewerber finden. Die Mitarbeiterin in der Bankfiliale, die Ihre nicht mehr funktionsfähige EC-Karte eigenhändig mit Reinigungsmittel und weichem Lappen bearbeitet, bis sie wieder einsatzfähig ist. Das ist Service, den Sie nicht vergessen.

Der Mensch macht den Unterschied – nicht das Produkt

Jeder Kontakt zum Kunden ist eine Chance, Service zu kommunizieren und zu verkaufen. Dazu ein Rechenexempel: Nehmen wir an, ein Unternehmen hat 3 000 Mitarbeiter, und jeder Mitarbeiter hat nur drei Mal pro Tag einen Kontakt zum Kunden, dann sind das an 220 Arbeitstagen knapp 1 980 000 Kundenkontakte pro Jahr. Jeder dieser Kundenkontakte birgt die Chance, einen Kunden zu begeistern, *und* die Gefahr, ihn zu enttäuschen. Das zeigt: Exzellenter Service und Servicekultur sind keine »Softie«-Themen, sondern harte Wirtschaftsfaktoren. Ein Top-Thema für die Chefetagen.

Der Mensch macht den entscheidenden Unterschied, nicht das Produkt. Vor allem dort, wo Service und Kommunikation im Mittelpunkt stehen: in Bildung und Beratung, Gesundheit und Wellness und im Bereich der haushaltsnahen Dienstleistungen. Aber auch in technologieorientierten Branchen.

Bitte mit Herz: Serviceorientierte Branchen

In den vergangenen Dekaden ist der Anteil der in den serviceorientierten Branchen arbeitenden Menschen stark gewachsen. 1991 waren 60,9 Prozent der Erwerbstätigen im Dienstleistungssektor tätig, 2011 waren es schon 73,8 Prozent. Gleichzeitig ist die Zahl der im produzierenden Gewerbe tätigen Mitarbeiter um 10 Prozent gesunken (von 28,5 auf 18,7 Prozent).[48] Bis 2035, so die Prognose des Statistischen Bundesamts, werden sich beide Tendenzen noch weiter verstärken.

Der größte Anteil der Mitarbeiter in Deutschland lebt also heute davon, Service zu verkaufen. Von Mensch zu Mensch. Interessante Entwicklungen werden an zwei Extremen der Dienstleistungspalette deutlich:

➤ Auf der einen Seite sehen sich immer mehr Mitarbeiter in der Situation, anderen Menschen zu Diensten zu sein, sie zu bewegen, ihnen bei Veränderungen zu helfen, ihnen etwas zu verkaufen – und genau das bereitet vielen Probleme. Sie sehen sich nicht als Dienstleister, sondern als Techniker. Dazu später mehr.

➤ Auf der anderen Seite tauchen immer mehr Menschen auf, die das Thema Service zu ihrer großen Leidenschaft erklären und fest entschlossen sind, ihr eigenes Leben aufzugeben, um anderen zu Diensten zu sein: zum Beispiel als Butler.

1. Comeback der Butler

Laut CBS News gab es in den 1930er-Jahren ungefähr 30 000 Butler in Großbritannien. In den 1980er-Jahren hätte man Butler auf die Liste der vom Aussterben bedrohten Berufe setzen können, es gab nur noch 100 dieser Art. Heute wird die Zahl der Butler wieder auf rund 10 000 geschätzt, mit steigender Tendenz. Vor allem britische Butler sind gesucht von den neuen *super rich* in aller Welt – Servicekommunikation mit *british accent* löst offenbar Fantasien über die opulente Lebenswelt des Adels zu Zeiten der vorletzten Jahrhundertwende aus, die immer mehr Wohlhabende (vor allem nach dem Genuss der britischen Fernsehserie »Downton Abbey«) in der heutigen Zeit und in den eigenen vier Wände wiederbeleben möchten.[49]

Auch im Butling führen kalte Richtlinien ins Abseits. Natürlich lernen Novizen in der wachsenden Zahl der Butler-Schulen perfektes Schuhe putzen, Gläserpolieren und Serviettenfalten. Doch ein exzellenter Butler ist kein Haushaltsroboter. Was ihn auszeichnet, ist die Bereitschaft, souverän mit schwierigen Situationen umzugehen und Unangenehmes fernzuhalten. Dahinter stehen Tugenden wie treue Ergebenheit, Vertrauenswürdigkeit, Zuverlässigkeit, Loyalität, Diskretion. Moderne Butler sind Problemlöser und Problemverhinderer. Sie sind es, mit deren technisch-routinierter und menschlicher Hilfe der eigene Lebensstil erst auf den gewünschten Standard gehoben werden kann.

Auf den Punkt bringt dies Elke Kaup, ehemals Privatsekretärin des Milliardärs Friedrich Karl Flick. Sie bietet unter dem Label Conciergerie Privée (www.kaup-conciergerie.com) ihr exklusives Servicewissen an: »Elke Kaup hat den sprichwörtlichen sechsten Sinn für persönliche Bedürfnisse, Vorlieben und Vorstellungen ihres Gegenübers, und sie versteht es, ihr Team kompetent auf die individuellen Ansprüche eines Auftraggebers einzustimmen.« Und mehr noch: Concierge Kaup verspricht Zugang zu »geschlossenen Zirkeln und exklusiven Events rund um den Globus (...), die für Nicht-Eingeweihte vielfach verschlossen bleiben«.[50] Diese Dienstleistung glänzt nicht durch die Marke, sondern allein durch die Persönlichkeit und die persönlichen Kontakte der Gründerin.

Die steigende Nachfrage nach Butler-Services beschränkt sich übrigens nicht auf Superreiche. Concierge-Services gibt es jetzt für alle, und zwar als Online-Version (»Virtual Personal Assistance Service«) und als Live-Version, bei der persönliche Assistenten auf Abruf bereitstehen. Anbieter sind zum Beispiel agent-cs.de, caretaker.de oder strandschicht.de.

»Wir möchten, dass unsere Kunden von überall aus arbeiten können«, erklärt Strandschicht-Gründer Bastian Kröhnert. Die virtuellen Assistenten sitzen in Polen oder Bulgarien und übernehmen Aufgaben, die per Telefon oder Internet erledigt werden können: E-Mails schreiben, online shoppen, Reisen buchen, Themen recherchieren, um nur einige Beispiele zu nennen. »Die Nachfrage ist sehr groß, wir können gar nicht so viele Kunden aufnehmen, wie wir Anfragen bekommen«, so der Gründer.[51]

Ob High-Society-Butler oder günstiger virtueller Assistent: Diese sehr persönlichen Dienstleistungen funktionieren nur, wenn sich Auftraggeber und Dienstleister als Menschen verstehen und vertrauen.

2. Handel mit Herz

Auch das Kaufen von Büchern ist eine sehr persönliche Angelegenheit. Genau das nutzt der Buchhandel aus, um sich mit besonderen Service-Ideen gegen übermächtige Online-Händler wie Amazon abzusetzen. Hier einige Beispiele:

Bücherinsel, Dieburg: Die Stadt Dieburg ist weder groß noch bekannt, die Buchhandlung in der Stadtmitte aber schon. Denn die Inhaber Claudia und Erich Kleen bieten regelmäßige Konzerte und Lesungen an, vor allem aber Services, auf die vor ihnen noch nie ein Buchladen gekommen ist: Unter dem Motto »Einschließen und Genießen« können sich gute Kunden einen ganzen Abend lang im Buchladen einschließen lassen, um ganz in Ruhe zu schmökern. Außerdem organisiert die Buchhandlung regelmäßig kleine Kulturausflüge per Bus, sie hat für die kleinsten Kunden ein geheimnisvolles Guckloch in den Boden eingelassen und besonders lustige Sanitäranlagen gezimmert. Für dieses Engagement wurde der Buchladen mehrfach ausgezeichnet: Kundenchampion 2008, Buchmarkt Award 2009, Mutmacher der Nation 2010. (buecherinsel.net)

Buchhandlung Droste, Herten: Nicht nur als Laden, sondern als »Stadtmitte-Treff, Auskunftsbüro, Ratgeber und Gelbe Seiten« versteht sich die Buchhandlung Droste in Herten. Auf Wunsch werden Kinder beaufsichtigt und Kinderwagen über Treppen getragen. Wer möchte, bekommt auch Bestandteile der Schaufensterdekoration geschenkt. Und: Droste nimmt alle Bücher zurück, auch wenn sie gar nicht in dieser Buchhandlung gekauft wurden. »Unmögliches wird sofort erledigt, Wunder dauern etwas länger!« – nach diesem Motto arbeitet das gesamte Buchladen-Team. (buchhandlung-droste.de)

Books for Cooks, London: Kurzer Trip nach Notting Hill: Der auf Kochbücher spezialisierte Laden Books for Cooks bietet außer einer riesigen Auswahl an Büchern auch dreistündige Koch-Workshops und eine kleine Testküche zwischen den Buchregalen, was den Laden laut seiner Kunden in den »best smelling shop in the world« verwandelt hat. Das Menü wechselt täglich. (booksforcooks.com).

Immer mehr kleine Händler entdecken Servicelücken und füllen diese mit besonderen Angeboten. Das gilt nicht nur für Buchhändler, sondern auch für kleine Baumärkte (die z. B. Handwerkerservice anbieten), Spielwarenhändler (die für ihre Kunden z. B. gebrauchte Teile für Modelleisenbahnen besorgen), Copyshops (die Studienarbeiten über Nacht ausdrucken und binden) oder Gemüsehändler (die z. B. fertig abgewogene Zutaten plus Kochrezept nach Hause liefern). Die besten von ihnen beschäftigen Mitarbeiter, die von sich aus gerne auf andere Menschen zugehen und im Gespräch mit den Kunden immer wieder neue Service-Ideen entwickeln – und erfolgreich verkaufen.

Auch Nerds sind Menschen: Technikorientierte Branchen

Anders sieht es in technologieorientierten, besser: technologiegetriebenen Branchen aus. Hier sind häufig auch die Verkäufer getrieben von ihrer Faszination für Technik. Sie sind dann besonders erfolgreich, wenn ihre Kunden genau so *nerdig* ticken wie sie selbst. Leider folgen aber nicht alle Kunden dem Audi-Claim »Vorsprung durch Technik«. Sie wünschen sich von ihrem Verkäufer vielmehr einen »Vorsprung durch Freundschaft«.

Viele Unternehmen haben diese Diskrepanz erkannt und schicken ihre Verkäufer deshalb in Verkaufstrainings, damit sie zum Beispiel lernen, wie sich ein Verkaufsgespräch in fünf oder in sieben Schritten zu einem sicheren Erfolg führen lässt. Was ja im Prinzip nicht falsch ist. Problematisch ist es aber, wenn frisch geschulte Verkäufer sich anschließend wieder nicht auf ihre Kunden fokussieren, sondern auf die Technik des Verkaufsgesprächs!

Ein Kunde, der in eine derartig empathiefrei abgespulte Verkaufsveranstaltung gerät, erkennt die Absicht wohl und ist verstimmt, wenn nicht sogar massiv verärgert. Denn je komplizierter das Produkt, desto weniger braucht es einen reinen Produktvertrieb, und desto wichtiger wird ein professionelles Account-Management, das den Kunden als ganzen Menschen sieht.

> Verkauf ohne Herz funktioniert nicht – auch wenn es um Technik geht. Geschäfte werden immer noch zwischen Menschen gemacht.

Genau das ist der Grund, warum Autohäuser zunehmend Hotelmitarbeiter in der Serviceannahme beschäftigen oder emotionale Weinverkäufer die Kundentermine vereinbaren lassen.

1. Freundschaft am Apfel-Stand

Apple hat das verstanden wie kaum ein anderer Vertreiber von elektronischen Kleingeräten – und auf die Spitze getrieben. Kommt ein Kunden in den Apple-Laden, wird er gelegentlich mit »Schöne Schuhe!« begrüßt, schreibt Anna Kistner in ihrem *Spiegel*-Beitrag »Im Hüllenhimmel«. »Verkäufer sollen mit den Besuchern keine plumpen Verkaufsgespräche führen, sondern Freundschaften schließen.«

Dabei heißen die jungen Männer und Frauen in den blauen Shirts gar nicht Verkäufer. Sie stehen vielmehr als »Specialist«, »Expert«, »Creative« oder sogar als »Genius« auf der Fläche.[52] Damit sich die Kunden garantiert wie Freunde fühlen, müssen Apple-Mitarbeiter eine Menge Freundschaftsdienste erweisen: Falsch ausgesprochene Fachbegriffe müssen sie großzügig überhören, negative Worte wie »unglücklicherweise« dürfen sie nicht aussprechen.

Natürlich gibt es auch bei Apple ein Script für Verkaufsgespräche mit dem Akronym APPLE: »Approach«, »Probe«, »Present«, »Listen«, »End«. Übersetzt: Kunden willkommen heißen, feststellen, was sie möchten, eine Lösung präsentieren, sich mögliche Probleme anhören, freundlich verabschieden und zum nächsten Besuch einladen.

Der Unterschied: Bei Apple soll im Verkaufsgespräch nicht der Abschluss im Mittelpunkt stehen, sondern die Bedürfnisse des Kunden, und zwar »auch solche, die er noch gar nicht kennt«.[53]

Solche Bedürfnisse werden sowohl im Hightech-Handel als auch in Autohäusern oft geweckt, indem man den Kunden brandneue Produkte in die Hand gibt beziehungsweise: sie hineinsetzt. »Einmal berührt – für immer verführt« funktioniert offenbar nicht nur in der Liebe, sondern auch im Technikhandel.

2. Fahrvergnügen ohne Ende

BMW zum Beispiel spürte schon vor vielen anderen Herstellern, dass man neue Kunden vor allem durch Probefahrten gewinnt. »Ein gutes Verkaufsgespräch muss nicht lang sein. Der Kundenberater ermittelt beim Erstkontakt den Bedarf, bietet eine Probefahrt an, man tauscht Karten aus, das reicht oft schon«, bestätigt Karsten Engel, BMW-Verkäufer in Berlin in einem Beitrag für *Die Welt*.[54] Laut Engel ist die Kaufbereitschaft nach einer Probefahrt am höchsten. Wichtig sei, dass der »Popometer« ausschlägt und ein gutes »Drinsitz-Gefühl« bescheinigt.

Ist das gute Gefühl da, heißt es: Dauerkontakt einschalten und halten. Damit das klappt, zieht BMW die Service-Daumenschrauben an: Die Händler bekommen einen Bonus, wenn sie Kunden auf Probefahrt schicken, wenn sie Kundenanfragen binnen 24 Stunden beantworten und Bestandskunden vor Auslaufen von Leasing- oder Finanzierungsverträgen aktiv ansprechen und neue Verträge unter Dach und Fach bringen. BMW schickt sogar »Mystery Customers«, um die Einhaltung der Vorgaben zu kontrollieren.

Der Hersteller unterstützt das Kontaktmanagement der Händler tatkräftig, zum Beispiel mit dem *BMW Magazin*, das vom Jahreszeiten-Verlag (*Für Sie, Der Feinschmecker, Architektur & Wohnen* etc.) publiziert wird und weltweit in 21 Ausgaben mit einer Gesamtauflage von mehr als drei Millionen Exemplaren erscheint. Der Verlag beschreibt die Publikation als »Premium-Magazin für die privaten BMW-Neuwagenkäufer weltweit«. Berichte, Interviews und Reportagen sollen den Lesern »Qualität, Image und das damit verbundene Lebensgefühl der Weltmarke BMW« vermitteln. Neben dem Verkauf im Zeitschriftenhandel wird die deutsche Auflage zweimal im Jahr kostenfrei direkt an die privaten BMW-Neuwagenkäufer versendet.

Hochwertiges Corporate Publishing ist teuer, aber es zahlt sich aus, weil die regelmäßige und wohldosierte Kommunikation mit dem Kunden alles ist. Nicht umsonst werden in dem Magazin immer wieder Leser mit ihren liebevoll gepflegten BMW-Modellen porträtiert.

Vorsicht, Falle: Soziale Diskrepanzen und Service-Neurosen

Menschen kaufen von Menschen – klar. Doch was ist, wenn diese Menschen aus völlig unterschiedlichen Milieus stammen? Oder zufällig aus der gleichen Randgruppe? Wie wirkt sich das auf den täglich gelebten Service aus? Hier kommen neue Herausforderungen auf die Unternehmen zu, die diese oft noch gar nicht erkannt haben.

1. Soziale Fremdheitsgefühle

Mitarbeiter in Luxushotels oder auf Luxus-Kreuzfahrtschiffen, in der gehobenen Gastronomie oder bei Händlern, die sich auf sehr exklusive Mode, Schmuck oder Uhren spezialisiert haben, müssen für Produkte stehen, die sie sich selbst nicht leisten können. Sie erleben Kunden aus einer ganz anderen Lebenswelt: mit anderen Werten, einem anderen Auftreten, einer anderen Sprache – und einer ganz anderen Haltung gegenüber Luxus.

Während für den Mitarbeiter das Luxusprodukt an sich schon Luxus darstellt, bedeutet Luxus für den gehobenen Kunden vor allem, wertvolle Zeit zu gewinnen. Wenn Mitarbeiter das verstanden haben, entwickeln sie oft von sich aus ungewöhnliche Service-Ideen: So leerte zum Beispiel der Verkäufer eines Luxuswagenherstellers wochenlang den Briefkasten eines Kunden, während sich dieser in den USA aufhielt. Der Lohn dafür war eine unerschütterliche Loyalität.

Die Herausforderung für Mitarbeiter besteht darin, sich über den sozialen Abstand hinweg emotional auf die Kunden einzulassen und zugleich professionelle Distanz zu wahren – und zwar möglichst ohne Ressentiments. Das ist für die Verkäuferinnen und Verkäufer auf der Fläche harte Arbeit mit den eigenen Emotionen und darüber hinaus Beziehungsmanagement auf hohem Niveau. Beides kann von keinem CRM-System übernommen oder auch nur aufgefangen werden.

2. Unreflektierte Solidarität

Das umgekehrte Phänomen ist nicht weniger herausfordernd: zu große soziale Nähe. »Im Dienstleistungssektor beispielsweise berichten Konsumenten mit Migrationshintergrund oder Menschen mit Behinderung häufig von diskriminierenden Erfahrungen«, sagt Prof. Dr. Gianfranco Walsh von der Friedrich-Schiller-Universität Jena. »Sie werden schlechter beraten oder bekommen einen anderen Service als andere Kunden«, so der Lehrstuhlinhaber für Allgemeine Betriebswirtschaftslehre und Marketing. Dass dies aber nicht immer der Fall ist, zeigt der Jenaer Marketing-Experte jetzt in einer gemeinsamen Studie mit seinem Kollegen Prof. Dr. Mark S. Rosenbaum (Northern Illinois University, USA). Die Wissenschaftler schreiben in der Fachzeitschrift *British Journal of Management*, dass Kunden aus stigmatisierten Gruppen häufig besondere Vorteile genießen, wenn sie von Mitarbeitern bedient werden, die der gleichen Minderheit angehören.

Walsh und Rosenbaum haben damit erstmals ein Phänomen unter die Lupe genommen, das sie »Service-Nepotismus« nennen. Etwas weniger vornehm: Vetternwirtschaft. In Interviews hatten sie homosexuelle Männer aus den USA und türkische Einwanderer aus Deutschland befragt. Es zeigte sich dann, »dass homosexuelle Dienstleistungsmitarbeiter homosexuelle Kunden häufig erkennen und ihnen dann ein Serviceniveau bieten, das über das Übliche hinausgeht«, erklärt Prof. Walsh, zum Beispiel eine besonders umfassende Beratung oder kostenlose Upgrades in Hotels. Ähnliche Vorteile nannten auch die befragten Türken: So runden etwa türkische Verkäufer in Geschäften den zu zahlenden Betrag für ihre türkischen Kunden großzügig ab, oder türkische Kellner bedienen die türkischen Gäste im Restaurant schneller als die anderen.

Abgesehen davon, dass derartige Untersuchungen ohnehin bestehende Vorbehalte gegen Minderheiten möglicherweise noch fester zementieren, kommt die Untersuchung zu einem für Unternehmen doch wichtigen Ergebnis: Da die zusätzlichen Servicekosten nach dem Kriterium soziale Nähe und nicht nach dem Kriterium Kundenwert ausgeschüttet werden, lohnen sie sich möglicherweise nicht. Außerdem bestehe die Gefahr, dass die Unternehmen durch diese Praxis andere Kunden verlieren, die nicht in den Genuss solcher Vorteile kommen.[55]

3. Helfersyndrom

Eine dritte Herausforderung für alle Menschen, die an Menschen verkaufen, ist, den richtigen Abstand zu finden: Einige Kunden empfinden Nähe als Aufdringlichkeit, andere dagegen als angenehm intensiven Kontakt. Einige Kunden genießen eine professionelle Distanz in der Servicekommunikation, andere wiederum empfinden diesen Abstand als kalt.

Es ist gar nicht so leicht, für jeden Kunden den richtigen Abstand zu ermitteln. Schwierig ist das besonders für Mitarbeiter mit einer Neigung zum sogenannten Helfersyndrom, die sich so sehr auf ihre Helferrolle fixieren, dass sie die Grenzen ihrer eigenen Möglichkeiten übersehen und auch nicht darauf achten, ob Hilfe vom Kunden erwünscht oder mehr noch: ob sie überhaupt sinnvoll ist.

4. »Déformation professionelle«

Abgesehen von psychischen Herausforderungen: Unsere Arbeit formt unser Denken und Handeln – und manchmal verformt sie uns auch. Dieses Phänomen habe ich bei Akustikern kennengelernt: Der durchschnittliche Kunde für Hörgeräte ist deutlich über 70 Jahre alt. Die Mitarbeiter sind es gewohnt, sich in der Sprechgeschwindigkeit, Deutlichkeit und Hilfsbereitschaft auf diese Zielgruppe einzustellen. Wenn dann einmal ein jüngerer Kunde vor ihnen steht, gelingt es ihnen nicht mehr, sich umzustellen. Ergebnis: Der Kunde fühlt sich nicht ernst genommen oder sogar »veräppelt«.

Anderes Beispiel: Ein Installateur mit vielen Jahren Berufserfahrung hat es häufig erlebt, dass sich Bewohner von Mietwohnungen regelmäßig mit ihren Vermietern über die Übernahme der Handwerkerrechnung streiten und, zweitens, die Zahl seiner Arbeitsstunden in Zweifel ziehen. Durch diese Erfahrungen »deformiert«, lässt er seine Servicekommunikation nun gewohnheitsmäßig um diese beiden Punkte kreisen: Er gibt Tipps für die Auseinandersetzung mit dem Vermieter, er rechtfertigt ausführlich jeden Arbeitsschritt – und findet es ungewöhnlich, wenn ein Mieter einen guten Draht zum Hausbesitzer pflegt und gerne bereit ist, für gute Arbeit auch gutes Geld zu zahlen.

Wir kennen derartige Deformationen aus der darstellenden Kunst: Haben Moderatorinnen oft genug die Schöne oder Schauspieler oft genug das Biest gespielt, scheint die Rolle auf ihre Persönlichkeit abzufärben, bis sie irgendwann nur noch schön oder verbiestert *sind*. Denken Sie nur an den Oscar-prämierten Dauer-Bösewicht Christoph Waltz[56] oder an das Model und die Moderatorin Verona Feldbusch-Pooth mit ihrer von ihr selbst so bezeichneten »Grammatikschwäche«.[57]

Damit Mitarbeiter nicht in die Klischeefalle laufen, ist es wichtig, dass sie ihre eigenen Rollen und Vorannahmen immer wieder neu reflektieren: Nicht jeder Benutzer eines Hörgeräts ist schwer von Begriff, nicht jeder Mieter kämpft gegen Hausbesitzer. Diese Stereotype treffen zwar oft zu, aber eben nicht immer. Exzellente Servicekommunikation zeichnet sich dadurch aus, dass sie solche Feinheiten erkennt und sich sofort darauf einstellt.

Neue Wege: Menschen kaufen von menschlichen Maschinen

Es menschelt im Verkauf. Doch die Welt hat sich verändert. Immer mehr Kunden tragen ein Smartphone bei sich, über das sie permanent kommunizieren, sich orientieren und auch einkaufen. Der Kunde ist also quasi zu einem Mensch-Maschine-Mischwesen mutiert. Das Gleiche gilt für den Händler: Er steht dem Kunden nicht mehr nur live gegenüber, sondern auch über mediale Kanäle wie Telefon (wobei das schon ein alter Hut ist), seit den 1990er-Jahren auch via Mail und Online-Bestellung, seit diesem Jahrtausend zunehmend auch über Apps und Social Media. Auch der Händler ist zum Mensch-Maschine-Mischwesen mutiert. Beide Mutationen beunruhigen uns nicht, weil wir sie schon längst als normal empfinden – und als sehr praktisch.

Denn so können sowohl Kunde als auch Verkäufer in jedem Augenblick den Kanal wählen, der gerade zur Verfügung steht oder der gerade am bequemsten erscheint. Und das ist heute in sehr vielen Fällen eben nicht der persönliche Kontakt, sondern der Kontakt über Medienkanäle. Das »Servicebarometer Assekuranz 2012«, in dem rund 11 000 Privatkunden von ihren Serviceerfahrungen mit Versicherungsgesellschaften berichten, zeigt zum Beispiel: Am häufigsten schreiben Kunden Briefe oder Mails und nutzen Internet-Dialoge. Deutlich seltener sind der Telefonkontakt zur Zentrale (23 Prozent) oder der direkte Kontakt zum Außendienstbüro (25 Prozent).[58]

Lernfähige Service-Software

Apropos Telefon: Wir haben uns schon fast daran gewöhnt, an der Service-Hotline gar nicht mehr mit Menschen zu sprechen, sondern mit Automaten. Haben Sie mal versucht, bei IKEA anzurufen? Sie werden es nicht schaffen, einen echten Menschen an den Apparat zu bekommen.

Standard-Anfragen im Callcenter werden in Zukunft immer häufiger von Automatenstimmen beantwortet – wenn Kunden denn überhaupt noch dort anrufen. In vielen Unternehmen haben sich Mail und Web längst zum führenden Kommunikationsmedium gemausert.

Und auch hier können viele Service-Transaktionen automatisiert werden, zum Beispiel mit selbstlernenden Systemen, die die Servicekommunikation der Mitarbeiter beobachten, auswerten und schließlich selbstständig ausführen. Hier müssen Unternehmen allerdings sensibel unterscheiden, welche Geschäftsprozesse sich tatsächlich automatisieren lassen und in welchen Bereichen persönlicher Kundenservice immer noch erfolgsentscheidend ist. Die meisten Unternehmen stehen hier noch am Anfang einer möglichen Entwicklung.

Virtuelle Service-Räume

Dagegen haben mittlerweile mehr als drei Viertel der Unternehmen in Deutschland die große Bedeutung der Meinungsbildung in sozialen Netzwerken wie Facebook, Twitter oder Xing erkannt. Das zeigt der *Social Media Report 2010/11* der Software-Initiative Deutschland e. V. (SID) und des Fraunhofer-Instituts für Angewandte Informationstechnik FIT.

Als zeitgemäßes Medium für Servicekommunikation spielen virtuelle Räume aber noch eine untergeordnete Rolle. Wichtigste Zielsetzung ist die schnellere Kommunikation, an zweiter Stelle steht zielgruppenorientiertes Marketing, und erst an dritter Stelle folgt die Idee, Social Media als Kanal für den Kundensupport einzusetzen.

Das Bild wird vervollständigt durch eine Studie des Unternehmens Verint Systems: Diese zeigt, dass Führungskräfte aus Contact-Centern und Service-Management nur 2 (!) Prozent der Beiträge in Foren, Blogs, Facebook und Twitter auswerten. Weitere 42 Prozent ignorieren diesen Kanal komplett. Allerdings wussten auch zwei Drittel der Befragten, dass ihr Unternehmen von einer besseren Analyse der sozialen Medien profitieren würde.

Es gibt aber auch Vorreiter-Unternehmen, die soziale Medien bereits souverän bespielen.

➤ **Twitter**: Ausgerechnet die Deutsche Bahn (DB), die oft unter ihrem Image als, pardon, permanent verspäteter Beamtenverein leidet, ist beim Kundenservice mit der Eröffnung eines eigenen Service-Twitter-Accounts ein Erfolg gelungen. Über twitter.com/DB_Bahn beantwortet das Unternehmen Fragen zu Verspätungen, Zugausfällen, Defekten, Fahrkarteninformationen und vielem mehr, und dies offenbar in verblüffend kurzer Zeit. Zwölf Mitarbeiter arbeiten in diesem Bereich, sie zeigen sich sogar mit Foto und Kürzel. Dem Account folgen aktuell (2/2013) rund 23 000 Follower.

➤ **Facebook**: »Powered by Service« heißt der Claim des US-amerikanischen Händlers Zappos, der für einen außergewöhnlich umfassenden und proaktiven Kundenservice steht. Facebook ist ein wichtiges Spielfeld für den Retailer (facebook.com/zappos): Laut Marketingagentur Kenshoo hat er 419 000 Facebook-Fans, die er über permanente Status-Updates auf dem Laufenden hält. Ausgehend von jedem Update klickt einer von 50 Fans so lange weiter, bis er etwas kauft![59] Das Besondere: Es menschelt sehr im virtuellen Service-Verkaufsraum: Wenn etwa Kunden wie Colette »I love Zappos…« auf die Seite schreiben, antwortet Zappos umgehend: »We love you back, Colette!« Das zeigt: Servicekommunikation über neue Medien kann zwar sehr technisch sein, aber auch sehr emotional – genau wie Sheryl Sandberg, Cheforganisatorin von Facebook, sich das gewünscht hat. Denn laut ihrer Vision ist diese Plattform nicht nur ein Marktplatz für Kommunikation, sondern auch »Anschub für eine mitfühlende Gesellschaft«.[60]

Derartiges Mitgefühl kann der Kunde natürlich nicht mehr erwarten, wenn hinter der technischen Fassade gar kein Mensch sitzt, sondern nur noch ein Roboter. Doch auch daran haben wir uns gewöhnt – nein, sagen wir: fast gewöhnt.

Hallo, Service-Roboter

Ganz gleich, ob es um das Bezahlen von Parktickets geht, ob wir Bahnfahrscheine oder Kontoauszüge ziehen, ob wir an der IKEA-Kasse bezahlen oder in der Stadtbücherei Romane ausleihen: Immer häufiger kaufen wir gar nicht mehr von Menschen. Überall arrangieren wir uns mit Automaten und künstlicher Intelligenz.

Aber ehrlich gesagt sind wir doch noch froh, wenn wir irgendwo ganz hinten in der Tiefgarage einen grau bekittelten Hausmeister sehen, im Selbstbau-Möbelhaus einen pseudoschwedischen Studenten im gelbblauen Verkäufer-Polo entdecken oder einen hinter Lamellenvorhängen versteckten Backoffice-Banker. Menschen, die »zuständig« sind. Die wir fragen können, wenn wir beim Kaufen scheitern.

Denn bei allen Vorzügen der schönen, neuen Medienwelt: Im Zweifelsfall kaufen wir Menschen doch immer noch am liebsten von Menschen.

Der Mensch macht den Unterschied, nicht das Produkt. Wenn das Vertrauen da ist, können auch »altmodische« Service-Dienstleistungen wie Butling sehr erfolgreich sein. Mit den richtigen Ideen rund um das Thema Servicekommunikation haben ebenso »altmodische« kleine

Läden weiterhin gute Chancen, sich gegen moderne Online-Händler zu behaupten. Denn sie können etwas bieten, das es im Web nicht gibt: *Freundschaft* und *Erlebnis*. Natürlich müssen sie auch den Herausforderungen begegnen, die immer auftreten, wenn es im Service »menschelt«. Dazu gehören Erfahrungen der sozialen Distanz oder der Umgang mit sozialer Nähe, außerdem ein Blick für die Gefahren der Déformation professionelle und des Helfersyndroms. Relativ neu ist die Erfahrung, dass Roboter manchmal die bessere Servicekommunikation leisten – zumindest, wenn es um Tempo und Präzision geht.

> Vernetzt denken und empathisch kommunizieren kann nur der Mensch.

7.   Rede einfach, aber intensiv

Servicekommunikation muss sein wie ein guter Espresso: konzentriert und energiegeladen. Botschaften müssen knapp und zielgerichtet sein, nur dann werden sie vom Publikum wahrgenommen. Vor allem aber zählt die Intensität. Steigern lässt sie sich mit ganz unterschiedlichen Methoden: mal durch berstende Spannung, mal durch Provokation, mal durch Witz und Humor. Oder aber durch das unerwartete Signal von Entschleunigung mitten in der Großstadthektik.

Flüssiges Adrenalin

Am 14. Oktober 2012 hält die Welt den Atem an: Der Österreicher Felix Baumgartner steigt von der Walker Air Force Base bei Roswell im US-Bundesstaat New Mexico mit einem Heliumballon in die Stratosphäre auf. Dort, so hat er angekündigt, wird er mit Schutzanzug und Fallschirm in einer Höhe von 39 045 Metern Richtung Erde abspringen. Ein Wagnis, bei dem er sein Leben aufs Spiel setzt. Weicht Baumgartner beim Absprung vom idealen Winkel ab, packt ihn ein plötzlicher Schwindel, macht er eine falsche Bewegung, kann sich Blut im Kopf stauen und die Gefäße zum Platzen bringen. Gelingt der Sprung, hat der Extremsportler allerdings auf einen Schlag mehrere Weltrekorde aufgestellt: Ihm ist der höchste bemannte Ballonflug gelungen, der Sprung aus bislang größter Höhe, und er hat dabei als Erster eine Geschwindigkeit schneller als der Schall erreicht.

Das Interesse der Medien und Zuschauer ist entsprechend gewaltig: Acht Millionen Menschen sind auf dem Videokanal YouTube mit dabei. Das sind eine Million mehr als 2009 bei der Amtseinführung des ersten schwarzen US-Präsidenten Barack Obama. Ein Rekordwert für Live-Übertragungen im Internet. Weltweit sind über 220 TV-Sender und -Netzwerke live zugeschaltet. Im deutschsprachigen Raum sind es 7,1 Millionen, die auf dem Nachrichtensender ntv wie gebannt die Direktübertragung verfolgen. Das entspricht einer Rekordquote von fast 20 Prozent und lässt an diesem Sonntagabend sogar die gute alte Tagesschau als Verliererin dastehen.

Spektakulärster Marketing-Coup des Jahres

Eigentlich sollte der Sprung Stunden vorher stattfinden. Doch er musste aufgrund starker Winde verschoben werden. Nun kommt es kurz nach 20 Uhr mitteleuropäischer Zeit zu dem nervenzerreißenden Ereignis – mitten zur besten Sendezeit. Baumgartner springt, und zu Beginn geht alles glatt. Doch plötzlich gerät er ins Trudeln, überschlägt sich. Sein Visier beschlägt, er hat Orientierungsprobleme. Dann fängt er sich wieder. 4 Minuten und 22 Sekunden dauert es, bis Baumgartner die Reißleine zieht und sein Fallschirm sich öffnet. Fünf Minuten danach landet er unverletzt.

Für Red-Bull-Gründer Dietrich Mateschitz ist das gewagte Kalkül aufgegangen – ihm ist der mit Abstand spektakulärste Marketing-Coup des Jahres gelungen. Das vom Sponsor veröffentlichte Bild erhält fast 500 000 »Gefällt-mir«-Klicks auf Facebook, bekommt über 14 000 Kommentare und wird 65 000 Mal geteilt. Baumgartners Facebook-Account bekommt sogar mehr als 1,5 Millionen »Gefällt-mir«-Klicks. Hunderttausende liefern sich heiße Debatten über den Event. Weltweit berichten Medien – ob Boulevard oder sonst knochentrocken berichtende Presse – in Millionen Bildstrecken, Reportagen, Berichten und Interviews. In TV, Hörfunk, Print und auf allen Online-Kanälen. 50 Millionen Euro hat Red Bull das sogenannte »Stratos-Projekt« gekostet. Der Medienwert und der Gewinn an Markenwert sind derzeit kaum zu beziffern.

Red Bull investiert systematisch in den Markenauftritt. Etwa ein Drittel des Umsatzes fließt in Marketing-Aktivitäten. »Alles, was wir tun, tun wir für den Wert und das Image der Marke«, sagt Firmenchef Dietrich Mateschitz. Hunderte Spitzensportler hat seine Firma aus dem Salzkammergut unter Vertrag. Sie sponsert das Formel-1-Team, das Weltmeister Sebastian Vettel hervorgebracht hat. Sie hat Fußball- und Eishockeyteams in mehreren Ländern unter Vertrag. Mit Vorliebe aber fördert Mateschitz Extremsportler und -events. Felix Baumgartner ist schon seit vielen Jahren im Team. An seiner Seite stehen Basejumper, Wellenreiter, Snowboarder, Mountainbiker, Surfer, Kajakfahrer und viele andere.

Action – ein unwiderstehliches Angebot

Hauptsache, es geht riskant zu. Das kann heftige Kritik einbringen. »Red Bull nimmt auch den Tod in Kauf«, schrieb die *Frankfurter Allgemeine Zeitung* über das »Stratos-Projekt«. Doch der Unternehmensgründer lässt sich nicht beirren. Der legendäre Slogan »Red Bull verleiht Flügel« wird jährlich durch Tausende Events visualisiert. Ein Sprung aus der Stratosphäre ist neben der Formel Eins nur das bislang bildträchtigste Beispiel für Geschwindigkeit und Selbstüberwindung. Daneben gibt es die Red-Bull-Flugtage, wo wagemutige Bastler mit selbstgebauten Fluggeräten Kopf und Kragen riskieren, und die härtesten Berglauf-, Gleitschirm- oder Snowboard-Wettkämpfe der Welt. Riskant, Atemberaubend, nervenzerfetzend – all die Events, die von einem eigenen TV-Sender, einem Magazin und natürlich allen möglichen Online-Kanälen verbreitet werden, haben den einen Zweck, den eigentlich recht harmlosen Energy-Drink in flüssiges Adrenalin zu verwandeln.

Das Konzept lautet: Unser Service ist Action. Die Zielgruppen werden durch diese Form des Marketings optimal angesprochen. Passivität würde jedoch der zugrunde liegenden Strategie diametral widersprechen. Deswegen hat Red Bull die Emotionalisierung seiner Kunden in einer Zeit zum Programm gemacht, als noch niemand an den »Share«-Button in den sozialen Netzwerken gedacht hat. Service ist bei Red Bull Teilhabe am Adrenalinrausch. »Die, die unseren Stil lieben, kommen zu uns«, sagt Mateschitz. In der »Red Bull Wings Academy« können Sportbegeisterte zum Beispiel in Workshops mit Top-Athleten und Weltmeistern BMX-Fahren oder Wakeboarden[61] trainieren. Aber auch bekannte Rapper oder Graffiti-Künstler geben ihre Fähigkeiten weiter. Genauso gibt es spaßige Massen-Events, zum Beispiel die »Student Boat Battles«, bei denen Studententeams in Booten gegeneinander antreten und die Gegner mit großen, abgepolsterten Stangen ins Wasser zu stoßen versuchen. Red Bull? Alles, was cool ist – so könnte man das Service- und Event-Portfolio zusammenfassen.

Der Grundstoff von Red Bull kostet laut *Manager Magazin* weniger als 20 Cent pro Dose. Der Rest ist Aufladung bis zum Bersten. Diese Strategie funktioniert deshalb so perfekt, weil sich der Hersteller des Energy-Drinks strikt an ein seit Jahrtausenden bewährtes Konzept hält: Eine »große Erfahrung«, mächtig genug, »Ekstase hervorzurufen« – das nannte schon im ersten Jahrhundert der Philosoph Longinus »das Erhabene«. Im 18. Jahrhundert führte dann der britisch-irische Philosoph Edmund Burke jenes Gefühl der Erhabenheit auf Panik und Erschrecken zurück. Das Empfinden von Größe und von drohendem Schmerz, fortan gehörte beides zusammen. Künstler schufen atemberaubende Gemälde von steil aufragenden Felsen, brachial schäumenden Wasserfällen, monströs aufgepeitschten Meeren und arktischen Ungeheuern. Bei ihrem Anblick sollte dem Publikum der Schrecken in die Glieder fahren und sie in einer völlig neuen Erfahrung erstarren lassen. Was anderes ist mit den Zuschauern geschehen, die Felix Baumgartners Sprung aus der Stratosphäre live miterlebt haben? Der rote Bulle verspricht seinen Kunden ein Erlebnis, das alle Grenzen sprengt. Das Erlebnis des Erhabenen.

Emotionalisierung braucht einprägsame Bilder

Worte allein reißen selten mit – erfolgreiche Kommunikation braucht einprägsame Bilder. Bei Red Bull ist das der auf klare Formen reduzierte Bulle. Sein kraftvoll gebeugter Rücken symbolisiert Kraft und Action. Die spektakulären Sportauftritte und Mitmachangebote des Unternehmens werden damit vom Markensymbol glaubwürdig verkörpert. Es gibt eine hohe Schnittmenge gemeinsamer Eigenschaften. Die Wirksamkeit dieser sogenannten Key Visuals wurde in zahlreichen Studien nachgewiesen. Sie aktivieren die Emotionszentren des Gehirns. So wird tief im Unterbewussten die Erinnerung an die Marke verankert. Nicht umsonst spielen dabei archaische Symbole, die wir schon in der Höhlenmalerei der urzeitlichen Jäger finden, eine große Rolle. Mit dieser Technik schaffen es selbst Bausparkassen – die bekanntlich nicht gerade die aufregendsten Produkte im Programm haben – in die Gedächtnisspeicher des Publikums. Das beweist der pfiffige Fuchs von Schwäbisch Hall, der den Mythos des Schlauen auf sein Unternehmen überträgt. Nur leider passt der Markenname einer anderen Bausparkasse noch besser dazu: Wüstenrot. Bei diesem Namen wird nämlich zusätzlich eine unterbewusst höchst wirksame Verbindung der Farbassoziation von Markensymbol und Markenname geschaffen. Weshalb viele Bausparkunden das Fabeltier dem falschen Unternehmen zuordnen. Schwäbisch Hall macht also erfolgreich Werbung – aber in vielen Fällen unbeabsichtigt für den Wettbewerber.

Der genialste Schrei seit Tarzan

»Uahhhhhhh!« – im Frühjahr 2010 reißt ein Schrei, der durch Mark und Bein ging, die deutschen TV-Zuschauer von ihrer Couch. Seit Tarzans Dschungelabenteuern hat kein Film einen Laut hervorgebracht, der das Publikum derart elektrisiert. »Zalando. Schrei vor Glück! Oder schick's zurück!«, mit diesem Claim wirbt Deutschlands größter Online-Schuhshop, der vor nicht mal zwei Jahren an den Start gegangen ist. Der legendären Hamburger Agentur Jung von Matt gelingt bereits mit dem allererersten Spot ein Geniestreich: Ein Rauschen, ein Flimmern, erst dann erscheint ein junger Mann auf dem scheinbar selbst gedrehten Video. Seine Augen sind vor Angst geweitet, er trägt

113

einen Dreitagebart. Dann warnt er verschwörerisch im Ton des besten Kumpels alle Männer: »Bitte, bitte, lasst niemals eure Frau, eure Freundin oder eure Schwester Zalando.de entdecken!«

Die ironische Warnung gipfelt in der Darstellung des Serviceangebots: »Und das Schlimmste: Liefern und Zurückschicken ist kostenlos!« Plötzlich ein Türklingeln – und es folgt ein dreifacher Schrei: Zuerst der einer Blondine, die ihre nächste Schuhlieferung erwartet. Dann der des Partners, der entsetzt ist. Und zum Schluss der des Postboten, der dick bepackt mit Schuh-Versandkartons vor der Tür steht. Von diesem Moment an wird alle Welt jenen parodistischen Urlaut schlicht den »Zalando-Schrei« nennen. Es wird exzessive Pro-Contra-Debatten im Internet geben, die den Bekanntheitsgrad des Start-ups binnen kürzester Zeit explodieren lassen. Zwei Jahre später gibt es in Deutschland nur noch eine Marke, die bekannter ist: »Volkswagen«.

Marketing und Serviceangebot auf den Punkt gebracht

Dezember 2012, im Berliner Museum für Kommunikation hat sich die Elite der Werber der Republik versammelt. Heute wird der renommierte Marketing-Preis vergeben. Er geht an das jüngste Unternehmen, das ihn je erhalten hat: Zalando. Dörte Spengler-Ahrens, die bei Jung von Matt die legendären TV-Spots konzipiert hatte, überreicht ihrem Kunden ein Gemälde: eine Kopie des berühmten Schreis des Künstlers Edvard Munch, natürlich in einer Zalando-Version mit schreiendem Postboten. Damit macht sie sich selbst – auf ironische Weise – ein berechtigtes Kompliment: Ihr Konzept ist in der Tat große Kunst. So heiter und leicht ihre Spots auch daherkommen, hinter ihnen steckt eine höchst komplexe Kommunikationsstrategie. Zum Beispiel nehmen die kleinen Streifen präzise die YouTube-Ästhetik auf, von der die jüngeren Milieus geprägt sind, die Zalando ansprechen will. Auf äußerst professionelle Weise wird hier ein Spiel mit dem scheinbar Unprofessionellen entfaltet. Auch der männliche Protagonist dient der optimalen Ansprache des weiblichen Zielpublikums. Am Ende ist der verzweifelte Kerl nämlich in seiner Hilflosigkeit der Kronzeuge dafür, dass das sogenannte starke Geschlecht in Wirklichkeit das schwache ist. Und zu guter Letzt ist es die Konsumwarnung, die der enthemmten Konsumlust eine charmante Rechtfertigung verschafft. All dies in einem Symbol – dem Zalando-Schrei – auf den Punkt zu bringen ist in der Tat den deutschen Marketing-Preis wert.

Genauso auf den Punkt gebracht ist allerdings das Serviceangebot von Zalando: Kostenloser Versand und Rückversand, kostenlose Service-Hotline und hundert Tage Rückgaberecht, das räumt wie ein mächtiger Schneepflug alle Bedenken gegenüber dem Online-Kauf beiseite. Und das ausgerechnet beim Thema Schuhe! Fünf Millionen Schritte wandern unsere Füße mit uns pro Jahr. Sollte man da nicht meinen, dass es ohne Anprobe von Schuhen beim Händler vor Ort einfach nicht geht? Zalando beweist das Gegenteil – durch die Verknüpfung von Service und Kommunikation. Noch ist nicht ausgemacht, ob sich das Geschäftsmodell des Online-Versenders am Ende trägt. Doch das Experiment macht das Potenzial deutlich, das in der maximal offensiven Vermarktung eines innovativen Dienstleistungsangebots steckt.

Originalität allein ist keine Qualitätsgarantie

Guerilla-Marketing, das klingt in vielen Unternehmen nach einem reizvollen Versprechen: Schlagartige Steigerung des Bekanntheitsgrades durch eine spektakuläre Aktion. Und das zu einem Bruchteil des sonst nötigen Budgets. Voraussetzung ist eine originelle Idee. Doch Vorsicht: Erstens führt nur ein Bruchteil der Guerilla-Marketing-Aktionen zum angestrebten Bekanntheitseffekt. Und zweitens ist eine originelle Idee noch lange keine Qualitätsgarantie. Überzeugend ist Marketing nur, wenn es zugleich präzise auf die Erwartungshaltungen und die Kommunikationsstile und -kanäle der Kunden abgestimmt ist. Und wenn es exakt auf der Positionierung und dem Image des jeweiligen Unternehmens aufbaut. Wer dagegen nach dem Motto »Hauptsache, ich bin im Gespräch« handelt, trägt vielleicht zur allgemeinen Unterhaltung bei. Doch er überzeugt keine Kunden und

Interessenten. Schlimmstenfalls aber gefährdet die Aktion seinen Ruf. Der Autohersteller Toyota ist auf vielen Märkten bekannt für die Zuverlässigkeit seiner Fahrzeuge und weit reichende Garantien. Dennoch erfand seine Werbeagentur 2008 ausgerechnet die Figur des englischen Fußball-Hooligans Sebastian Bowler für eine spektakuläre Marketing-Aktion. Über eine Website konnten Besucher den imaginären Bowler »spaßeshalber« auf gute Freunde hetzen. Der Hooligan drohte den Opfern seinen Besuch an, weil er nach einer Zerstörungsorgie aus seinem Motel geflogen sei und nun spontan eine neue Unterkunft suche. Witzig? Die Aktion brachte Toyota wie erhofft in die Medien. Nur führte das nicht zur gewünschten Stärkung, sondern zur Beschädigung seines bislang seriösen Images.

Den kommunikativen Qualitätssprung, der Zalando gelungen ist, macht der Vergleich mit den klassischen Versandhändlern deutlich. 2009 ging Quelle, das einstmals größte Versandhaus Deutschlands, in die Insolvenz. Was für ein trauriges Ende einer Firmenlegende! Die Idee des Versandhandels war im 19. Jahrhundert geboren worden. In den Zwanzigerjahren erreichte sie ihre erste Blüte mit der Gründung vieler weiterer neben Quelle bekannter Unternehmen wie Schöpflin, Baur, Wenz und Bader. Der eigentliche Aufschwung kam dann nach dem Zweiten Weltkrieg, als die neuen Wettbewerber Neckermann, Schwab und Otto an den Start gingen und zu den vorhandenen Versendern stießen. 30 bis 40 000 Angestellte arbeiteten in den 1960er- und 1970er-Jahren für Quelle, der Umsatz ging in die Milliarden. Denn das Servicekonzept überzeugte: »Wohlstand für alle«, versprach Ludwig Erhard, der Vater des Wirtschaftswunders. Die Versandhäuser sorgten mit ihrem Service dafür, dass das Versprechen den letzten Winkel des Landes erreichte. Und wer mitmachte und andere fürs Bestellen gewann, der wurde mit Sammelrabatt belohnt. Quelle, Otto und Co. waren das Synonym der sozialen Marktwirtschaft.

Alles Schall und Rauch – von den einstmaligen Big Playern ist in nennenswerter Größe nur noch Otto übrig geblieben. Doch auch das renommierte Hamburger Unternehmen geriet 2012 in schwieriges Fahrwasser. Der Grund? Ganz einfach – online. Die Versandhändler schafften es nicht, eine Antwort auf die vom Internet getragene Kommunikationsrevolution zu finden. Fünf Tage Wartezeit und fünf Euro Versandkosten – das riecht noch nach Briefmarke, Postamt und Dampflok. »Otto. Find ich gut«, das klang einst wie ein selbstbewusstes Statement. Gegenüber dem Zalando-Schrei klingt es seltsam beliebig und behäbig. Den Otto-Claim und das Otto-Dienstleistungsangebot verbindet ein gemeinsamer Nenner: das Ungefähre. Kommunikativ ist dies eine nahezu sichere Garantie dafür, übersehen zu werden. Gerade Dienstleistungen wollen so spitz wie nur möglich positioniert sein. In der Masse der Botschaften braucht es einen Schrei, einen Aufruf oder ein Statement, das aufhorchen lässt.

Eine solche Botschaft kann auch und gerade dann höchst wirksam sein, wenn sie sich durch demonstrative Schlichtheit auszeichnet. »Die Bahn kommt.« Mit diesem Claim hatte die Bahn einst ihr zentrales Kundenversprechen, die Pünktlichkeit, auf den Punkt gebracht. Die Bahn, das war für die Bundesbürger über Jahrzehnte hinweg die Inkarnation der Zuverlässigkeit.

Die Wirksamkeit der Kampagne ist derart anhaltend, dass noch Jahrzehnte später bei jedem Pünktlichkeitsproblem Dutzende von Medienberichten unter Überschriften auftauchen, die den alten Claim variieren: »Die Bahn kommt – nicht« oder »Die Bahn kommt – zu spät«.

Auch für die Kunden ist die Bahn, häufig noch immer »Bundesbahn« genannt, kein Unternehmen wie jedes andere. Sie ist eine staatliche Institution, ein nationales Symbol für Zuverlässigkeit. Entsprechend hoch ist die Anspruchshaltung. Bei einem plötzlichen Wintereinbruch können die Staus Dutzende Kilometer lang sein und Autoreisen zum gefährlichen Wagnis machen. Das mildert die Wut der Bahnreisenden nicht im Geringsten, wenn sie ihre Anschlüsse verpassen.

Was lässt sich in solchen Situationen machen? Das Unternehmen hat reagiert und ein ganzes System an Serviceangeboten aufgebaut, um die Kundenbindung zu stärken. Ein Bonusprogramm offeriert Vielfahrern zahlreiche kleine Belohnungen, von der Bahnfahrt bis zum Hotelaufenthalt. In den Bahnhöfen gibt es Lounges, in den Zügen W-LAN. Auf den Smartphones informiert die kostenlose Bahn-App, bei drohenden Verspätungen kommt der Alarm per E-Mail, und in den sozialen Netzwerken gibt es zahlreiche Mitmachangebote. Besonders die Investition in die digitalen Dienstleistungen ist mehr als sinnvoll. Denn die Bahn hat die große Chance, zum bevorzugten Transportmittel der jungen, bestens vernetzten Milieus zu werden – und muss daher deren Kommunikationskanäle nutzen. Die Autohersteller registrieren bereits verzweifelt einen Rückgang des Interesses am eigenen Fahrzeug. Einer der wichtigsten Gründe: Wer am eigenen Steuer sitzt, kann nicht am Smartphone surfen oder per Tablet-PC YouTube-Videos schauen. Im Zug geht das ganz hervorragend. Die Bahn hat daher beste Karten, neue Kunden zu gewinnen. Die Voraussetzung allerdings ist: Sie muss ihr zentrales Imageproblem lösen. Das Schlüsselthema dafür heißt Verlässlichkeit. Erst wenn hier spürbare Fortschritte im Alltag erkennbar sind, wird sich die Investition in neue Services auszahlen, und die Bahn wird auf neue Weise wahrgenommen werden.

Raus aus der Komplexitätsfalle

Neue Service-Idee gefällig? Nichts einfacher als das! Schließlich gibt es gerade für serviceorientierte Branchen wie die Hotellerie zahlreiche Vorschlagskataloge. Darin finden sich Ideen für fast jeden Geschmack, angefangen beim Leih-Regenschirm über ein Angebot regionaler Köstlichkeiten und den Fitnesstrainer bis hin zu einem besonderen Schlechtwetter-Anreiseritual oder einem Wunschbuch für Gäste. Doch es gilt die Regel: Nicht nur viele Köche, sondern auch allzu viele wahllos zusammengerührte Zutaten verderben den Brei. Wer sich in den Sammlungen umschaut, verliert vor lauter Dienstleistungsvorschlägen rasch die Übersicht. So wertvoll die Anregungen auch sind, sie verführen zur Beliebigkeit. Dann stecken die Serviceanbieter vor lauter gutem Willen in der Komplexitätsfalle fest. Sie bieten eine Menge – aber mit ihrem Namen verbindet sich kein markantes Profil. Hier hilft eine klare Zielformulierung entlang der Fragestellung: Wie sollen die Leute von uns sprechen? Zum Beispiel so: »Das Hotel zum Kurfürsten? – Das sind doch die, die alles für den Genussschlaf ihrer Gäste tun.« Wer diesen Ruf anstrebt, wird seine Angebote entsprechend sortieren. Zum ruhigen Zimmer mit King-Size-Bett kommen dann zum Beispiel beste Matratzen, Flüsterparkett, absolut schalldichte Türen und Fenster, eine Kopfkissen-Bar, besonders bekömmliche Menüs im Hotel-Restaurant und eine Auswahl kostenloser Gute-Nacht-Tees aus regionalen Kräutern.

Bekenntnis zum urbanen Lifestyle

Hinter dem jeweiligen Kommunikationsstil der Zielgruppen stehen bestimmte Lebensstile und Leitwerte. Jungen innovativen Firmen fällt es oft deutlich leichter als riesigen Traditionsunternehmen, sich exakt auf diese Milieus und ihre Lebenswelt auszurichten. Der Restaurantkette Vapiano ist dies mustergültig gelungen. Der Name steht für die Kurzform des Firmenslogans »Chi va piano, va sano e va lontano«. Übersetzt heißt das so viel wie: »Wer das Leben locker angeht, lebt gesünder und länger.«

Vapiano, das ist ein Programm zur Entschleunigung der Großstadt-Hektik. Was verstehen die jungen urbanen Milieus, auf die Vapiano abzielt, darunter? Die vordergründige Antwort lautet: ein lichtdurchflutetes Ambiente im mediterranen Stil, frische Kräuter und Pasta, verbunden mit einem Show-Cooking mitten im Restaurant. Doch dies allein wäre noch kein Erfolgsrezept, das in nahezu jeder deutschen Großstadt Menschen traubenweise anzieht. Dem Geheimnis der Kette kommt man eher auf die Spur, wenn man ihren Kritikern zuhört. Vapiano arbeite mit unseriösen Tricks, wettern selbsternannte Culinaria-Kritiker in ihren Blogs. Das Essen sei »vorkonfektioniert«, und in den Gaststätten herrsche hektische Betriebsamkeit statt Entspannung. Zunächst werde jeder mit einem anonymen Sender ausgestattet. Beginne sich der zu melden, gelte es, sich schleunigst in eine Reihe zu stellen, seine Karte hochzuhalten und das Essen zum Tisch zu schleppen. Hoffentlich sei zwischenzeitlich der Platz nicht im Gedränge verloren gegangen. Das sei am Ende »nicht besser und billiger als die gute alte Kantine«, lautet das vernichtende Urteil.

So berechtigt die Schelte scheint, der Erfolg gibt Vapiano schlicht-weg recht. Offensichtlich erleben die begeisterten Kunden das Angebot komplett anders als manche Beobachter. Der Grund liegt einfach darin, dass viele Restaurantkritiker einem komplett anderen Milieu angehören als die Vapiano-Kunden. Letztere nämlich werden vom Konzept des »fresh casual dining« genau in ihren Erwartungen getroffen. Gesundheit ist ein zentraler Aspekt des modernen Lifestyles, deswegen kommt die Inszenierung der frischen Zubereitung so gut an. Gleichbedeutend ist jedoch das Thema Lockerheit. Genau das meint das »casual« im Vapiano-Konzept. Eine klassische Restaurant-Atmosphäre mit dem Kellner am Tisch ist den jungen urbanen Milieus zu spießig. Sie wollen keine Tische reservieren und halten auch sonst wenig von Formalitäten. Sie wollen Spontaneität und Unkompliziertheit. Und besonders wichtig ist ihnen Transparenz – politisch genauso wie kulinarisch. Die offene Vapiano-Küche ist das Pendant zur Liquid Demoracy und Bürgerbeteiligung bei politischen Entscheidungsprozessen. Hinzu kommt die Vernetzung per Funk, das ist das Pendant der Social Networks und holt die Generation Smartphone genau bei ihren Kommunikationsgewohnheiten ab.

Mit einem Wort: Die jungen Zielgruppen fühlen sich bei der Kette bestens aufgehoben. Der Name und der Slogan versprechen nicht zu wenig. Bei Vapiano kommuniziert alles: das Design der Einrichtung, die Bestellung per Funk, die offene Küche, all das ist ein Bekenntnis zum jungen urbanen Lifestyle und seinen Werten. Intensiver geht's nicht.

8. Alle fünf Sinne musst du berühren

Service ist sinnlich, Servicekommunikation darf sich deshalb nicht nur auf gute Worte verlassen. Sie muss das ganze Inventar des Fühlens, Schmeckens, Riechens, Hörens und Sehens nutzen.

Printanzeigen, Plakate, Internetauftritt – daran denken Unternehmen zuerst, wenn es um Marketing geht. Was sie dabei übersehen: Diese Botschaften laufen hauptsächlich über den visuellen Kanal. Weil die meisten Unternehmen diesen Kanal befeuern, geht die einzelne Marke heute oft in einem riesigen, optischen Rauschen unter. In letzter Konsequenz heißt das laut Karsten Kilian, Professor für Internationales Management und Marketing an der Hochschule Würzburg, »dass ein Großteil der Marken Branchenwerbung betreibt, nicht aber Markenwerbung«.[62]

Raus aus dem Rauschen

Einen Ausweg aus dem sinnlosen Kommunikationsrauschen verspricht die Wiederentdeckung aller fünf Sinne des Menschen. Denn Marken lassen sich auch über akustische, haptische, olfaktorische und gustatorische Wege transportieren. Wenn sinnliche Markeneindrücke gleichzeitig und am selben Ort auftreten und wenn sie außerdem in sich stimmig angelegt sind, feuern Nervenzellen bis zu zwölf Mal stärker als bei einer Ansprache über nur einen einzigen Sinneskanal, sagen Neuromarketing-Experten. Und mehr noch: Spricht ein Unternehmen »multisensorisch« zu seinen Kunden, können diese insgesamt mehr Informationen bearbeiten und sich auch besser an die kommunizierten Inhalte und Eindrücke erinnern.

Leider gelingt es nur wenigen Unternehmen, ihre Produkte und Dienstleistungen überhaupt mit allen Sinnen erlebbar zu machen, und, zweitens, hier zu einem stringenten und konsistenten Gestaltungsansatz zu kommen. Laut Kilian zum Beispiel passen bei BMW der Markenkern »Freude« und das Audio-Logo »Ambossschlag« nicht zusammen. Während der Ton eines Ambosses mit Kälte und Technik in Verbindung gebracht wird, steht der Claim »Freude am Fahren« für Wärme und Genuss. Derartige Inkonsistenzen führen ihm zufolge nicht zu einer »multisensualen Verstärkung und Integration der unterschiedlichen Sinneseindrücke«, sondern sogar zu einer reduzierten Informationsaufnahme.[63]

Erfolgreiches multisensuales Marketing funktioniert nur, wenn Unternehmen zuerst die *Markenidentität* ihrer Produkte und Dienstleistungen klar definiert haben. Und wenn erst dann darauf abgestimmte visuelle, akustische, haptische, olfaktorische und gustatorische Elemente ausgewählt werden, außerdem passende Personen (Servicemitarbeiter etc.), Umfelder (Verkaufsräume, Messestände, Markenparks etc.) und mediale Kommunikationskanäle. Dann, und nur dann, kommt es zu starken, stimmigen und positiven *Markenerlebnissen*.

Als positives Beispiel für multisensuale Kommunikation gilt Singapore Airlines. Schon seit Ende der 1990er-Jahre arbeitet die Fluggesellschaft mit einem eigens entwickelten Markenduft namens Stefan Floridian Waters. Dieser Duft wird über die Klimaanlage im Flugzeug verströmt und ist auch Grundlage des Parfums der Stewardessen. Außerdem duften die »hot towels« für Passagiere danach, wodurch sich das olfaktorische mit dem haptischen Erlebnis verknüpft. Der visuelle Eindruck wird geprägt durch typische Bordfarben, die sich auch in den Uniformen wiederfinden. Für die Ohren hat die Airline eine asiatische Musik als Corporate Sound ausgesucht, die in den Werbespots, in den Lounges und in den Kabinen gespielt wird. Und der Gaumen der Fluggäste wird durch ausgewählte Speisen und Weine verwöhnt. Ziel ist ein in sich stimmiges Erlebnis für alle Sinne, das die Marke differenziert und den Kunden lange und positiv in Erinnerung bleibt.[64]

Hauptsache sinnvoll!

Je besser es Unternehmen gelingt, alle fünf Sinne ihrer Kunden anzusprechen, desto eher können sie die Werte ihrer Marke vermitteln und Kunden nachhaltig binden – sagen Experten für multisensuales Marketing. Doch warum macht »sinn«-volle Kommunikation Sinn?

Sehen: Der Sehsinn ist unser stärkster Sinn. Er prägt unsere Wahrnehmung im Durchschnitt zu 60 bis 80 Prozent. Als Markenelemente nehmen wir hauptsächlich die typischen Farben eines Produkts oder eines Unternehmens wahr (Deutsche Bank: blau; Coca-Cola: rot), außerdem typische Formen (Porsche: typische Silhouette), Symbole (Adidas: drei Streifen), Schriftbilder oder Logos.

Hören: Das Thema Sound Branding ist ein wichtiges Thema der Markenführung, weil wir uns Klänge sehr gut merken können (»Waschmaschinen leben länger mit Calgon« – haben Sie die Melodie schon im Ohr?). Außerdem, weil wir im Zeitalter des Multitaskings Werbebotschaften aus dem Radio, dem TV oder aus Online-Videos aufnehmen, während wir gleichzeitig sieben bis neun andere Dinge erledigen. Mit Sound Branding sind nicht nur Claims und Jingles gemeint, sondern auch Hintergrundmusik, Servicestimmen und Produktgeräusche wie das typische Klappen einer Tür oder das Klicken eines Bedienknopfs.

Fühlen: Was wir einmal »begriffen« haben, das vergessen wir so schnell nicht mehr. Deshalb lassen sich Produkte und Dienstleistungen sehr gut über den Fühlfaktor differenzieren: Fernbedienungen von Bang & Olufsen liegen schwer in der Hand, Telefone von Apple sind glatt und rund, die Handtücher von Motel One sind dick und flauschig.

Riechen: Jeder Kunde verbindet mit bestimmten Gerüchen bestimmte Gefühle oder Erinnerungen. Stellen Sie sich nur den Geruch von frischem Kaffee und Käsekuchen vor. Oder vom Innenraum eines Neuwagens. Es ist nicht leicht, einen markenspezifischen Geruch zu finden, mit dem möglichst viele Kunden möglichst positive Emotionen verknüpfen und der sich trotzdem von anderen Gerüchen differenziert – das zeigen die Diskussionen um die Parfumschwaden in den Filialen von Abercrombie & Fitch (mehr zu diesem Thema siehe unten).

Geschmack: Unser Geschmackssinn interagiert oft mit unseren anderen Sinnen. So verbinden viele Menschen einen bestimmten Geschmack mit einer bestimmten Farbe. Deshalb unterstützen Lebensmittelmärkte zum Beispiel die Präsentation von Frischfleisch mit rotem Licht. Märkte wie die Frischeparadiese (mehr dazu später) haben Bistros integriert und bieten aufwendige Verköstigungen an, um den Kunden Geschmackserlebnisse vor Ort zu ermöglichen.[65]

Ein Fest für alle Sinne

Wie sinnlich Kommunikation sein kann, wissen neben Fluglinien wie Singapore Airlines auch Hotels, Unternehmen aus der Modebranche, Supermarktketten und sogar Arztpraxen. Sinnlichkeit ist in jeder Branche und für jeden Kundenkreis möglich. Es braucht dazu nur die richtigen Ideen. Hier einige Beispiele:

Hotellerie: Ob grand oder budget – Hauptsache sinnlich

Schon vor gut 100 Jahren, als noch niemand von multisensualem Marketing sprach oder von Neurowissenschaften wusste, waren gehobene Hotels Orte überbordender Sinnlichkeit: Im Foyer plätscherten Brunnen und prangten frische Blumen, im Wintergarten wurde Kammermusik gespielt, parfümierte Damen rauschten in Pelz und Seide über glatte Marmorböden. (Wenn Sie Atmosphären wie diese lieben, empfehlen wir Ihnen den Kolportageroman *Menschen im Hotel* von Vicki Baum aus dem Jahr 1929 oder eine der Verfilmungen, zum Beispiel mit Greta Garbo – wunderbar!)

Heute wird die Hotelbranche dominiert von internationalen Ketten, die einerseits für eine hohe Wiedererkennbarkeit und fest definierte

Qualitätsstandards stehen, andererseits aber häufig das Problem haben, unpersönlich und steril zu wirken. Es fehlt ihnen der »Genius loci« – jedes Hotel wirkt gleich, sodass der Gast gar nicht mehr sagen kann, ob er sich gerade in München oder Lissabon befindet.

Daher haben sich einige Hotelketten die Wiederentdeckung der Sinne auf die Fahnen geschrieben. Interessanterweise fallen hier einerseits die ganz oben in der Luxusklasse angesiedelten Häuser mit neuen Konzepten auf, andererseits aber auch Häuser aus der Budget-Klasse.

Westin Grand: Die Hotelmarke Westin will ihren Gästen ein Willkommen bereiten, das alle Sinne anspricht. Das Sensory-Welcome-Programm umfasst Düfte, Licht und Musik. Sobald der Gast die Lobby betritt, empfängt ihn der Duft von weißem Tee, Geranien und Freesien. Die Lobby-Beleuchtung unterstreicht die Stimmung der Tageszeit: Morgens ist sie klar und hell, am Abend weich, sanft und mit dem Schein von Kerzen auch festlich. Untermalt wird die Lobby durch dezente Musik, die eigens für Westin Hotels zusammengestellt wird. Blumen in den Farben der Jahreszeiten setzen dem sinnlichen Erlebnis das i-Tüpfelchen auf. Das Sensory-Welcome-Programm wurde im Fünf-Sterne-Hotel The Westin Grand Berlin gestartet und soll in weiteren Häusern der 121 Westin-Hotels weltweit eingeführt werden.

Der Duft-Licht-Musik-Cocktail versetzt den Gast in eine festlich-gehobene Stimmung. Er betritt eine für ihn geschaffene, mit allen Finessen ausgestattete Bühne und erlebt das, was POS-Marketer »identifikatorische Selbsterhöhung« nennen: Westin-Grand-Gast zu sein bedeutet Prestige. Und so, wie das Hotel den Empfang des Gastes zelebriert, möchte dieser seinen Hotelaufenthalt feiern – und ist dann gerne bereit, für das eine oder andere Extra auch extra zu zahlen.

Die Westin Hotels & Resorts gehören heute übrigens zur US-amerikanischen Aktiengesellschaft Starwood, die als eines der größten Hotel- und Freizeitunternehmen der Welt gilt. Starwood konzentriert sich auf die gehobene Klasse der Hotellerie und expandiert zurzeit sehr stark, vor allem in wachstumsstarke Märkte wie Russland, die Ukraine und die Türkei. Die Strategie geht offensichtlich auf: 2009 hatte das Unternehmen 4,71 Mrd. US-Dollar erwirtschaftet, 2010 waren es 5,07, im Jahr 2011 stieg der Gewinn weiter auf 5,62 Mrd. US-Dollar.[66] (www.westin.com)

Motel One: Weil Dieter Müller im Segment der Drei- und Vier-Sterne-Hotels kaum Entwicklungschancen sah, schlug er einen komplett neuen Weg ein: Er gründete die Hotelkette Motel One, um Reisenden preiswertes Übernachten zu ermöglichen (daher der Begriff »Motel«), dies aber auf hohem Niveau und als Nummer eins in diesem Segment (»One«). Motel-One-Gäste finden zwar nur kleine Zimmer, keinen Schrank, keinen Safe, keine Minibar, keinen Zimmerservice, kein Telefon und kein Inklusiv-Frühstück, dafür aber überall Design und wertige Accessoires: vom Fernseher über Möbel und Lampen bis zu hochwertigen Granitböden und Armaturen in den Bädern und edlen Bettbezügen und Handtüchern. Jede Lounge der aktuell 42 Hotels in Deutschland hat ein eigenes Design-Thema: In Berlin sind es die 1920er-Jahre, in Köln der Karneval. So bietet jedes Hotel einen hohen Wiedererkennungswert und gleichzeitig individuelle Möglichkeiten der Identifikation.

Auch beim Thema Servicekommunikation ist Motel One ganz vorn dabei. Gleich dreimal kürte das Deutsche Institut für Servicequalität die Hotelgruppe zur Nummer eins: 2010 und 2012 wurde die Gruppe ausgezeichnet als »Bestes Budgethotel«, 2011 bekam sie den »Deutschen Servicepreis« in der Kategorie Tourismus. Der Grund: Vor allem die Mitarbeiter an der Rezeption waren sehr motiviert und nahmen sich Zeit für die Gäste. Außerdem punktete die Hotelkette bei Sauberkeit und Ambiente. Das zeigt: Servicekommunikation mit Sinn für Sinnlichkeit kommt an, auch wenn das Kaminfeuer in der Lounge auf dem Flachbildschirm flackert.[67] (www.motel-one.com)

Nasenfaktor nach Branchen

Hotelketten wie Westin oder Motel One wissen, dass es in serviceorientierten Branchen auf eine Ansprache aller Sinne ankommt. Dies ist tatsächlich *nicht in allen Branchen* so: In der Möbel- und in der Modebranche zum Beispiel spielen das Riechen und Schmecken eine untergeordnete Rolle, während es in der Lebensmittelbranche weniger auf das Hören und Fühlen ankommt, dafür wieder mehr auf Riechen und Schmecken.[68]

Relevanz der Sinnesmodalitäten nach Branchen					
Branche	Sehen	Hören	Fühlen	Riechen	Schmecken
Mode	*****	**	*****	***	*
Lebensmittel	*****	***	***	*****	*****
Hotel	*****	****	****	****	**

Legende: *** = extrem wichtig; * = extrem unwichtig[69]**

Modebranche: Nicht nur sinnlich, sondern sexy

Der Modemarkt ist hart umkämpft, viele Unternehmen bieten sehr ähnliche Produkte an und suchen deshalb auf anderen Wegen nach unterschiedlicher Positionierung. So setzt Zara als Tochter des weltgrößten Bekleidungsherstellers Inditex auf eine elegante Erscheinung und auf besonders intensive Kommunikation mit Kundinnen und Kunden, während Abercrombie & Fitch sich betont wild, geheimnisvoll und abweisend gibt.

Zara: Wenn es um Kommunikation geht, macht die Modekette Zara vieles völlig anders als ihre Mitbewerber: Sie schaltet zum Beispiel keine Anzeigen, sondern wirkt allein über ihre Schaufenster. Und über ihre Architektur: Zara stampft – obwohl das Unternehmen günstige Mode anbietet – keine Billigarchitektur aus dem Boden, sondern mietet sich in den teuersten Lagen der Welt ein. Zum Beispiel in die Queens Road in Hongkong – eine Einkaufszeile, die mittlerweile teurer ist als die Pariser Champs-Elysées. Hier hat Zara jüngst eine frühere H&M-Filiale übernommen und zahlt laut *Location Group* nun knapp 30 000 Euro jährlich pro Quadratmeter.[70]

Hier und in anderen hochpreisigen Lagen kopiert Zara den luxuriösen Stil hochpreisiger Modelabels, ohne selbst zu diesem Segment zu gehören. Auf der Fifth Avenue zum Beispiel erstrahlt seit März 2012 ein Global Concept Store, der mit klaren Schwarz-Weiß-Kontrasten und einem ausgeklügelten Beleuchtungskonzept auf elegant gestylt wurde. »Schönheit, Klarheit, Funktionalität und Nachhaltigkeit« – so lauten die vier Prinzipien des neuen Konzepts zum Laden-Image, die ähnlich auch in anderen Zara-Filialen weltweit umgesetzt werden.[71]

Zara kopiert also das Ambiente erfolgreicher Trendsetter und auch deren Mode – und zwar in Hochgeschwindigkeit. Das gelingt, indem Trendscouting nicht von oben aus der Zentrale gesteuert, sondern direkt in und vor den Läden erledigt wird. Servicekommunikation heißt bei Zara, statt dem Kunden gut gemeinte Stilberatung angedeihen zu lassen, ihm lieber zuzuhören. Ziel ist zu verstehen, was dieser sich unter Mode vorstellt, und die gewünschten Stücke dann möglichst schnell herbeizuschaffen.

Als besonders wichtige Mitarbeiter gelten die Store-Manager: Sie steuern die Servicekommunikation an der Basis, sie beobachten, was Kunden mögen und was nicht. Das Konzept geht auf: Während Konkurrenten Gewinnrückgänge verbuchen, steigerte Zara-Mutter Inditex allein im ersten Geschäftsquartal 2013 den Umsatz um 15 Prozent auf 3,4 Milliarden Euro. Vor Zinsen und Steuern verdiente der Konzern 577 Millionen Euro, 34 Prozent mehr als ein Jahr zuvor.[72]

Abercrombie & Fitch: Ganz anders als Zara ziehen die Filialen von Abercrombie & Fitch (genau wie die der A & F-Untermarke Hollister) ihre Kundschaft nicht mit klarer und hell durchgestylter Eleganz in ihren Bann, sondern durch das genaue Gegenteil: In den Läden sieht es finster aus, die ausgestellten T-Shirts und Jeanshosen sind kaum zu erkennen, laute Musik dröhnt in den Ohren, dichte Parfumschwaden der Marke Fierce (übersetzt: *wild* oder *heftig*) betäuben die Nase. Vor den Läden locken halb nackte Männermodels muskelspielend junge Kundinnen an. So viel Sinnlichkeit ist Kult, sagen die einen. So viel Kult nervt, sagen die anderen.

Entsprechend ambivalent entwickelt sich das Geschäft: Einerseits lag der Gewinn im vierten Quartal 2012 bei 157,2 Millionen Dollar – nach 48,8 Millionen im Vorjahresquartal. Der Umsatz stieg um 11 Prozent. Gleichzeitig wurden 2012 etliche Läden in den USA geschlossen, weitere Schließungen sollen folgen. Ihr starker Sinn für Sinnlichkeit bringt der Kette überdies viel Ärger ein: Beschwerden über die wilden Parfumschwaden in den Straßen häufen sich, außerdem Klagen über die diskriminierende Auswahl der Männermodels, die Abercrombie-Chef Michael Jeffries konsequent auf weiße Typen beschränkt. »Die Kette bietet ein Spektakel, jeder will es mal gesehen haben«, schreibt Moritz Koch in der *Süddeutschen Zeitung*. »Nur sparen sich viele den Kauf eines überteuerten Kapuzenpullis.« Er diagnostiziert »Reizüberflutung«.[73]

Wir sagen: Zu viel des Guten ist nicht gut genug. Sinnliche Servicekommunikation muss mehr können, als eine Marke einfach nur kultig in Szene zu setzen. Sie muss mit dem Kunden ins Gespräch kommen und Umsatz machen. Wenn sie das nicht schafft, hat sie ihr Parfum umsonst versprüht.

Wenn die in der obigen Tabelle dargestellten Befunde zutreffen, dann setzt Zara auf die richtigen Kommunikationskanäle: Die Marke bietet sichtbare und fühlbare Eleganz. Abercrombie & Fitch hingegen befeuern mit lauter Musik und viel Parfum Kanäle, auf die es vielleicht weniger ankommt, als die Marke meint: Der Forschung zufolge fallen in der Modebranche auf das Hören nur zwei von fünf Relevanz-Punkten und auf das Riechen drei Punkte.

Medizin: Weg von der weißen Kachel

Hotels wissen schon lange um den Wert der Sinnlichkeit, Modelabels loten immer wieder Grenzen aus, und jetzt entdecken sogar Zahnärzte die Vorzüge einer sinnlichen Umgebung. Vor allem in Großstädten verabschieden sich mutige Praxen vom hygienischen Kachel-Ambiente und suchen nach neuen Möglichkeiten, die eigenen professionelle Anforderungen mit dem Wunsch ihrer Klienten nach gelungenem Design, mehr Gemütlichkeit oder Abwechslung in Einklang zu bringen.

Damit vollziehen sie erst jetzt eine Entwicklung, die in den Verwaltungsbüros der Unternehmen schon in den 1950er- und 1960er-Jahren begonnen hat: von einer uniformen Blechschrank-Ästhetik in den USA und einer klobigen Holzrolladenschrank-Anmutung hierzulande hin zu mehr Design, Stil und Eleganz.

KU64: »Die Zahnspezialisten« nennen sich die Zahnärzte der Praxis am Kurfürstendamm 64 in Berlin und zeigen schon mit dieser Wortwahl, dass sie weit weg wollen vom bösen Bohrer-Image. Was Zahnarzt Dr. Stephan Ziegler für seine Patienten wollte, war eine Umgebung, die »Wohlgefühl und Geborgenheit, Transparenz und unaufdringliche Funktionalität« vermittelt, vor allem aber Angstfreiheit und Entspannung. Seine Vision klingt zwar paradox: »Zahnarzt on the beach«, doch dem Stararchitektenteam GRAFT gelang es tatsächlich, so etwas wie »Sommer, Sonne, Sand und Strand, Wasser und Wellen und einen weiten Blick« in die Praxis zu bringen. Boden und Decke formen sich zu einer dreidimensionalen Welle, die gleichsam durch die ganze Praxis schwappt. Amorphe Bilder, akustische Hintergründe, ein besonderes Lichtdesign, Cappuccino-Duft unterstreichen das ungewöhnliche Praxisdesign und bieten den Patienten zusätzliche sinnliche Eindrücke. Neben zahnärztlichen Behandlungen bietet die rund 2 000 qm (!) große Praxis auch Anwendungen für die Sinne: Aromatherapie, Massagen und Kosmetik. Für Kinder hat die Praxis einen Indoor-Spielplatz eingerichtet, Konsolen mit Computerspielen, eine Kletterwand, eine begehbare »Karieshöhle« und einen »Putzbrunnen« zum Zähneputzen. Die

Tagespresse und Lifestyle-Magazine berichteten immer wieder begeistert über die Praxisgestaltung, in die Zahnarzt Ziegler allein bis 2010 rund 1,5 Millionen Euro investiert hatte. Doch nicht jedem Patienten gefällt das Konzept: »Zur Eröffnung schrieb eine Patientin aus meiner alten Praxis, sie würde diese Eidotter-Idylle nicht mit ihrem Geld finanzieren«, sagte Ziegler gegenüber dem *Handelsblatt*.[74] (www.ku64.de)

DDS Enterprise: Es geht auch eine Nummer kleiner. Dr. Hans Seeholzer, ein Kieferorthopäde aus dem kleinen Städtchen Erding, hatte sich in den Kopf gesetzt, seine Praxis zu einem besonderen Ort für Jugendliche zu machen. So baute er den Behandlungsraum kurzerhand in ein Raumschiff um und gab ihm den Namen »Raumschiff Denterprise«. Von den Behandlungsstühlen aus schaut man seitdem direkt ins Weltall. Bei der Eröffnung verschenkte DDS Denterprise Captain Seeholzer Enterprise-T-Shirts. Die Nachricht vom Praxis-Raumschiff machte sofort die Runde durch die Medien, vor allem aber verbreitete sie sich wie ein Lauffeuer über die Schulhöfe, wo sich die zahnspangentragende Zielgruppe klassischerweise tummelt. 2010 hat Seeholzer seine Praxis an seinen Nachfolger Dr. Dr. Friedrich Widu weitergegeben, der heute noch mehr für die Sinne zu bieten hat: zum Beispiel computergenerierte Behandlungssimulationen, die den jungen Patienten und ihren Eltern in Sekundenschnelle zeigen können, warum sich die Strapazen einer kieferorthopädischen Behandlung lohnen können. (www.smileforyou.de/praxis-widu-erding)

Interessant ist bei der großen wie der kleinen Praxis, dass sich das Serviceangebot aus dem Assoziationsraum »Krankenhaus« oder »Arztpraxis« entfernt. Die Berliner Zahnärzte gehen in Richtung »Wellness« oder sogar »Urlaub«, während der Erdinger Zahnarzt mit Elementen aus der Unterhaltungsbranche spielt. Ob die Konzepte letztendlich aufgehen, hängt davon ab, wie die Klienten den Kern des Serviceversprechens verstehen. So könnte es sein, dass die Eltern jugendlicher Zahnspangenträger es als angenehm empfinden, wenn der lästige Routineeingriff immerhin in einer abwechslungsreichen Umgebung stattfindet (in der der Nachwuchs weniger mault). Wenn es um komplizierte zahnmedizinische Eingriffe geht, mag sich der eine oder andere Patient dann aber doch lieber an eine Praxis mit hygienischer Kachelästhetik wenden, weil diese für ihn stärker für zahnärztliche Kompetenz steht als eine gelbe Design-Oase auf dem Kurfürstendamm. Nach dem Motto: Arzt bleibt Arzt und Urlaub bleibt Urlaub.

Handel: Von Tante Emma zum Konsumtempel

Seit einigen Jahren schon versuchen Architekten, sich dem typischen Supermarktimage von »architekturfreien Zonen des Kaufens und Verkaufens« entgegenzustemmen. Es soll endlich Schluss sein mit Discountern, die, so formulierte es der Architekturkritiker Gerhard Matzig, »in ihrer Fertigteil-Konformität in der Stadt wie auf der grünen Wiese aussehen, als stellten sich lediglich überdimensionale Rabattzeichen dar«.[75] Heute finden immer mehr Unternehmen zu Formen der Architektur, die für Kunden das Einkaufen nicht nur effizient, sondern auch sinnlich machen. Damit verfolgen die Handelskonzerne das Ziel, sich in Zeiten austauschbar Warenangebote durch Architektur zu unterscheiden, die mehr sein soll als eine notwendige Außenhülle für Regalmeter.

MPreis: Die österreichische Supermarktkette MPreis ist mit 219 Läden relativ klein, und sie ist regional auf Südtirol, Salzburg und Kärnten beschränkt. Aber sie hat international Schlagzeilen gemacht, weil sie sich bereits in den 1980er-Jahren von der Supermarkt-Standardarchitektur verabschiedet und jede einzelne Filiale zu einer architektonischen Perle gemacht hat. Nicht nur von außen: Innen erlebt der Kunde ein offenes, loftartiges Ambiente mit Glasfronten und hohen Räumen – vor allem aber Stille. Es dröhnt keine Musik durch die Gänge, es gibt keine Durchsagen für aktuelle Sonderpreise. Auch optisch herrscht Ruhe: MPreis verzichtet auf farbige Aktionsschilder und auf jegliche Pappaufsteller von Fremdmarken. Das österreichische Familienunternehmen will »bewusst Klarheit, Ruhe und Übersichtlichkeit« schaffen, erklärt Unternehmenssprecherin Ingrid Heinz gegenüber der Schweizer Zeitschrift *Handel Heute*.[76] Doch bei aller Konzentration auf moderne Sinn lichkeit ist das 1920 von Therese Mölk gegründete Unternehmen sehr bodenständig geblieben: Es bietet anspruchsvolle Architektur *und* günstige Preise. Es setzt regionale Produkte in *Szene und* sorgt für sozialen Zusammenhalt. Zum einen als zweitwichtigster Arbeitgeber in Tirol und zum anderen, indem es sich selbst als »Ort der Begegnung und Kommunikation« sieht, der eine »sinnliche Erlebniswelt« bietet und damit die »individuelle Lebensqualität« der Kunden erhöht. Hier geht es offenbar nicht nur ums Einkaufen, sondern um das Feiern einer regionalen Kultur und Lebensart. Damit wird MPreis »zum stilvollen Tiroler Warentheater«, beobachtet der Schweizer Journalist Andreas Güntert in seinem Beitrag *Der schönste Supermarkt der Welt.*[77] (www.mpreis.at)

Frischeparadies: Schon seit dem Jahr 2000 baut das Berliner Büro *Robertneun Architekten* einen Frischeparadies-Markt nach dem anderen. Die Umgestaltung eines Fisch-Großhandels in einen Kommissionierungsbetrieb mit Abholmarkt hatte den Startschuss für die Gründung des Architekturbüros gegeben, seitdem sind weitere Paradiese in Berlin (Prenzlauer Berg und Charlottenburg), Essen, Hamburg, Hürth/Köln, München, Stuttgart, Frankfurt am Main und Wien entstanden.

Die Filiale am Rande des Prenzlauer Bergs präsentiert Geflügel, Trüffel und Kaviar etwa so wie das Berliner Neue Museum die Büste der Nofretete: vor tiefem Schwarz. Fische werden vor blauweißen Fliesen in Szene gesetzt, Käse vor einer Kupferwand, Obst vor Chrom. Also: alles sehr edel und abgestimmt auf das Motto »Das Beste von allem«. Und ein gewünschter Kontrast zu den vielen Sperrholzkisten, die in den Frischeparadiesen ebenfalls als Rahmen für Warenpräsentationen zum Einsatz kommen.

Laut Architekt Nils Buschmann bestand das Ziel darin, Lebensmittel in eine »spezifische Sinnlichkeit und Materialität« einzubetten, die etwas von der industriellen »Rauheit und Einfachheit des Großhandels« bewahrt und gleichzeitig Erlebnis und Genuss auf hohem Niveau bietet – nicht nur beim Einkauf, sondern auch beim Besuch der Delikatessen-Bistros, die direkt in die Märkte eingebaut wurden.

Umsatzsteigerungen von bis zu 40 Prozent sind laut *Wirtschaftswoche* nach den Umbauten erzielt worden. Die Märkte zielen auf ein zahlungskräftiges Publikum, das die relativ hohen Preise zu zahlen bereit ist und auch den besonderen Service schätzt: In den Frischeparadies-Märkten arbeiten viele Köche, die ihren Kunden gerne auch Rezeptempfehlungen mit auf den Weg geben. (www.frischeparadies.de)[78]

Im Lebensmittelhandel ist vor allem die Ansprache der Augen, der Nase und des Geschmackssinns entscheidend, ganz ohne Hören und Fühlen geht es aber auch nicht (diese beiden Sinne erreichen drei von fünf Relevanzpunkte, siehe Tabelle).

Das haben sowohl MPreis als auch Frischeparadies verstanden, wobei die beiden Filialisten eine unterschiedliche Strategie gewählt haben. MPreis überlässt den Hörkanal komplett dem Kunden. Es tönt keine Musik aus der Lautsprecheranlage – nur der Kunde selbst soll sich mit anderen Kunden unterhalten und selbstverständlich auch mit dem Servicepersonal. MPreis interpretiert unserem Eindruck nach drei typische Kommunikationsräume der europäischen Bautradition neu: So wirken manche Märkte so bauchig und still wie eine Kirche, andere so hell und großzügig wie eine traditionelle Markthalle und wieder andere mit ihren weit auskragenden Dächern wie eine moderne Tankstelle.

Die Frischeparadiese spielen den Fühlkanal aus, und zwar über die Architektur und die Warenpräsentation. Hier geht das Unternehmen gewissermaßen auf Tuchfühlung mit der zahlungskräftigen Zielgruppe, die einen Mix aus hochwertigen Materialien und Industrielook aktuell nicht nur in seinen bevorzugten Points of Sale goutiert, sondern häufig auch selbst in durchgestyltem Sichtbeton lebt. Die direkte Servicekommunikation durch ausgebildete Köche und das große Angebot an Kochkursen spielen den gustatorischen Kanal auf einem höheren Level aus, als es der klassische Supermarkt-Probierstand mit seinem in Blitzkursen angelernten Verkostungspersonal jemals erreichen kann.

Neu entdeckte Traditionen der Sinnlichkeit

Mithilfe des Neuromarketings entdecken Unternehmen verschiedener Branchen den großen Wert der sinnlichen Servicekommunikation neu. Sie finden ihn gleichsam wieder, nachdem sie sich viele Jahre lang dem Primat der Werbeanzeigen und TV-Spots unterworfen und dabei Haut, Nase und Gaumen aus den Augen verloren hatten.

Interessant ist, dass erfolgreiche Konzepte der multisensualen Kommunikation das Rad gar nicht neu erfinden, sondern sich gewissermaßen fremde Räder aneignen, um auf neuen Wegen zu fahren. So machen Zahnärzte Anleihen bei Strandcafés (ku64) oder TV-Serien (DDS Denterprise). Modemarken »klauen« das Ambiente düsterer Spelunken (A & F) oder eleganter Salons (Zara). Supermärkte nehmen sich Elemente aus dem Sakralbau, dem Tankstellenbau, der historischen Markthalle (MPreis) oder der Großmarkthalle (Frischeparadies), günstige Hotelketten schlüpfen in das Gewand von Grand Hotels (Motel One), während Luxushotels die Kunst der sinnlichen Kommunikation wiederentdecken, die sie in der Belle Époque schon einmal ganz selbstverständlich beherrscht hatten.

Viel hilft nicht automatisch viel

Erfolg mit multisensualem Marketing stellt sich nicht automatisch ein, wenn Sie alle Regler auf 100 Prozent stellen. Mit zu viel Farbe, Musik, Duft, Plüsch und Bonbons erzeugen Sie eher einen Karneval als intelligente Servicekommunikation. Gehen Sie mit Fingerspitzengefühl und Sinn für das richtige Maß vor. Oft nämlich ist weniger besser als mehr – wer wüsste das besser als Laotse:

Übertriebene **Farben** gefährden das Sehen.
Überstiegene **Töne** töten das Hören.
Überspitzte **Kost** kostet den Geschmack.
Überreizte **Erregung** erregt Unnatürlichkeit.
Überhäufter **Besitz** besitzt den Besitzenden.
Laotse

»Multisensuales Marketing« klingt komplizierter, als es wirklich ist. Wenn Sie sich gut gehende Läden für Lebensmittel oder Mode, erfolgreiche Arztpraxen oder Hotels näher anschauen, werden Sie feststellen, dass vieles intuitiv richtig gemacht wird.

Wichtig ist eine durchdachte und konsistente Strategie – damit die gesetzten Impulse für Nase, Ohren, Gaumen und Fingerspitzen wirklich zur Marke passen. Manchmal bietet es sich dabei an, bestimmte Sinneskanäle bewusst *nicht* anzusprechen (Stichwort: Stille).

Eine zentrale Rolle spielen auch die Mitarbeiter. Je besser sie darin geschult sind, in der mündlichen und schriftlichen Servicekommunikation alle (*relevanten!*) Sinne des Kunden einzubeziehen, desto wirkungsvoller ist die Servicekommunikation.

Die Bühne für Ihr multisensuales Kommunikationstheater bildet die Architektur Ihres Unternehmens. Interessante Effekte lassen sich hier durch Anleihen an branchenfremdes Ambiente erzielen. Der Fantasie sind keine Grenzen gesetzt. Warum gestalten Sie Ihr Büro nicht wie ein Café? Oder wie ein gemütliches Wohnzimmer? Oder wie eine Schiffskajüte? Oder ...

9. Eine Schwalbe macht noch keinen Sommer

Servicekommunikation funktioniert wie die Geschichten aus Tausendundeiner Nacht: Sie darf nicht enden, sondern muss immer wieder so viel Spannung aufbauen, dass der Kunde hören will, wie die Story weitergeht. Und besser noch: dass er selbst mitreden will.

Scheherazade ist die Erfinderin des »Cliffhangers«, den Sie sicherlich aus TV-Serien kennen. Wenn Sie einmal eine wirklich gute, komplette Serie auf DVD zu Hause hatten, dann wissen Sie ja, wie irrsinnig schwer es ist, nur eine einzige Folge zu schauen (statt drei oder fünf). Das Cliffhanger-Prinzip funktioniert sehr einfach: Die Geschichte bricht immer an der spannendsten Stelle ab – und Sie als Zuschauer platzen vor Neugier, wie es weitergeht.

Genau so hat es Scheherazade vorgemacht, die dem persischen Königs Schahrayâr jede Nacht eine Geschichte bis zur spannendsten Stelle erzählte, damit er sie sich in der nächsten Nacht weiter erzählen lassen und sie selbst damit am Leben lassen würde. Nach 1001 Nächten, 1001 Geschichten und der Geburt dreier Kinder war Schahrayâr von der Treue seiner Frau überzeugt.

Wir sind überzeugt: Dieses Prinzip funktioniert auch in der Servicekommunikation – und zwar vom Erstkontakt bis zum After-Sales-Service.

Das Acht-Stunden-Service-Telefonat

Ein ungewöhnliches Beispiel für nicht endende Servicekommunikation ist das Acht-Stunden-Service-Telefonat, das eine Callcenter-Mitarbeiterin des US-amerikanischen Online-Ladens Zappos mit einem Kunden führte. Wirklich! Aufhänger des Gesprächs war eigentlich ein Problem: Der vom Kunden gesuchte Schuh konnte nicht geliefert werden. Daraus entspann sich eine persönliche Unterhaltung über das Radfahren und das Leben an sich, die sich über den ganzen Tag zog.

Zappos hatte das Feingefühl, ein derartig langes und im Prinzip ja unökonomisches Gespräch überhaupt zu erlauben. Und zweitens das Geschick, dieses Gespräch zum Inhalt eines kleinen Unternehmensfilms zu machen, das die geduldige Callcenter-Mitarbeiterin feierte, vor allem aber die Zappos-Servicekultur. Eine Kultur, in der die Service-Telefone nicht in einem Callcenter klingeln, sondern im »Customer Loyalty Floor«. Zappos-Fans schrieben die Geschichte übrigens weiter, indem sie in Blogs darüber diskutierten.[79]

Gekonnt »Cliffhanger« setzen

Nachdem wir uns im vorigen Kapitel mit Design-Hotels, hippen Modemarken und moderner Einzelhandelsarchitektur beschäftigt haben, werden wir jetzt ganz unglamourös: Wir schauen wir uns einen mittelständischen Betrieb für Gas- und Wasserinstallationen an. Einen einfachen »Klempi«.

Stellen Sie sich vor, dass Ihre Gas-Etagenheizung dringend gewartet werden muss. Sie suchen im Internet nach einem Betrieb in Ihrer Nähe, der diesen Service anbietet. Wenn Sie an ein Unternehmen geraten, das Servicekommunikation gekonnt mit Cliffhangern verknüpft, kann Ihnen Folgendes passieren.

➤ Sie finden die übersichtlich gestaltete Webseite eines Installateurs –
mit zwei Service-Versprechen. Erstens stellt er Ihnen in Aussicht, dass
Sie mit seiner Hilfe »den Tag zufrieden mit einem Entspannungs-
bad beenden«. Zweitens, dass Sie sich Tag und Nacht auf den Not-
dienst verlassen können. Wellness *und* Rettung? Das klingt spannend.
Sie wählen sofort die Telefonnummer, die Ihnen, groß und rot, auf der
Webseite gleich ins Auge gefallen ist.

➤ Am Telefon meldet sich eine sehr freundliche Dame, die Ihnen schon
für den übernächsten Tag einen Termin vermittelt – und zwar um 7.30
Uhr, sodass Sie keinen Tag Urlaub nehmen müssen.

➤ Pünktlich fährt ein gepflegtes Firmenauto vor. Vor der Tür steht ein
ordentlich gekleideter Techniker mit einem großen Equipment-Kof-
fer und einer Leiter, der sich höflich vorstellt und fragt, ob er eintreten
darf. Nach der Reinigung und Kontrolle der Heizung erläutert er die
Vorteile eines Wartungsvertrags. Er verspricht, Ihnen einen entsprechenden Vorschlag zukommen zu lassen. En passant prüft er den Gasherd in der Küche und findet ein Leck in der Gasleitung. Schnell und
unkompliziert behebt er diesen gravierenden Schaden und erklärt, was
exakt im Küchenaufbau verändert werden muss, damit so etwas nicht
wieder vorkommt. Außerdem kündigt er an, dass noch ein Bauteil des
Gasbrenners ausgetauscht werden muss.

➤ Am gleichen Nachmittag meldet sich das Sekretariat der Firma, um zu
fragen, ob Sie mit dem Service zufrieden waren, um die Rechnungsad-
resse zu klären und einen zweiten Termin zu vereinbaren. Wieder nur
zwei Tage später, wieder um 7.30 Uhr.

➤ Die Rechnung kommt am nächsten Tag zusammen mit dem Vorschlag
für den Wartungsvertrag.

➤ Der Techniker erscheint zum zweiten Termin wieder exakt pünktlich,
baut das Ersatzteil ein, hinterlässt keine Spuren. Außerdem erkundigt
er sich, ob Sie für den Umbau der Küchenzeile Hilfe benötigen.

➤ Wenige Tage später meldet sich der Geschäftsführer des Unternehmens, spricht mit Ihnen über die Details des Wartungsvertrages und über Ihren Gasherd. Außerdem ist er bereit, Ihnen noch einmal die Grundzüge der Regelungstechnik in Ihrer Wohnung zu erklären.

➤ Obwohl Sie sich gegen einen langfristigen Wartungsvertrag entscheiden, schickt Ihnen das Unternehmen bei Anbruch der Heizperiode einen Flyer mit Tipps für die Inbetriebnahme der Gastherme, dazu noch eine kleine Wärmflasche und die besten Wünsche für einen wohligwarmen Winter.

➤ Elf Monate nach der ersten Wartung meldet sich das Unternehmen erneut von sich aus, um zu fragen, ob Sie einen neuen Termin für eine Gerätewartung wünschen.

➤ Zum vereinbarten Termin bringt der Techniker einen Prospekt für eine Thermostat-Armatur mit, die die Temperatur des Duschwassers konstant aufrechterhält. »Ich habe gesehen, dass Sie Kinder haben«, sagt er. »Ich habe auch welche, und ich weiß, dass sie es nicht mögen, wenn das Duschwasser plötzlich heiß oder kalt wird. Vielleicht interessieren Sie sich für diese Armatur, ich selbst habe sehr gute Erfahrungen damit gemacht. Sie können die Armatur in unserer Ausstellung ausprobieren – bringen Sie doch einfach die Kinder mit. Sie werden staunen, was wir da noch alles aufgebaut haben – ganz tolle Entspannungsbäder zum Beispiel …«

Es ist immer der letzte Eindruck, der beim Kunden haften bleibt. Es kommt darauf an, dass er positiv in Erinnerung bleibt und dass er nie zu lange zurückliegt. Erfolgreiche Unternehmen finden deshalb immer wieder Anlässe, ihre Kunden zu kontaktieren. Ganz ohne Aufdringlichkeit und ohne die Absicht, dem Kunden jedes Mal etwas zu verkaufen. Darauf kommt es überhaupt nicht an!

Wenn der Kunde zufrieden ist und sich wohlfühlt, kauft er auf Dauer ohnehin etwas – und er empfiehlt das Unternehmen weiter.

Es geht darum, dass Kunden *eine Beziehung aufbauen*. Das betont Helmut Koprian, ehemaliger Geschäftsführer Centermanagement der ECE Projektmanagement GmbH, die auf Einkaufszentren und Verkaufsflächen in Bahnhöfen spezialisiert ist, und seit 2009 Geschäftsführer der Koprian iQ GmbH. Ihm zufolge ist es nicht wichtig, ob Besucher »gleich beim ersten Aufenthalt etwas kaufen«. Entscheidend sei der Start einer tragfähigen Liaison. Dann kommen Kunden zu einem späteren Zeitpunkt wieder, »weil wir es mithilfe eines Wohlfühlpakets geschafft haben, einen ›geistigen Widerhaken‹ zu setzen«, erklärt Koprian.[80]

Sie erinnern sich: Auch Scheherazade gelang es, eine gute Verbindung zu ihrem widerborstigen König aufzubauen – auch wenn das ziemlich lange dauerte.

Was sind »geistige Widerhaken«?

Am Point of Sale braucht es kein großes Budget, um Impulse als »geistige Widerhaken« zu setzen. Besucher müssen einfach Lust haben, den Ort wieder zu erleben, weil sie sich dort willkommen und vielleicht sogar zu Hause gefühlt haben. Solche Impulse können sein:

➤ herzliche und per Namensschild oder Uniform leicht identifizierbare Mitarbeiter,

➤ ein sauberes, aufgeräumtes Ambiente,

➤ ein eigenwilliger Stil,

➤ kleine Aufmerksamkeiten (eine kleine Süßigkeit, Blume oder Tasche, für Kinder ein Ballon),

➤ besondere Spielecken für Kinder oder Jugendliche,

➤ Rückzugsorte und Ruhezonen für shoppingmüde Besucher (Männer!),

➤ große und saubere Sanitäranlagen,

➤ kostenloses Trinkwasser,

➤ frische (!) Dekoration mit Blumen oder Pflanzen,

➤ wenn es passt: angenehme Hintergrundmusik,

➤ frisches Raumklima.

Für Online-Shops gelten freilich andere Regeln. Hier kommt es an auf:

> individualisierte Angebote des Shops (»Das könnte Sie interessieren!«),

> individuelle Angebote assoziierter Shops,

> besondere Angebote zum individuellen Geburtstag,

> saisonale Angebote,

> besondere Rabatt-Aktionen mit kurzer Laufzeit,

> besonders günstige Preise oder bevorzugte Lieferung an Club-Mitglieder,

> regelmäßige Neugestaltung der Webseite,

> immer wieder neue Gewinnspiele oder Kinderspiele auf der Webseite,

> regelmäßige Kundenansprache über Twitter, Facebook oder ähnliche Netzwerke,

> überraschender Content,

> nicht zuletzt: Einladung zu Events in der realen Welt.

Unternehmen sollten möglichst jedem Kunden eine individuelle Geschichte erzählen, die er immer weiterhören möchte. Gelingt das, wird er *happy ohne Ende*. Und die Unternehmen auch. Denn damit haben sie den ersten Teil eines Meisterstücks geschafft: Sie haben Marketing in personalisierte Servicekommunikation verwandelt.

Auf 1001 Kundengeschichten antworten

Der zweite Teil dieses Meisterstücks besteht nun darin, den Kunden aus der passiven Rolle des Zuhörers zu befreien und ihn zu einem Miterzähler Ihrer Geschichte zu machen. Das heißt: Der Kunde hört Ihnen zu, Sie hören aber auch Ihrem Kunden zu. Nur so können Sie ja die Partnerschaft mit dem Kunden zelebrieren, die wir in Kapitel 5 beschrieben haben.

US-amerikanische Unternehmen haben das längst verstanden und sogar eine neue Jobbezeichnung für professionelle Kundenzuhörer erfunden: **Chief Listening Officers (CLO)** gibt es zum Beispiel beim Computerhersteller Dell und beim Telekommunikations-Dienstleister Comcast. CLOs sind zuständig für alle Social-Media-Aktivitäten eines Unternehmens, steuern also das systematische Lesen von Kundenstimmen auf Blogs und Plattformen wie Twitter oder Facebook – und das zeitnahe Antworten auf diese Stimmen.

»Die Blogosphäre ist für Dell enorm wichtig, wenn es um neue Produkte, Services und Anfragen geht. Hier werden Blogger gleichberechtigt gesehen«, erläutert Michael Buck, Director Online Marketing bei Dell.[81] »Wir haben neue Formen der Kommunikation entwickelt, um kompetent und ohne Zeitverzögerung die Kunden zu beraten. Skriptgesteuerte Pappfiguren, die nur ›Ja‹ oder ›Nein‹ antworten können, haben da nichts zu suchen«, ist Buck überzeugt. Die Dialoge im Social-Web-Zeitalter fänden heute ja in der Öffentlichkeit statt, entsprechend qualifiziert müssten die Mitarbeiter sein, um nicht unterzugehen. Dells CLO ist eine Führungskraft, die laut Buck »direkt am Vorstand von Dell angesiedelt und extrem gut vernetzt ist. Sie besitzt Führungskompetenzen über das gesamte Unternehmen und kann eine komplett neue Metrik für die komplette Organisation entwerfen, wenn es die Umstände erfordern.«

10. Unverhofft kommt leider viel zu selten

Wer überrascht, gewinnt. Aufmerksamkeit ist im Medienzeitalter ein flüchtiges Gut. Deswegen muss Servicekommunikation maximal innovativ sein. Emotionsgeladene Bilder und unverwechselbarer Stil – das weckt Neugier und verspricht ein Serviceangebot jenseits der Standards.

Als Eishockey-Fan würde ich, Sabine Hübner, mich eigentlich nicht bezeichnen. Doch ich hatte Karten für ein Spiel geschenkt bekommen, wollte keine Spielverderberin sein und kam also mit.

Auf dem Weg zum Stadion witzelte ich: »Wenn ich mir schon Eishockey anschaue, dann will ich wenigstens einen Puck mit nach Hause nehmen.« Dann überließ ich mich dem Spiel, ließ mich sogar von der Begeisterung der Fans anstecken – und siehe da: Plötzlich landete ein Puck direkt auf meinem Schoß! »Ach so, den hatte ich ja bestellt«, quittierte ich diesen unglaublichen Zufall lachend und steckte die ersehnte, eiskalte Scheibe in meine Tasche.

Überraschung!

Wäre mir der Puck nicht unverhofft zugeflogen, hätte ich das Spiel wahrscheinlich vergessen. Doch wegen der Überraschung erinnere ich mich noch heute gerne daran. Ein Eishockey-Fan bin ich dadurch noch immer nicht geworden – doch ich liebe Überraschungen!

Deshalb erzähle ich jetzt noch etwas, was ich nicht vergessen werde: Ich verbrachte meinen Urlaub im Zillertal und begab mich in die Touristeninformation, um mich nach den aktuellen Veranstaltungen zu erkundigen. Nach einem sehr freundlichen Gespräch stapelte die zuständige Dame alle Prospekte auf, die ich ausgesucht hatte. Dann griff sie unter den Tresen, zog eine Papiertüte hervor und zerknüllte diese beherzt vor meinen Augen, bevor sie meine Prospekte darin verstaute. Ich staunte nicht schlecht. Vor allem, als ich den Sinn der Aktion begriff: Durch das Zerknüllen das Papiers war ein 3-D-Effekt im aufgedruckten Alpenpanorama entstanden!

Überraschungseffekte wie der zielgenaue Anflug eines Eishockey-Pucks mögen Zufall sein – in der Servicekommunikation indes können Sie solche Effekte gezielt erzeugen! Das bringt Ihnen einen dreifachen Nutzen: Sie gewinnen sofort einen begeisterten Kunden. Sie bleiben Ihrem Kunden in Erinnerung, denn an Unerwartetes erinnert er sich besser. Und er wird anderen von seinem Erlebnis erzählen, wodurch Sie weitere Kunden gewinnen können.

Warum man sich an Unerwartetes besser erinnert

Ereignisse speichert unser Gehirn besonders gut, wenn das Gedächtniszentrum starke Signale aus dem Belohnungszentrum erhält. Das funktioniert nicht nur, wenn es tatsächlich um Belohnungen geht, sondern auch bei unerwarteten Ereignissen. Diesen Zusammenhang konnte ein Forscherteam um Nikolai Axmacher von der Universität Bonn zusammen mit den Universitäten Köln, Freiburg und Davis (Kalifornien) zeigen. »Die Ergebnisse bestätigen, dass die beiden Gehirnregionen miteinander wechselwirken«, erklärt Axmacher, »und zwar bei unerwarteten Ereignissen besonders stark.« Daher könne man sich an Unvorhergesehenes hinterher besser erinnern.

Axmacher erläutert dies an einem Beispiel: »Stellen Sie sich vor, Sie stehen morgens auf, und alles passiert wie immer. Sie kaufen sich einen Kaffee, fahren zur Arbeit und setzen sich an den Computer – dann ist es unwahrscheinlich, dass Sie sich später noch an viele Details erinnern. Wenn Sie sich aber Kaffee über die Hose schütten oder einen Kaffee geschenkt bekommen, dann ist es sehr viel wahrscheinlicher, dass Sie sich später noch daran erinnern.«

> Dieser Effekt ist schon länger bekannt, nicht aber die Gründe dafür. Nun konnten die Forscher folgende Hypothese bestätigen: Zunächst überprüft der Hippocampus, ob das eingetroffene Ereignis mit der Erwartungshaltung übereinstimmt, und gibt diese Information an den Nucleus accumbens weiter. Dort wird daraufhin der Botenstoff Dopamin ausgeschüttet, und zwar umso mehr, je stärker das Ereignis von der Erwartungshaltung abweicht. Je mehr Dopamin ausgeschüttet wird, umso wahrscheinlicher ist es, dass der Hippocampus das Ereignis ins Langzeitgedächtnis überschreibt.[82]

Mit »Surpriservice« überraschend besser

Kunden haben ganz bestimmte Vorstellungen von Service: zum Beispiel, dass sie im Gespräch oder während einer Wartezeit Kaffee bekommen. Dass sie einen Leihwagen bekommen, wenn der eigene Wagen in die Werkstatt muss. Oder dass sie an einen Termin erinnert werden. Eine Service-Markführerschaft lässt sich aber nur dann erreichen, wenn das Unternehmen seine Kunden mit einem besonderen Service überrascht. Denn erst mit einem kleinen »Sahnehäubchen« wird guter Service zu Surpriservice®.

Wie gelingt es, Surpriservice® im eigenen Unternehmen zu etablieren? Es kommt darauf an, die Wünsche des Kunden zu erahnen und zu erfüllen – und zwar nicht nur die unausgesprochenen Wünsche, sondern auch diejenigen, auf die der Kunde selbst noch gar nicht gekommen ist.

Geht es um den Service an sich, sollten alle Abteilungen in den Unternehmen mögliche Kritikpunkte, Anforderungen und Wünsche ihrer Kunden genau unter die Lupe nehmen. Danach gilt es, die gewonnenen Ergebnisse der einzelnen Abteilungen so zusammenzuführen und zu analysieren, dass am Ende Kundenwünsche zielgruppengenau erfasst sind und Servicepläne übergreifend erstellt, koordiniert und kontrolliert werden können.

Dazu gehören zum Beispiel grundlegende Serviceprozesse wie Erinnerungsmitteilungen, Angebote, Rechnungen oder Reklamationen.

Dazu gehören auch besondere Services wie die kostenlose Rücknahme bestimmter Produkte oder das Angebot von Concierge-Dienstleistungen. Sind diese einmal auf hohem Niveau standardisiert, braucht es oft nur noch einen kleinen, individuellen Feinschliff für den einzelnen Kunden, um überraschend überzeugenden Service zu leisten.

Die Erfahrung zeigt, dass der Kunde für echten Mehrwert sogar gerne mehr bezahlt. So wird zum Beispiel der Kunde eines Industriemaschinenherstellers in der Regel sehr daran interessiert sein, im Vorfeld eine betriebswirtschaftliche Rentabilitätsrechnung in Anspruch nehmen zu können oder im Nachhinein eine Spezial-Schulung für seine Mitarbeiter. Doch wie erfährt er, welchen Service er von einem Unternehmen erwarten darf? Am besten über eine Servicekommunikation, die ihn wirklich erstaunt.

Wir sehen hier drei Möglichkeiten – und alle haben etwas mit Überraschungseffekten zu tun: Unternehmen können, erstens, ihre Kunden mit ungewöhnlichen Serviceangeboten überraschen und sich so zum Gesprächsthema machen. Zweitens können sie ihre Kunden an unerwarteten Orten oder auf eine überraschende Art ansprechen. Oder, drittens, sie können über stark emotionale Bilder kommunizieren.

1. Überraschende Serviceangebote

Immer mehr Menschen bestellen Bücher, Schuhe, Möbel und zunehmend auch Lebensmittel in Online-Shops. Damit sparen sie zunächst viel Zeit, weil sie die Wege in viele Läden einsparen. Wird die Ware aber geliefert, kommt es zu neuen Engpässen: Oftmals sind die viel beschäftigten Besteller nicht zu Hause, wenn der Paketdienst vor der Tür steht. Und sie haben auch keine Zeit, während der Öffnungszeiten in diverse Paketshops zu eilen, um ihre Lieferungen dort abzuholen. So gehen etliche Pakete verloren, verstauben in Nachbarwohnungen oder werden zum Absender zurückgeschickt.

Cardrops: Das belgische Unternehmen Cardrops ist auf eine gute Idee gekommen, um diesen Missstand zu beheben: Das Paket wird nicht mehr in die Privatwohnung geliefert, sondern direkt in den Kofferraum des Privatautos. Dazu wird ein spezielles Kit für rund 100 Euro installiert, das via GPS Position sowie die Schlüsseldaten empfängt. Die Paketlieferung soll rund fünf Euro kosten. Cardrops erprobt das Verfahren derzeit in Belgien und Deutschland – die Zeitschrift *Auto-Bild* hat bereits über die ungewöhnliche Idee berichtet.[83]

Ungewöhnlichen Serviceangeboten wie diesen begegnen wir immer häufiger: So finden Sie zum Beispiel heute Zahnärzte, die auch Termine in der Nacht vergeben. Oder in vielen Städten der Welt Goldautomaten (also nicht Geldautomaten, sondern tatsächlich Goldautomaten). Halten Sie die Augen offen, Sie werden sich wundern, was alles möglich ist.

2. Unverhoffte Kundenansprache

Kunden mögen Callcenter immer weniger, TV-Werbung ignorieren sie, Wurfsendungen werfen sie weg, an Außenwerbung schauen sie vorbei, E-Mails schicken sie in den Spam-Ordner. Kunden fühlen sich von der Servicekommunikation der Unternehmen oft nicht informiert, sondern genervt. Dennoch sind Unternehmen darauf angewiesen, mit ihren Kunden zu kommunizieren. Was also tun?

Frische Ideen für mehr Aufmerksamkeit liefert die relativ junge Disziplin »Ambient Media«. Sie platziert Kommunikation genau da, wo Kunden sie nicht erwarten. Im Golfloch zum Beispiel. Auf dem Pizzakarton. Auf dem Grund von Pissoirs. Auf einem Eisstil. Auf der Halteschlaufe über einem Stehplatz im Bus. Am Griff einer Tankstellen-Zapfpistole (wobei dies fast schon wieder zum Standard geworden ist). Ambient Media kommt dem Guerilla-Marketing also ziemlich nahe.

Der Witz besteht darin, die Umgebung der Kunden zur Werbefläche umzufunktionieren. Das kann sehr kleinmaßstäblich sein, wenn eine

Botschaft zum Beispiel am Grund eines Golflochs platziert wird. Oder auch sehr groß.

So hat Caribou Coffee in Minneapolis profane Bushaltestellen in gemütliche Backöfen verwandelt: mit funktionierender Zeitanzeige auf dem Dach, im Hintergrund riesigen Fotos von knusprigen Hamburgern und mit funktionierenden Heizstrahlern unter der Decke.[84]

Das Schnellrestaurant McDonald's wiederum verwandelte eine Straßenlaterne in eine Kaffee-Einschenk-Szene, um im Jahr 2010 seine Kostenloskaffee-Nachfüllkampagne zu bewerben. [85]

3. Kommunikation mit emotionalen Bildern

Servicekommunikation läuft nicht nur über gute Worte, sondern auch über Bilder. Hier sehen wir schon seit einigen Jahren einen Trend zur Boulevardisierung. Das heißt: Bilder werden immer stärker mit Emotionen aufgeladen. Oft funktioniert das durch die Abbildung von Gesichtern in Nahaufnahme. Je alltäglicher diese Gesichter sind und je mehr Gefühle sie zeigen, desto wirksamer der Effekt.

So hat zum Beispiel der Baumarkt Max Bahr im Jahr 2009 keine Models in seiner 30-Jahre-Jubiläums-Kampagne gezeigt, sondern 24 eigene Mitarbeiter zu Stars gemacht. Der Slogan: »Max Bahr gibt seinem Service ein Gesicht.«[86]

Beim Anlagenhersteller Krones AG indes spielen Mitarbeiter sogar in Bewegtbildern eine Rolle. In inzwischen zwölf kurzen Episoden gewährt zum Beispiel die Serviceingenieurin Birgit Hahn Einblicke in ihren Arbeitsalltag: ohne Drehbuch, dafür mit scharfsinnigem Witz, feiner Selbstironie und auf breitestem »Bairisch«. Ziel dieser wie auch der 500 weiteren YouTube-Filme ist laut Unternehmen: » ... einen offenen Dialog anstoßen und ehrliche Einblicke in unseren Konzern, unsere Kultur und unseren Arbeitsalltag geben«. Das könne niemand besser »als genau die Menschen, die bei Krones Produkte ins Leben rufen, Kunden betreuen oder ganz einfach den Laden am Laufen halten.«[87] Die Krones AG beschäftigt rund 10 000 Mitarbeiter und zählt derzeit rund 60 000 »Likes« auf Facebook.

Ebenfalls aus der Krones AG stammt die Idee, Bedienungsanleitungen für den chinesischen Markt vor Ort als Comic zu scribbeln – dies berichtet Serviceingenieurin Birgit Hahn in ihrem Video. Ein Kollege habe genau aufgezeichnet, was in welcher Reihenfolge zu tun sei. Im Comic seien sehr emotional gezeichnete Figuren zu sehen, die lachen, die sich ratlos am Kopf kratzen oder über das ganze Gesicht strahlen vor Stolz, etwas verstanden zu haben. »Die Mitarbeiter haben sich gefreut«, erzählt Birgit Hahn. »Sie haben das Blatt groß an ihren Schaltschrank geklebt.« Aktionen wie diese entstehen spontan vor Ort. Sie sind vom Unternehmen so nicht vorgegeben – es kann ja nicht jeder Anlagenbauer ein begabter Comic-Zeichner sein. »Das sind natürlich Ausnahmesituationen«, resümiert Hahn.[88]

Wer seinen Kunden überraschende Angebote macht, sie auf unverhoffte Weise anspricht, ungewöhnliche Bildwelten in Szene setzt und dabei auch noch den richtigen Ton trifft, ist der Konkurrenz weit voraus. Außerdem verbreitet er ausgesprochen gute Laune! Die erfolgreiche Wirkung von »Wow«-Effekten ist im Service ja schon weitgehend bekannt. Hier haben wir es mit zusätzlichen »Huch!!?«-Effekten zu tun – um für einen Moment in der Comic-Sprache zu bleiben. Es sind diese Überraschungen, die sich tief im Gedächtnis des Kunden eingraben. Und die noch lange ein Lächeln auf sein Gesicht zaubern, wenn er sich daran erinnert.

> Ein kurzes »Huch!!?« wirkt lange nach.

11. Vogel friss oder stirb?

Eine Dienstleistung verdient nur dann, Service genannt zu werden, wenn sie Wahlmöglichkeiten bietet. Denn die Wünsche der Kunden sind so verschiedenartig wie unsere Gesellschaft. Sie werden bestimmt von Werteorientierung, Zugehörigkeit zu bestimmten Milieus, Individualität und aktueller Lebenssituation. Und manchmal sind sie schlicht und einfach vom Wetter und guter oder schlechter Stimmung oder dem zur Verfügung stehenden Zeitbudget abhängig.

»Ich mache dir ein Angebot, das du nicht ablehnen kannst«, flüstert Marlon Brando heiser in dem legendären Film »Der Pate«. Mafia-Boss Don Vito Corleone gibt sich seinen »Kunden« gegenüber sanft und großzügig. Doch er lässt sie zugleich in jedem Augenblick der Begegnung spüren, dass ihnen keine Alternative zur Verfügung steht, dass sie brav und dankbar das vorgeschlagene Angebot zu akzeptieren haben.

Zumutungen vom Halbgott in Weiß

Sie glauben, solche Szenen gibt es nicht in der bundesrepublikanischen Realität des 21. Jahrhunderts? Nun, dann liegt Ihr letzter Arztbesuch wahrscheinlich schon eine ganze Weile zurück. Die Regel sieht so aus: Erst mal warten Sie geduldig an der Rezeption, bis Sie dran sind. Dann werden Sie ins Wartezimmer geschickt. Wahrscheinlich sind Sie gesundheitlich angeschlagen, deswegen ist dieses Bazillen- und Viren-Bassin alles andere als ein komfortabler Aufenthaltsort für Sie. Dann endlich werden Sie nach draußen dirigiert. Natürlich nicht persönlich. Und selbstverständlich können Sie auch keine Fragen stellen. Denn ein knisternder, schwer verständlicher Lautsprecher verkündet, dass

Sie »Raum drei« aufzusuchen haben. Wenn Sie dann durch die halbe Praxis geirrt sind und schließlich Raum drei gefunden haben, treffen Sie erst einmal gar niemanden an. Der freundliche Herr Doktor wartet nämlich keineswegs auf Sie. Stattdessen beginnt er in Raum zwei oder eins ein Beratungsgespräch. Sie dürfen noch eine Viertel-, vielleicht sogar noch einmal eine halbe Stunde warten. Diesmal allerdings stehen Ihnen nicht einmal ein paar Zeitschriften zur Verfügung, um die Zeit zu vertreiben. Nein, Sie haben stumm und gehorsam auf einen unbesetzten Arztstuhl zu starren.

Kein Wunder, dass der französische Philosoph Michel Foucault in der Medizin eines der zentralen Disziplinierungs- und Unterdrückungsinstrumente der Gesellschaft sah. Auch wenn man die Hintergründe vielleicht nicht ganz so dramatisch beurteilen mag, bei Lichte besehen bleibt der Eindruck: Hier werden Zumutungen und Unverschämtheiten in beachtlicher Zahl aneinandergereiht.

Dass wir uns nicht empören, liegt nur daran, dass wir erstens als kränkelnder Patient in einer ziemlich schwachen Position und zweitens kulturell an dieses System nur allzu gewöhnt sind. Dennoch neigt sich diese Zeit, da Mediziner wenig auf Serviceaspekte achten mussten, dem Ende zu. Der Grund? Patienten haben vielleicht Angst, nach einer persönlichen Beschwerde vor Ort schlechter behandelt zu werden. Doch dafür können sie auf Arzt-Bewertungsportalen wie jameda.de oder docinsider.de ihre Erfahrungen mitteilen und Hunderttausende von Praxen miteinander vergleichen. Dabei stellt sich rasch heraus, dass Wartezeiten und Umgangsformen sehr unterschiedlich ausfallen. Transparenz und Wettbewerb sind auch im Gesundheitssektor der Motor des Service-Fortschritts.

Auswahl ohne Worte gibt es nicht

»Wie, du bekommst deine Einkäufe seit Jahren vom Center nach Hause geliefert?« Wenn Frau Müller, gehbehindert und ohne Führerschein, das nur früher erfahren hätte. Und zwar nicht von ihrer Nachbarin. Sondern vom Verkaufspersonal vor Ort. Elektromärkte bieten

Aufbau der Neu- und Entsorgung der Altgeräte auf Wunsch an. Die Post bringt nicht nur Pakete, sondern sie bietet auch die Abholung an. Und von der Möglichkeit, beim Finanzamt auf Fragen Auskünfte zu bekommen, erfuhren die Steuerzahler erst 2007. Seither verlangt der Fiskus nämlich Geld dafür und löste damit eine Welle an Medien-Berichterstattung aus. Ein Serviceangebot existiert nicht als abstrakte Möglichkeit. Es ist erst dann existent, wenn die Kunden und Interessenten auch davon erfahren haben. Verblüffend ist, wie wenige Anbieter diese simple Grundregel beherzigen. Die einen glauben, dass ein bloßer »Aushang« oder eine Erwähnung im Kleingedruckten genügt, um die Botschaft zu transportieren. Die anderen scheitern daran, dass die Mitarbeiter im Stress des täglichen Workflows auf Standard programmiert sind. Die Bedeutung zusätzlich wählbarer Serviceangebote geht dabei unter. Und eine dritte Variante des Scheiterns an der Kommunikation ist: Es wurden nicht alle Mitarbeiter gleichermaßen vom Angebot informiert. Folglich wird demselben Kunden am Montag der Nach-Hause-Service angeboten, während ihm am Freitag bei seiner Nachfrage auf ein erstauntes, vielleicht sogar empörtes »Wie bitte?« entgegenhallt. Die Potenziale, die dabei für Kundenbindung, Umsatz und Ertrag verloren gehen, sind gewaltig.

Ein Business-Center ohne Flexibilität

Andere Branchen können jedoch nicht auf den Nimbus von Halbgöttern in Weiß vertrauen. Hier sind die Verbraucher wesentlich stärker sensibilisiert. Und dennoch unterläuft selbst Dienstleistungsspezialisten häufig der gravierende Fehler, auch treuen Kunden zu wenig oder im schlimmsten Fall sogar gar keine Wahl zu lassen.

Die Regus-Gruppe ist ein international führender Anbieter flexibler Arbeitsplatz-Lösungen. Die Produkte reichen von der einfachen Postadresse und Telefonannahme bis hin zu komplett ausgestatteten Büroräumen, Lounges und Konferenzsälen. Die Idee dahinter: Firmen können in einem Regus-Business-Center die Adresse beibehalten und je nach Wachstum ihre Räumlichkeiten anpassen. Außerdem können sie bei Veranstaltungen vor Ort Erweiterungsräume hinzubuchen. Auch steht ein gemeinsamer Empfang mit anderen Firmen zur Verfügung. Bei Bedarf erledigen die Regus-Teams zahlreiche Büro-Dienstleistungen. Die Angestellten der Center kommen häufig aus der Hotellerie und Gastronomie. Dies ist in den meisten Fällen eine sichere Garantie für eine ausgeprägte Serviceorientierung und Freundlichkeit. In Zeiten, da vor allem junge Unternehmen auf Flexibilität angewiesen sind, scheint Regus ein unschlagbar gutes Angebot bereitzustellen.

Was kann ein solcher Anbieter, der über eine jahrzehntelange Erfahrung als Dienstleister verfügt, falsch machen? Seit dem Jahr 2012 können zahlreiche Regus-Kunden ein Lied davon singen. Das Unternehmen stellte von einem Tag auf den anderen seine Konferenzraum-Vermietung auf ein neues Bezahlsystem um. Ab jetzt wurde eine saftige Pauschale pro Raum fällig. Bislang hatte Regus die Räume flexibel pro Teilnehmer und Dauer der Besprechung berechnet. Die vielfach noch jungen Unternehmen der Regus-Kundschaft hatten das zu schätzen gewusst. Wer nur ein oder zwei Kunden zu Gast hatte, der zahlte pro Tag zivile Preise. Die Umstellung traf solche Firmen umso härter. Zum Teil hatten sie Preisaufschläge von mehreren hundert Prozent zu zahlen. Wer mit dem Hinweis auf eine sehr begrenzte Teilnehmerzahl günstigere Räume anfragte, der wurde höchstens auf Offices verwiesen, die bedauerlicherweise über kein Tageslicht verfügten. »Work your way«, arbeite auf deine Art – das ist der Regus-Claim. Sein Konferenzraum-Angebot steht im krassen Widerspruch dazu. Selbst von einem Angebot von der Stange zu sprechen wäre noch beschönigend. Ein katastrophales Selbstzeugnis für einen Anbieter, der Business-Lösungen mit dem zentralen Serviceversprechen Flexibilität vermarkten will.

Protest gegen die »Alternativlosigkeit«

»Alternativlos« – dieses Schlagwort schaffte es, Anfang des Jahres 2011 zum »Unwort des Jahres« gekürt zu werden. Ob es die Konzepte zur Rettung des Euro waren, der Bau eines Tiefbahnhofs in Stuttgart oder ein neuer Anlauf zur Gesundheitsreform, immer hatten Politiker ihren Bürgern bei der Präsentation ihrer Vorschläge gesagt: Ihr habt keine Wahl. Die Unwort-Jury sah das anders. »Das Wort suggeriert sachlich unangemessen, dass es bei einem Entscheidungsprozess von vornherein keine Alternativen und damit auch keine Notwendigkeit der Diskussion und Argumentation gebe«, sagte der Sprecher der Unwort-Jury, Horst Dieter Schlosser. Behauptungen dieser Art seien allzu oft aufgestellt worden, »sie drohen, die Politikverdrossenheit in der Bevölkerung zu verstärken«.

Im Sommer 2010 eskalierten die Proteste gegen das Bahnhofsprojekt Stuttgart 21. Zigtausende Menschen wollten nicht mehr akzeptieren, dass die Politik in obrigkeitsstaatlicher Manier über ein Vorhaben zum Preis mehrerer Milliarden entschied, ohne das Volk zu befragen. Wenige Monate später wurde die baden-württembergische Landesregierung von der Wutwelle hinweggespült. In Hamburg dagegen brachte der Bürgerprotest fast zeitgleich eine ambitionierte Schulreform zu Fall. Landauf, landab sind die Politiker seither verunsichert. Bundeskanzlerin Angela Merkel mahnte bereits, Großprojekte müssten auch noch in Zukunft möglich sein. Dabei galt der geballte Zorn der Bürger doch weniger den konkreten Vorhaben selbst. Es war und ist die Bevormundung, die zur Empörung führt.

Unternehmen, die sich als Dienstleister definieren, müssen noch viel stärker mit Aufkündigung von Loyalität rechnen, wenn sie ihren Kunden keine, zu wenig oder nur die falschen Wahlmöglichkeiten lassen. Dabei können vermeintliche Kleinigkeiten plötzlich fatale Wirkung entfalten: Eine bekannte Kaufhauskette bietet ihren Kunden zwar den Service, eingekaufte Waren als Geschenk zu verpacken. Die Kunden müssen dafür aber eines der obersten Stockwerke aufsuchen. Das mag zwar Kosten sparen, aber es ist grob unhöflich und trägt nicht gerade zur Kundenbindung bei. Zum Problem wird dieses Vorgehen aber, wenn es auch zur Weihnachtszeit beinhart durchgezogen wird. Schließlich herrscht kurz vor den Festtagen überall Gedränge, und da weckt die Aussicht, sich nach der Kasse ein zweites Mal beim Verpacken anstellen zu müssen, schnell Aggressionen. Nichts vergrault mehr kaufwillige Kundschaft als das schlichte Gefühl, zu einem Verhalten erpresst zu werden, das den Bedürfnissen einer bestimmten Lebenssituation völlig zuwiderläuft.

Empörung über die Zwangsgebühr

Bitter erfahren mussten das zu Beginn 2013 zum Beispiel die öffentlich-rechtlichen Fernsehsender. Die Politik hatte mehrere Jahre beraten und schließlich eine neue Reform der Gebührenfinanzierung ins Werk gesetzt. Zuvor war die Gebühr pro Gerät erhoben worden, entsprechend umständlich war die Ermittlung in den einzelnen Haushalten. Die Recherchen der Fahnder von der Gebühreneinzugszentrale GEZ waren legendär und Anlass für manch empörten Aufschrei in den Leserbrief-Spalten der Republik. Nun aber sollte alles einfacher und besser werden: Die Gebühr wird fällig – egal, wie viele Geräte in einem Haushalt betrieben werden. Damit fallen die lästigen Kontrollen weg. So gut diese Nachricht allerdings auch ist, sie wurde bei Einführung der neuen Regeln überhört: »Wie ARD und ZDF die Nation abkassieren«, klärte erbost das *Handelsblatt* seine Leser auf. »Neue deutsche Gebührenwelle«, schäumte der *Spiegel*. Der *Focus* machte einen Verstoß gegen die Grundrechte aus, und die *Bild*-Zeitung polterte über den »GEZ-Irrsinn«. Was war passiert? Was hatte diese kollektive Empörung ausgelöst?

Die Antwort ist ganz einfach: Die Rundfunkgebühr hatte sich zwar noch nie gesteigerter Beliebtheit erfreut. Doch die Ministerpräsidenten setzten dem System mit ihrer Reform die Krone auf. Früher mochte es lästige Kontrollen gegeben haben. Doch so richtig unangenehm wurde es nur für die Schwarzseher. Wer nicht zahlen wollte, hatte die legale Alternative, einfach auf den Empfang zu verzichten. Künftig hingegen sollte pauschal jeder Haushalt zahlen, egal, ob in ihm Radio- und TV-Programme empfangen wurden. Natürlich war das nur für eine verschwindende Minderheit ein Problem. Doch betroffen fühlte sich die große Mehrheit der Bürger. Der Wegfall jeder Wahlmöglichkeit hatte schlagartig den Zwangscharakter der Gebühr überdeutlich gemacht.

Die Verantwortlichen in ARD und ZDF hätten eigentlich wissen müssen, dass sie bei der Einführung des neuen Systems mit größtem Fingerspitzengefühl hätten vorgehen müssen. Denn erstens hatten sich in den letzten Jahren weder die Zuschauerquoten noch die Akzeptanz ihrer Programme merklich erhöht. Zweitens waren fast alle anderen Medienhäuser – ob Print oder Privat-TV – zum Teil wegen wegfallender Werbeeinnahmen zu schmerzlichen Einschnitten gezwungen gewesen. Drittens und vor allem aber war das Verlangen der Bürger auf Mitsprache merklich gestiegen. Dennoch stampften die Verantwortlichen eine Kampagne aus dem Boden, die ihrem Anspruch auf Medien-Kompetenz diametral entgegenlief. Den Vogel schoss dabei WDR-Chefredakteur Jörg Schönenborn ab. Er nannte die Zwangsgebühr eine »Demokratie-Abgabe«, einen »Beitrag für die Funktionsfähigkeit unseres Staatswesens und unserer Gesellschaft«. Demokratie fuße nun mal auf der Urteils- und Entscheidungsfähigkeit der Bürgerinnen und Bürger, schrieb Schönenborn. Ganz so, als sei die geistige Mündigkeit des Volkes nur mittels ARD und ZDF gewährleistet. Mit dieser Publikumsbeschimpfung machten die Verantwortlichen eine erschreckende Geringschätzung ihrer Kunden deutlich. »Mit Zwang erreicht man keine Akzeptanz«, urteilte schlicht, aber völlig zutreffend der Steuerzahlerbund.

Spät, viel zu spät holten die Anstalten ihre Sympathieträger wie Tom Buhrow, Claus Kleber, Günther Jauch, Maybrit Illner und Co. hervor, um für die Veränderung zu werben. Doch alle Anstrengungen nutzten wenig. Im Gegenteil, jetzt gab es eine neue Welle der Aufregung über die Kosten der Werbekampagne. Das Kind war so tief in den Brunnen gefallen, dass es kaum mehr herauszuholen war. Wie hätten die Sender und Politiker ihre Aufgabe besser meistern können? Ganz einfach – indem sie den Bürgern Wahlfreiheit gelassen hätten. Der Einwand lautete: In Zeiten des Internets kann doch jeder mit seinem Laptop, Tablet-

PC oder Smartphone Radio hören! Das ist schon richtig. Doch ist es wirklich eine so schlechte Idee, auf die Ehrlichkeit der Verbraucher zu vertrauen? Wäre es nicht möglich, sie zu beraten statt zu kontrollieren? War es so aussichtslos, die Akzeptanz mit dem Hinweis auf die Qualität der Programme und neuen Mitspracheangeboten bei der Auswahl zu erhöhen?

Knapp daneben ist auch vorbei

Haben Sie schon mal von Ihrer Bank ein ganzes Bündel von Kredit-möglichkeiten angeboten bekommen? Dumm daran war nur, dass Sie im Augenblick weder einen günstigen Ratenkredit für ein Auto brauchten noch eine Hausfinanzierung. Denn vielleicht fahren Sie einen Geschäftswagen und leben bereits seit zweiundzwanzig Jahren in Ihrer eigenen Immobilie – finanziert durch genau diese Bank. Knapp daneben ist auch vorbei. Eine Auswahl, die keine Rücksicht auf Ihre Lebenssituation nimmt, ist bestenfalls lästig. Schlimmstenfalls fühlen Sie sich als Kunde beleidigt. »Denken die etwa, ich habe einen Kredit nötig?«, mag sich mancher angesichts solcher wiederholten Offerten sagen. Die Service-Welt steckt voller solcher Peinlichkeiten. Singles bekommen günstige Familienreisen angeboten, Vegetarier leckere Fleischgerichte und Rentner Rentenversicherungen mit vierzig Jahren Laufzeit bis zur Auszahlung. Je mehr die Unternehmen auf Internetwerbung setzten, desto größer die Probleme. Denn eine Suchmaschine erkennt nicht, ob ein Jagdgegner oder -fan nach entsprechenden Schlagworten sucht – und versorgt im Zweifelsfall ausgeprägte Tierschützer mit Buch- und Ausrüstungsangeboten für überzeugte Waidmänner. Jedes echte Angebot beginnt dagegen mit der Kenntnisnahme der jeweiligen Lebenssituation. Ein Bauamt, das Bauwillige abends und am Samstag einlädt, hat verstanden. Genau-so ein Reinigungsunternehmen, das seinen Geschäftskunden bei Schneematsch einen anderen Putzrhythmus für die Böden bietet als bei strahlendem Sommerwetter. Oder eine Kirche, die nicht früh am Sonntagmorgen zum Jugendgottesdienst einlädt, sondern erst nach-mittags, wenn alle ausgeschlafen haben.

Zusätzliche Öffnungszeiten? Nein danke!

Auch die Finanzbranche hält viel von der eigenen Macht und wenig von der Macht der Verbraucher. Das zeigt sich im Alltag: Die meisten Banken kümmert es sehr wenig, wie knapp die Zeit gerade bei ihren hart arbeitenden Privat- und Geschäftskunden tagsüber ist. Sie bieten schlicht keine abendlichen Öffnungszeiten an. Und am Samstag bleiben die Pforten geschlossen, obwohl gerade dann in den Innenstadtlagen, in denen die meisten Häuser ihre prominenten Filialen platziert haben, das pralle Leben tobt. Jede Supermarktkette bietet inzwischen sehr umfangreiche Öffnungszeiten. Und dies, obwohl die Kunden für die Auswahl von Steaks, Salatköpfen und Müsli doch wohl weitaus weniger Zeit brauchen dürften als für die Entscheidung über weitreichende Anlage- oder Kredit-Strategien.

Das muss nicht so bleiben, sagte sich die Führung der Commerzbank im Jahr 2007. Sie kam auf die nicht eben überraschende Idee, den Kunden ausgeweitete Öffnungszeiten anzubieten. »Nein danke!«, sagte der Betriebsrat und verhinderte die sinnvolle Initiative. Die Finanzkrise und das Kollabieren des Investmentbankings ließen die Banker wieder kleinere Brötchen backen. Plötzlich sollte das Privatkundengeschäft wieder wichtiger werden. Ende 2012 verkündete das Commerzbank-Management erneut die Strategie, flexiblere Geschäftszeiten anzubieten.

Ob die Initiative des angeschlagenen Geldhauses jetzt noch funktioniert, ist fraglich. Denn längst haben sich die Kunden daran gewöhnt, sich im Internet nach entsprechenden Angeboten umzuschauen. Dort gibt es Fonds ohne Ausgabeaufschläge und Konten mit einer Verzinsung, die wenigstens auf der Höhe der Inflationsrate liegt. Es kann also gut sein, dass die Kunden bereits verprellt sind und nicht mehr zurückkehren. Der Weg der Commerzbanker ist allerdings richtig: Sie kündigten an, nicht nur länger für eine Beratung zur Verfügung zu stehen, sondern dies insbesondere auch zu Spezialthemen anzubieten.

Lange Zeit gaben sich die großen Institute gegenüber den kleineren Kunden allzu arrogant – und überließen das Privatkundengeschäft vor Ort Sparkassen- und Genossenschaftsbanken. Die Deutsche Bank zum Beispiel gründete Ende der 1990er-Jahre für große Teile ihres Privatkundengeschäfts die Deutsche Bank 24. Deutsche Bank 24? Das sollte sich zeitgemäß anhören, nach einer modernen Verbindung von Direkt- und Filialbank – nach ständiger Kontaktmöglichkeit auf allen Kanälen. Eigentlich eine sehr überzeugende Idee, sollte man also meinen. Doch leider entfachten die Banker mit ihrer Initiative keine Begeisterung, sondern einen Sturm der Entrüstung. Was war der Grund? In Wirklichkeit verschob die Deutsche Bank nicht das gesamte Privatkundengeschäft in die Deutsche Bank 24. Die wohlhabende Kunden behielt sie direkt bei sich im Private Banking der Deutschen Bank. Die Kunden mussten sich also plötzlich outen. Wenn sie ihre Bankverbindung in der Fußzeile ihrer Briefvorlagen angaben, dann war klar ersichtlich, wie ihre Vermögensverhältnisse vom Bankhaus ihres Vertrauens beurteilt wurden. Rasch machte das Wort von der Zwei-Klassen-Gesellschaft die Runde. Wenige Jahre später war das Experiment beendet, die Deutsche Bank 24 wurde ins Mutterhaus reintegriert.

Gastronomen – die Auswahl-Profis

Vielleicht hätten die Banker einfach öfter essen gehen sollen. Denn die Gastronomen haben manch anderer Branche in Sachen Service etwas voraus. In Restaurants gibt es täglich eine Vielzahl von Bestellungen: »Was haben Sie gewählt?«, ist die häufigste Frage der Restaurant-Fachfrauen und -männer. Die Geste des Zur-Auswahl-Stellens bestimmt ihren Beruf. Sogar bei einer modernen Universitäts- oder Betriebskantine setzen wir voraus, dass wir mehrere Optionen haben. Der Vorgang ist weit weniger trivial, als es unsere Alltagserfahrung nahelegt. Psychologisch betrachtet ist der Bestellvorgang äußerst komplex: Wir bringen unseren kulturhistorischen Background mit, aber genauso unsere persönlichen Vorlieben und zeitgebundenen Stimmungen. Im tristen mitteleuropäischen Winter zum Beispiel ruft es bei vielen von uns Erinnerungen an Urlaub und Sonne wach, wenn wir zum Italiener essen gehen. Gleichzeitig dokumentieren wir mit der Wahl des Restaurants aber auch unseren Qualitätsanspruch. Das Magazin *Reader's Digest* veröffentlichte 2012 eine Umfrage zu den Kriterien, die Bundesbürger an Restaurants anlegen.[89] Interessant daran: Die Größe der Portionen ist der Mehrheit eher unwichtig, selbst der Preis ist von untergeordneter Bedeutung. Entscheidend dagegen sind die Faktoren Qualität und Art der Speisen sowie Ambiente.

Das zeigt: Die Möglichkeit, im Restaurant zu wählen – aber nicht nur dort –, trifft den Kunden im Kern seines Lebensstils. Der Mensch ist, was er isst. Wenn wir in der Servicekommunikation Wahlmöglichkeiten erhalten, erweist uns diese Geste Respekt vor unserem individuellen Lebensstil, vor unserer Persönlichkeit. Umgekehrt vermitteln uns Dienstleister, die uns keine Wahl lassen, das Gefühl, mit allen anderen über einen Kamm geschoren zu werden. Nicht gerade ein Kompliment für die geschätzten Kunden.

Erstklassige Restaurants unterscheiden sich von Massenbetrieben nun aber nicht dadurch, dass sie möglichst viel zur Wahl stellen. Im Gegenteil: Die Speisekarte der mit Michelin-Sternen und Gault-Millau-Punkten verwöhnten Köche sind ausnahmslos sehr übersichtlich gehalten. Wie passt das zusammen? Ganz einfach: Wir empfinden immer dann eine Wahlmöglichkeit als qualitativ hochwertig, wenn uns Übersicht ermöglicht wird. Wir erwarten vom Elite-Italiener nicht, dass er uns zusätzlich auch traditionell schwäbische oder bayerische Küche serviert. Wir erwarten von ihm ebenfalls nicht, dass er uns eine verwirrende Vielfalt Hunderter Pizzen, Pasta- und Fleischgerichte vorsetzt. Seine Kompetenz kommt immer dann optimal zur Geltung, wenn er seinen persönlichen Schwerpunkt deutlich kommuniziert und uns darüber hinaus im persönlichen Beratungsgespräch zum Beispiel auf saisonale oder regionale Spezialitäten hinweist. Jeder Bestellvorgang ist juristisch und kommunikativ betrachtet ein Vertrag: Der Bestellende will in seiner Individualität respektiert werden, und auf der anderen Seite bringt

der Dienstleister mit seinem Portfolio ebenfalls seine Alleinstellungs-
merkmale auf den Punkt.

Maximale Quantität zu bieten ist also nicht nur kein gutes Serviceange-
bot, sondern das Gegenteil. Es offenbart erstens – genauso wie ein
Mangel an Wahlmöglichkeit – Gleichgültigkeit gegenüber dem Kun-
den. Und zweitens offenbart es ein erschreckendes Kompetenzdefizit.
Denn niemand kann alles perfekt. In der weisen Beschränkung liegt die
Quelle jeder Kunstfertigkeit, das weiß jeder Spitzengastronom.

Treue gibt es nur mit Freiheit

Auswahl ist eine Aufgabe – nicht umsonst heißt es scherzhaft: Wer die
Wahl hat, hat die Qual. Doch die Menschen quälen sich gerne ein wenig, wenn es um Service geht. Im Vergleich der Fluglinien reagieren
die Kunden laut einer Umfrage[90] trotz gestiegener Preise auf Mängel
im Preis-Leistungs-Verhältnis und Flugangebot weniger empfindlich
als auf Servicedefizite. Beste Werte bei der Kundenzufriedenheit und
-bindung erzielte die Airline Condor. Dazu trägt laut Einschätzung von
Rainer Kröpke, Leiter Produktmanagement und Marketing, vor allem
die Möglichkeit bei, aus einem Portfolio unterschiedlicher On-Board-
Services auswählen zu können.[91] Warum ist das so? Weil nur solche
Freiheiten und Wahlmöglichkeiten dem Kunden die Gelegenheit zur
Mitwirkung geben. Er wird vom passiven Konsumenten zum aktiven
Mitgestalter seiner Flugreise, seines Hotelaufenthalts oder aber seiner
Bankberatung. Dadurch erhält der Kunde die Gelegenheit, seine in-
dividuellen Vorlieben einzubringen. Das heißt, die Marke baut einen
Bezug zur Persönlichkeit des Kunden auf. Und das wird mit Treue be-
lohnt.

Hifi à la carte

Wie gut man mit diesem Servicerezept auch in einem von Massenange-
boten beherrschten Markt bestehen kann, zeigen zum Beispiel kleine,
aber feine Anbieter von Hifi-Produkten. In den Studios der Hifi-Pro-
fis aus Frankfurt oder von Fred Zahn in Marburg erhalten die Kunden

nicht nur individuelle Beratung und Services für den Aufbau. Sie können sich auch zu Hause beraten lassen und leihweise die Geräte in den heimischen Akustikverhältnissen testen. Klar, dass es bei solchen Anbietern auch im Reparaturfall Leihgeräte gibt. Überzeugt werden die Kunden aber nicht mit einer unendlichen Vielfalt an Geräten, sondern mit einer den unterschiedlichen Budgets angepassten kleinen, aber feinen Auswahl, die aber alle Qualitätsansprüche erfüllt, die zur Positionierung der Anbieter unabdingbar gehören. Das ist hoch individualisierte Akustik – Hifi à la carte.

Auch im hart umkämpften Möbelmarkt haben sich Einrichtungshäuser wie Domicil dauerhaft etabliert. Sie verstehen sich nicht nur als Möbelverkäufer, sondern als Inneneinrichter. In ihren Häusern finden Kunden eine Atmosphäre, als seien sie in perfekt eingerichteten Häusern zu Gast. Einen Ruf hat sich die Marke durch ihre hochwertige Beratung erworben. Mit den Kunden werden nicht einfach Möbel ausgewählt, sondern gemeinsam Konzepte erstellt, die in Zeichnungen festgehalten werden. Zwar stehen für die unterschiedlichen Geschmäcker verschiedene Stile zur Wahl. Doch auch hier ist die Auswahl beschränkt – die unverwechselbare Domicil-Möbelsprache kommt bei jedem Angebot zum Tragen. Die Kunden wissen es zu schätzen: Domicil weist nicht nur einen deutlich höheren Bekanntheitsgrad auf als vergleichbare Anbieter, sondern auch ein wesentlich höheres Maß an Kundenbindung.

12. Ohren zu und durch?

Servicekommunikation ist ein Meister im Lauschen. Sie hört nicht nur, was die Kunden wollen – sie hört auch, wie sie sprechen. Nur wer mit den attraktivsten Milieus im ständigen Austausch ist, nur wer ihre Werte, Orientierungen und ihren Lebensstil genau kennt, wird eine Gemeinde für seine Marke aufbauen können. Doch Vorsicht: Wer dabei stehenbleibt, wird irgendwann überholt. Kommunikationsstrategien müssen den Dialog in Zukunft vorwegnehmen.

Eine bestens abgeschirmte Unternehmensfestung

Die Donauebene bei Ehingen ist ein Idyll aus dem romantischen Märchenbuch – eine sanfte Aue mit zahllosen Flussschleifen, sattgrüne Wiesen und Wälder, Dörfchen mit schmuckem Fachwerk und historische Kirchtürme, die dem Wanderer freundlich den Weg weisen. Stopp! Diese paradiesische Szenerie wird jäh unterbrochen. Plötzlich ragt ein dunkelgraues Felsmassiv steil aus dem Tal auf. Ein düsterer Brocken, der als Meteorit über diesem Landstrich niedergegangen zu sein scheint. Wer näher kommt, erkennt einige wenige Luken und Tore, alles bestens abgeschirmt. Es enthüllt sich eine Festung, gegen die selbst das legendäre US-amerikanische Fort Knox wie ein Puppenhaus-Idyll wirkt. Hinter diesen alptraumhaften Betonwällen – es ist kein Scherz – dirigierte Anton Schlecker sein Firmenimperium.

Von dem gelernten Metzger gibt es kaum öffentlich zugängliche Bilder. Und dies, obwohl er seit 1975 gezielt ein Drogerie-Reich von 15 000 Filialen aufgebaut hatte. Obwohl unter seiner Regie rund 50 000 Mitarbeiter arbeiteten. Obwohl er zudem als Kapitalgeber und Aufsichtsratsmitglied eine der treibenden Kräfte hinter der Expansion der Lidl-Kette war. Anton Schlecker blieb das Gespenst von Ehingen. Dieser Geschäftsmann schien sein Unternehmen tatsächlich mit jener legendären »unsichtbaren Hand« zu regieren, die vor Jahrhunderten der Philosoph Adam Smith hinter der Macht des Kapitalismus vermutete.

»Schlecker« – dieses Imperium war nach und nach eingedrungen in deutsche Kernstädte genauso wie in kleine Landgemeinden. Dann hatte es sich sogar über Europa ausgebreitet. Doch Schlecker, das war ein Geisterreich. Ein Gesicht hinter der Marke schien es nicht zu geben. In kühlem Blau wurden die Kunden empfangen. Nüchtern, seelenlos waren die Geschäfte. Viele weiße Regale, einige karge Schaufensterscheiben, kaum Produktpräsentationen, keine Atmosphäre. Verkäuferinnen, die gleichzeitig Lageristinnen, Organisatorinnen, Kassiererinnen waren. Kommunikation? Keine Zeit dafür und nicht erwünscht. Wenn niemand mit niemandem sprach – von wem also hätte Anton Schlecker erfahren sollen, dass sein Reich akut bedroht war? Dass das Fundament seines megalithischen Bunkers im Donautal bei Ehingen längst unterspült, zerbröckelt und zerbröselt war?

Im Januar 2012 war es dann so weit: Die Wahrheit klopfte an, Schlecker stellte Insolvenzantrag. Seine Kinder Lars und Meike hatten noch in letzter Sekunde versucht, der Kette Leben einzuhauchen. Der Reanimationsversuch war in Wahrheit genauso blutlos wie die Regentschaft zuvor. Eiligst wurden Berater geholt und Interviews gegeben. Doch die Öffnung war nicht ernst gemeint. Hinter der veränderten Kulisse blieben die Machtstrukturen unangetastet. Seine Kinder hatten offenbar lange Zeit nicht einmal eigene Visitenkarten,[92] geschweige denn tatsächliche unternehmerische Verantwortung.

Für die spektakuläre Pleite der gewaltigen Kette werden häufig Schleckers falsche Geschäftsstrategie, sein Geiz[93] oder sein Mangel an sozialem Gespür verantwortlich gemacht. Die eigentliche Ursache jedoch ist Schleckers selbst gewählte Abschottung. Zuerst verschanzte er sich vor der Gesellschaft, vor den Menschen, die doch seinen sagenhaften

Reichtum begründeten. Erst durch seine ihm selbst und seinen Managern verordnete Isolationshaft im Donautal zu Ehingen konnte es zu jenen Verirrungen kommen, die ihn das Vermögen und Zigtausende den Arbeitsplatz kosteten.

Ein Unternehmer wie ein Popstar

Konkurrent Götz Werner von der Drogeriemarkt-Kette dm ist anders. Völlig anders.

Stuttgart-Feuerbach, ein trister Januartag im Norden der schwäbischen Landeshauptstadt. Während draußen ein kalter Wind um die Ecken pfeift, herrscht drinnen in der Halle ein hitziges Gedränge. »1000 Euro für alle. Freiheit, Gleichheit, Grundeinkommen« – der Titel der legendären Kampfschrift hat Hunderte neugieriger Zuhörer hergelockt. Der Schlachtruf erneuert nichts weniger als die altehrwürdigen sozialen Versprechen der Französischen Revolution. Der Festredner dieses Abends kokettiert nun mal gern mit dem Umsturz. Er, der Erfolgsunternehmer und überzeugte Anthroposoph, liebt die schillernde Rolle des Predigers und Revoluzzers. »Götz Werner ist Pop!« – auf diesen Nenner bringt es der Gastgeber von den Freien Wählern an diesem Abend.

Der Mann schafft es im Handstreich, die Sehnsucht nach der Utopie zu beflügeln. Einen Träumer nennt ihn das *Handelsblatt*, die Forderungen klängen beim ihm immer so nach »religiösem Gebot«. Der tief gläubige Konzerngründer würde da wohl selbst zustimmen. Er mag den Auftritt in Hallen, aber noch mehr den in Kirchen. Und sein Publikum findet ihn dort genau am richtigen Ort. 1000 Euro Grundeinkommen verspricht er jedem Bundesbürger und zitiert aus dem Matthäus-Evangelium das Gleichnis von den Talenten, die jedem gegeben seien, um das Beste aus sich herauszuholen. Bei jedem anderen würde man das als sozialistische Spinnerei abtun. Doch Götz Werner hat als Manager der Drogeriemarkt-Kette dm bewiesen, dass man mit seiner Orientierung erfolgreich sein kann – und zwar richtig erfolgreich. Im ARD-Markencheck wurden 2012 die Kunden der unterschiedlichen Konzerne nach ihrem Einkauf befragt, ob sie regelmäßig bei der jeweiligen Marke einkaufen: Ganze 6 Prozent der Schlecker-Kunden gestanden dies kleinlaut vor laufender Kamera – und stolze 48 Prozent der dm-Kunden bekannten sich dazu. Die eine Kette galt damals als Paria unter den Märkten, die andere als Vorzeigeunternehmen.

Das unterschiedliche Image ist nicht zufällig entstanden: Die Filialen der dm-Drogeriekette werden nicht wie bei Schlecker von einer gespensterhaften Zentrale ferngesteuert. Sortiment, Dienstpläne und Gehälter werden vor Ort bestimmt. Dabei geht es um mehr als Organisationsfragen. Götz Werner hat ein unautoritäres, dezentrales Prinzip durchgesetzt, weil er an die dahinterstehenden Prinzipien von Verständnis und Respekt glaubt. »Dialogische Führung« nennt der Gründer das. Es geht ihm um Werte und Kommunikation. Und das sollen seine Mitarbeiter von Anfang an lernen. Zum Ausbildungskonzept gehört zum Beispiel ein Theaterprojekt, bei dem die jungen dm-Mitarbeiter Kommunikations- und Konfliktfähigkeit einüben sollen. Kreativität, Ethik und Verantwortung, gekoppelt mit einer extrovertierten Haltung – das ist es, was dm auszeichnet. Als im Februar 2013 der Online-Händler Amazon mit kritischen Berichten über soziale Missstände in seinen Versandzentren konfrontiert wurde, war dm eines der ersten Unternehmen, die die Zusammenarbeit mit dem US-Konzern auf den Prüfstand stellten.

Götz Werner weiß, dass der gute Ruf das Erfolgsprinzip Nummer eins seines Unternehmens ist. Der gute Ruf und eine offensive Kommunikationsstrategie. Zwar hat Werner bereits vor Jahren die operative Geschäftsführung abgegeben. Doch noch immer ist er der Markenbotschafter seines Unternehmens. Die Forderung nach einem Grundeinkommen mag man vom Gesichtspunkt der Realisierbarkeit her beurteilen, wie immer man mag. Wer sie aus der Perspektive der Unternehmenskommunikation aus betrachtet, der kommt nicht umhin, sie einen genialen Schachzug zu nennen.

Erfolgsprinzip: Dialog

Die Kampagne des Götz Werner passt nahezu perfekt zur Unternehmensphilosophie von dm. Beides zeigt dieselbe Ausrichtung am Ziel des sozialen Zusammenhalts. Beides offenbart ein großes Vertrauen in die Menschen und ihre Verantwortung. Und beides ist getragen von einem tiefen Respekt dem Einzelnen gegenüber. Es ist nicht nur die faszinierende, wenn auch kontrovers bewertete Persönlichkeit der dm-Legende, die eine Übertragung der gesellschaftspolitischen Inszenierung auf das Unternehmensimage gewährleistet. Genauso trägt die hohe Schnittmenge der inhaltlichen Zielsetzungen bei. Das Konzept funktioniert aber vor allem deswegen so prächtig, weil konsequent Dialog und Offenheit demonstriert werden: Götz Werner hört auf seine Mitarbeiter. Und seine Mitarbeiter in den Filialen vor Ort hören auf die Kunden. Diese Form der Kommunikation ist das exakte Gegenteil der Strategie, mit der Anton Schlecker sein Imperium regierte.

Eine helle, freundliche Atmosphäre und großzügige Gänge zeichnen die dm-Filialen aus. Die Regale sind niedrig und stehen schräg. Das ermöglicht eine gute Sicht auf die Produkte und macht das Handling leicht. Wellness wird auch bei der Produktauswahl großgeschrieben. Es geht nicht nur darum, Kosmetikprodukte zu verkaufen, sondern den Menschen anzubieten, ihrem Körper Gutes zu tun. Und genauso der Natur und der Gesellschaft. Deswegen steht im Vordergrund ein breites Angebot an Produkten, die nach ökologischen, nachhaltigen und sozialen Kriterien hergestellt wurden. Genau auf dieser Basis entwickelt auch das dm-Kundenmagazin *alverde* seine Themen, bei denen der Produkttest Zahncremes genauso Platz findet wie der Naturbericht über das Leben der Eulen und die Gesellschaftsreportage über eine Tafel für Benachteiligte.

Produktportfolio und Kundenmagazin belegen eindrucksvoll, dass das Unternehmen dm genau weiß, wie seine Kundinnen und Kunden ticken. »Arbeit am Menschen« nennt Götz Werner die Aufgabe seiner Mitarbeiter. Die dm-Märkte werden nicht nur nach dem dialogischen Prinzip geführt, sondern diese Haltung kennzeichnet auch die Kundenkommunikation. In den Märkten vor Ort genauso wie in den Social Media, wo dm eine große Community organisiert. Die Vernetzung klappt bestens, zum Beispiel mit zahlreichen Produkttests, Gewinnspielen und der Präsentation von User-Schnappschüssen. »Hier bin ich Mensch – hier kauf ich ein« – der Markenclaim ist für die Kunden stimmig. dm erreicht bei der Kundenzufriedenheit Bestwerte, zum Beispiel Note 1,93 im Kundenmonitor Deutschland 2012. Dies wird erreicht, indem das Unternehmen und sein Markenbotschafter ständig mit den Zielgruppen im Gespräch sind. Die Orientierung an Gemeinwohl, Ökologie und Tierschutz sind genau die Werte, die dm-Kundinnen und -Kunden am Herzen liegen.

Dialog bedeutet für dm also weit mehr als die Freundlichkeit im Kundenkontakt, die der Kundenmonitor abfragt. Dahinter verbirgt sich das Teilen tief verankerter ethischer Haltungen. Die Kette und eine Großzahl ihrer Kunden unterhalten weit mehr als eine Einkaufsbeziehung. Sie verstehen sich als überzeugte Gemeinde. Zustande kommen kann dieser Zusammenhalt nur durch größtmögliche Offenheit. Im Kundengespräch darf nicht nur der Wunsch nach Sonnencreme oder Deodorant wichtig sein – die Repräsentanten des Unternehmens müssen hinter die vordergründige Frage blicken. Dann erkennen sie nicht nur den Wunsch nach Kosmetika, die auf Tierversuche verzichten, sondern einen ökologisch und nachhaltig geprägten Lebensstil.

Markenbildung im Dialog

Die Kaffeehauskette Starbucks ist weltweit Kult – aber nicht mehr in Großbritannien. Ende 2012 geriet die weltweite Nummer eins der Kaffeebar-Konzerne unter erheblichen Druck, nachdem Medien darüber berichtet hatten, dass das Unternehmen legale Steuertricks exzessiv nutze. Binnen kürzester Zeit äußerten sich zahllose Mitglieder sozialer Netzwerke kritisch über die aus den USA stammende Firma. Und die britische Konkurrenz-Kette Costa freute sich über unerwartete Zuwächse durch abgewanderte Starbucks-Kunden. Das zeigt: Eine Marke ist heute nicht mehr das, was ihr Unternehmen über sie verkündet.

Eine Marke ist das, was die Menschen über sie kommunizieren. Im Web-2.0- und -3.0-Zeitalter ist die Online-Kommunikation explodiert. Deswegen sind Unternehmen gezwungen, sich darüber zu informieren, was die entscheidenden Milieus über ihre Marken kommunizieren. Aktiviert werden die Meinungsäußerungen in den meisten Fällen durch Sympathie oder Antipathie gegenüber den Lebensstilen und Werteorientierungen, die Marken verkörpern. Bis vor kurzem stand Starbucks noch für eine unkomplizierte, lockere und tolerante Art zu leben. Nun wurde die Kette plötzlich als kalte Gewinn-Maximiererin wahrgenommen. Keine Steuern zahlen zu wollen in Zeiten der öffentlichen Finanznot – das widersprach dem Wertekodex zahlreicher Multiplikatoren. Um mittelfristig den Einfluss auf die Entwicklung des eigenen Markenbildes wieder halbwegs zurückzugewinnen, gab es nur eine Lösung: Starbucks verkündete reumütig, künftig ein guter Steuerzahler sein zu wollen.

Kommunikationsriese mit Kommunikationsproblem

Eine Marke ist heute nicht mehr so viel wert, wie sie momentan an Umsatz und Rendite erwirtschaftet. Ihr Zukunftspotenzial und daher die Tiefe der Kundenbeziehung sind entscheidende Faktoren. Beziehung entsteht über Dialog und den Austausch gemeinsamer Werte. Gut geführte Marken kommunizieren daher ständig mit ihren Kunden.

Smartphones und Tablet-PCs werden während des Fernsehens, im Bett und in öffentlichen Verkehrsmitteln exzessiv genutzt. Ein Drittel der Deutschen ist bei Facebook angemeldet, viele zusätzlich bei Twitter und Google+. Entscheidend dabei: die einfache Möglichkeit zu kommunizieren. Über Persönliches wird dabei genauso gepostet wie über Unternehmen und Marken. Die Sphären des Privaten und des Öffentlichen sind nicht mehr getrennt. Und genauso wenig lassen sich die Rollen von Sender und Empfänger noch dauerhaft voneinander scheiden. In den Networks haben die Mitglieder gerade eine Nachricht von einer Firma empfangen, schon beginnen sie darüber zu diskutieren.

Ausgerechnet Unternehmen, die in der Branche Telekommunikation unterwegs sind, haben aber offenbar Schwierigkeiten, sich auf die neue Kommunikationswelt einzulassen. Vodafone hatte 2012 gut 35 Millionen Mobilfunk-Kunden und brachte einen großen Teil von ihnen ins mobile Internet. Dennoch fällt es dem Konzern offenbar schwer zu akzeptieren, dass es die Kunden nicht einfach über neue Angebote oder Aktivitäten zu informieren gilt. Egal, ob sich die Beschwerden über Netzausfälle oder nicht abrufbare Online-Rechnungen häufen, die Unternehmenskommunikation gibt sich einsilbig. Echte Dialoge mit der riesigen Gemeinschaft finden kaum statt.

Wie das *Manager Magazin* berichtete, halten selbst die eigenen Mitarbeiter von der Service-Freundlichkeit des Unternehmens wenig.[94] Rund 8 000 Beschäftigte hatten an einer weltweiten Befragung teilgenommen. 60 Prozent gaben an, Produkte und Dienstleistungen von Vodafone eher nicht an Verwandte oder Freunde weiterzuempfehlen. Gerade einmal ein gutes Fünftel der Befragten war der Meinung, der Kunde erlebe »den Kontakt mit Vodafone reibungslos und einfach«. Weniger als die Hälfte empfindet das Unternehmen als »kundenorientiert«. Wenn sich die eigenen Mitarbeiter als so weit entfernt von ihrem Publikum empfinden, wie kann dann Dialog entstehen? Wie kann ein Austausch nicht nur von Informationen, sondern auch von gemeinsamen Haltungen und Lebensstilen entstehen?

Die Probleme waren absehbar. 2009 hatte es einen großen Skandal um einen Werbespot von Vodafone gegeben. Unter dem Titel »Es ist deine Zeit« nahm der Telekommunikationsriese die Sprache der Social Media direkt auf. In dem Spot taucht Kult-Blogger Sascha Lobo auf, der mit seinem markanten Irokesen-Haarschnitt bekannt wurde und den sich der Konzern jetzt als Berater holte. Doch das war wohl die falsche Strategie. Denn die Web-2.0-Gemeinde reagierte nicht mit Sympathie, sondern mit kübelweise Hohn und Spott. Lobo hatte genauso wie Vodafone mit heftigen Anfeindungen zu kämpfen. Zahlreiche Kunden und Beobachter empfanden den Konzern alles andere als dialogorientiert. Die Kampagne beseitigte die Glaubwürdigkeitszweifel nicht nur nicht – sie katapultierte sie vom Untergrund ins Zentrum der öffentlichen Debatte.

Rezepte für die Kundengemeinschaft

Es geht auch anders. Viele Marken, die die neuen Möglichkeiten für sich intensiv nutzen, kommen aus dem Bereich Ernährung. Ihr Vorteil: Kochen ist für Menschen zu einem wichtigen Thema geworden, das die eigene Identität berührt. Auch der Würzmittel- und Fertiggerichte-Hersteller Maggi hat dieses Potenzial für sich erschlossen. Neben dem Facebook-Auftritt dient auch die eigene Homepage als Plattform für eine eigene Community. Dabei werden nicht nur neue Produkte und dazugehörige TV-Spots präsentiert, sondern auch sofort bewertet. Natürlich lässt es sich die Firma nicht nehmen, Rezepte zu den Produkten vorzustellen. Besonders mutig: Jeder Nutzer hat die Möglichkeit, die vorgeschlagenen Gerichte zu bewerten.

Dieses Vertrauen zahlt sich aus: Über die Idee, eine Zwiebel-Tütensuppe als Grundlage für eine Schnitzelsauce zu nehmen, kann man streiten. Doch die Maggi-Gemeinde ist von der Idee des Zwiebelschnitzels begeistert. Jemand, der zum Kauf von Fertiggerichten neigt, hat nun mal eigene Bewertungsmaßstäbe. Es geht um das schnelle Zubereiten, und es darf ruhig eine gute Portion Lässigkeit dabei sein.

Das Beispiel Maggi zeigt, dass nicht nur Rezepte bewertet und ausgetauscht werden, sondern ein ganz bestimmter Lebensstil. Bei Maggi docken Menschen an, die fünfe gerade sein lassen. Die über Perfektionismus müde lächeln, weil sie mitten im Familien- und Joballtag stecken und trotzdem Spaß haben wollen. Die TV-Spots inszenieren diesen Typ mit Karobluse und hochgeschobenen Hemdsärmeln inmitten der familiären Essküche. Maggis Küchenkult ist offenbar auch ein gutes Rezept für eine funktionierende Kundengemeinschaft.

Dass Maggi diese Milieu-Sensibilität entwickelt hat, ist kein Zufall, sondern Strategie. Wer so offensiv die Möglichkeit anbietet, online Bewertungen und Feedback zu schicken, der will mehr von seinen Kunden wissen. Er will ihnen zuhören und in ihre Lebenswelt eintauchen. Dieses Interesse hat Tradition bei Maggi. Die Firmenlegende Julius Maggi stellte Ende des 19. Jahrhunderts den bekannten Dichter Frank Wedekind an. Der entnahm – damals sensationell – seine Bilderwelt dem Alltag. »Wenn nur der Kochkurs nicht wär«, lässt Wedekind eine Siebzehnjährige seufzen und an ihren Beziehungschancen zweifeln. Da weiß glücklicherweise die unkomplizierte Mutter guten Rat, wie ein attraktiver Mann zu erobern ist: »Dann würzest du ihm jeden Mittag die Gerichte mit diesem Fläschchen hier… Täglich gibt er dir zwei Küsse mehr dafür!«

Emanzipiert war das nicht, aber die Szene enthält bereits das lässige Lebensideal der Maggi-Community. Und dieses Ideal wird heute online genauso entfaltet wie direkt vor Ort. Die Maggi-Studios laden nämlich in vielen Städten zu Kochkursen ein. Die Atmosphäre: nicht perfektionistisch, sondern heiter und gelöst. Maggi spricht mit seiner Online- und Offline-Kommunikation genau dasselbe Publikum an. Doch der Zweck ist jeweils ein anderer. Online suchen die Menschen eher Tipps und Problemlösungen. Offline geht es um den Austausch eines gemeinsamen Way of Life, der erst direkt vor Ort sinnlich erlebbar wird. Beide Kommunikationswege haben unterschiedliche Schwerpunkte. Und das ist es, was ihr Zusammenspiel so interessant für Unternehmen macht. Nicht umsonst denken selbst IT- und Internetriesen wie Google und Microsoft immer wieder darüber nach, wie sie die Menschen mit Offline-Shops in ihre Unternehmenskultur einbinden können.

Risiko Online-Empfehlung

Shopping im Internet wird zur Empfehlungssache. Jeder dritte Einkäufer lässt sich laut Branchenverband Bitkom von den Qualitätsurteilen und Erfahrungsberichten anderer beeinflussen. Entscheidend dabei ist nicht immer die Produktqualität, sondern gerade auch Servicefragen: Wie schnell wird geliefert? Wie freundlich wird auf Rückfragen reagiert? Und wie sieht es mit der Kulanz aus? Wenn wir im Netz stöbern, reduzieren wir gezielt durch die Tipps anderer unser Risiko, bei einem Einkauf hereinzufallen. Doch leider sind zahllose Rezensionen schlichte Fakes. Hotels, Buchautoren und Elektronikhändler sind versucht, ihre Servicequalität und Produkte durch gekaufte Rezensionen in ein positives Licht zu setzen. Experten schätzen den Anteil der Fälschungen auf 20 bis 30 Prozent. Ein paar Dutzend Fake-Berichte kosten nur ein paar hundert Euro. Doch Vorsicht: Wer einmal gefaket hat, dem glaubt man nicht mehr. Bereits 2004 wurde entlarvt, dass der Klingelton-Anbieter Jamba offenbar verdeckt Beiträge für sich geschrieben hatte. Und 2010 deckte LobbyControl auf, dass zwei Agenturen im Auftrag der Deutschen Bahn Foren- und Blogbeiträge erstellten. Den Vogel schoss aber der Hersteller des iPad-Konkurrenten WeTab ab, der Ende 2010 zugeben musste, unter falschem Namen begeisterte Empfehlungen für sein Produkt geschrieben zu haben. In Wirklichkeit suchen Tausende Unternehmen auf diese Art nach Selbstbestätigung und setzen dabei ihren guten Ruf aufs Spiel. Mindestens genauso schlimm aber ist: Wer Lobeshymnen für sich erfindet, der begibt sich in eine menschenleere Scheinwelt. Er nimmt sich die Möglichkeit, von der Kundengemeinde zu lernen und sein Angebot zu verbessern.

Schokolade per Volksabstimmung

Direkt bei den Menschen will auch der Schokoladenhersteller Ritter Sport sein. 2012 hatte er zum hundertsten Firmengeburtstag eine Deutschland-Tour gestartet. 150 000 Markenfans kamen und betrachteten die Chocolatiers bei ihrer Arbeit. Und in den Supermärkten finden permanent Verkostungsaktionen statt. Zudem ist eine Schoko-Werkstatt unterwegs, bei der das junge Publikum eigene Geschmacks- und

Verpackungskreationen entwerfen und ausprobieren kann. Dieses Beteiligungskonzept passt ideal zu den Angeboten von Website und Social Media. Hier können die Ritter-Sport-Fans nicht nur Fragen stellen und mitreden, sondern auch eigene Sorten vorschlagen. Und dann gibt es Votings über die Einführung oder Wiedereinführung von Sorten: Schokolade per Volksabstimmung.

Dass diese Konzepte an Grenzen stoßen, zeigt sich aber auch: Zwar ist der Schokoladenhersteller eines der ganz wenigen Unternehmen, die auch abends, wenn der Social-Media-Traffic so richtig auf Touren kommt, online Fragen und Anregungen beantworten. Doch wenn Wünsche nach veganer Schokolade aufkommen, reagieren die Teams abschlägig und verweisen schon mal bürokratisch auf das Nachhaltigkeitsprogramm der Firma. Dabei hatten die Fans doch bereits erfolgreich auf Bio-Schokolade beharrt und Ritter Sport veranlasst, eine entsprechende Reihe zu entwickeln. Schließlich offenbart sich in den bohrenden Fragen der Markengemeinde ein äußerst wertvolles Bekenntnis zu Werten. Gibt es bessere Indikatoren dafür, wie die eigene Community tickt? Bitter-süße Ironie dabei: Die Wünsche weisen in eine Richtung, in die Firmenchef Alfred Ritter schon längst unterwegs ist. Einst hatte er nämlich gleich mehrere Unternehmen im Bereich erneuerbare Energien gegründet, bevor er an die Spitze des Familienunternehmens trat. Das Wirtschaftsmagazin *Capital* ehrte ihn sogar als »Öko-Manager des Jahres«. Der Unternehmenschef und die Community teilen also offenbar mehr Werte, als seine Medienarbeiter gelegentlich kommunizieren.

Der Kundendialog fordert also wichtige Erkenntnisse für die Weiterentwicklung von Unternehmen und ihren Marken zutage. Doch warum ist dann eine Kultmarke wie Apple so verdächtig zurückhaltend mit der Kommunikation im Social Web? Warum hat der kalifornische IT-Gigant nicht einmal eine Facebook-Fanpage? Und warum reagiert er nicht auf Verbesserungsvorschläge seiner Kunden?[95] Nun, das hat mit der Strategie des verstorbenen Apple-Übervaters Steve Jobs zu tun. Er hielt nichts von blinder Anpassung an Kundenwünsche – er wollte eine magische Marke, die nicht nachgibt, sondern rätselhaft und begehrenswert erscheint. Jobs hatte damit zumindest in einem wichtigen Punkt recht: Wer seinen Kunden und ihrem Lebensstil blind hinterherläuft, dem kommen sie nicht entgegen. Sondern sie laufen vor ihm weg.

Das Begehren wird aber andererseits ganz sicher nicht durch Abschirmung vor den Kunden ausgelöst. Unternehmen sollten die Lebenswelten ihrer Kunden nicht kopieren, aber kennen. Sie dürfen dabei freilich nicht bei einer Status-quo-Aufnahme, einem Befund des Ist-Zustandes, stehen bleiben. Entscheidend ist die Einschätzung, in welche Richtung sich die Bedürfnisse entwickeln. Nur wer die Kundenwünsche von morgen richtig einschätzt und sie in der Gegenwart antizipiert, dessen Marke erscheint wie ein leuchtender Stern am Himmel der Zukunft.

Götz Werner ist dieses Kunststück gelungen. Als er in den 1990er-Jahren schrittweise das Konzept seiner dm-Märkte änderte, herrschte nach dem Zusammenbruch von Ostblock und Sowjetunion kapitalistische Aufbruchsstimmung. Es regierten Börsenboom und Neoliberalismus. Michael Douglas hatte in dem Streifen »Wall Street« in der Figur des skrupellosen Finanzhais Gordon Gekko den Zeitgeist brillant verkörpert. Bedingungsloses Grundeinkommen? Dezentrale Selbstbestimmung? Dialogische Führung? Das waren Themen, die keinerlei Rolle spielten. Zumindest vordergründig. Denn Götz Werner spürte offenbar das Unbehagen an dem wenig menschenfreundlichen Zeitgeist des Jahrzehnts sehr genau. Ein Unbehagen, das sich wenige Jahre später Bahn brechen sollte. Unternehmer und Unternehmen mit Potenzial haben genau diesen siebten Sinn für die Zukunft. Anders als die Inszenierungen von Steve Jobs gelegentlich suggerierten, geht es dabei jedoch nicht um Magie, sondern um die richtige Perspektive für die Gegenwart: Es zählt nicht eine Momentaufnahme der Oberfläche, sondern die Verschiebung von Werten und Lebensstilen, die sich darunter abspielt.

13. Aber bitte mit Gefühl

Service ist kein Produkt wie alle anderen – er lebt nicht von der Leistung allein, sondern von der Emotion. Genauso muss seine Sprache sein. Servicekommunikation klingt mal wild und leidenschaftlich, dann wieder sanft und anschmiegsam. Sie ist eine Garantie für gute Gefühle.

»Acting is reacting« – so lautet eine Weisheit aus der Welt des Theaters und des Films. Das gleiche gilt für Servicekommunikation. Es darf für eine exzellente Servicekommunikation kein starres Skript geben, das Mitarbeiter dem Kunden vorzubeten haben. So etwas erstickt jede Herzlichkeit unter dem Gewicht aufgesetzter Förmlichkeit. Gelingende Servicekommunikation ist immer von Empathie getragen. Exzellente Mitarbeiter finden die richtige Tonlage und Intensität der Ansprache.

Emotionale Momente zaubern

Wie das gelingt, zeigt eine kurze Begegnung im Hotel.

Ich – Sabine Hübner – komme aus der Tiefgarage eines Grand Hotels und gehe mit Stechschritt zum Aufzug. Davor wartet eine sehr junge Mitarbeiterin ebenfalls auf den Lift, sie grüßt mich freundlich. Der Aufzug kommt, die Türen gehen auf, sie lässt mir den Vortritt und bleibt stilgerecht draußen stehen. Ich lächle sie an und sage einladend: »Möchten Sie nicht mitfahren?« Sie antwortet zurückhaltend: »Danke, das machen wir normalerweise nicht.« Ich: »Ja, ich weiß, aber mit mir dürfen Sie gerne mitkommen.« Sie steigt zögerlich ein. Die Türen schließen sich. Sie sieht mich kurz an, senkt wieder ihren Blick. Ich spüre, dass sie etwas sagen möchte, sich aber nicht so richtig traut, und ich lächle sie an. Da sagt sie – unvermittelt und gleichzeitig irgendwie schüchtern: »Sie sind sehr hübsch.« Das wirkte ohne Frage schmeichelhaft. Aber darum geht es mir gar nicht. Mir geht es um den gesamten »Zauber des Moments«, den sie mit ihrer Art der Kommunikation geschaffen hat. Das kann man nicht schulen, das ist keine Servicekommunikation aus der Retorte. Das ist Unternehmenskultur und Haltung.

Wie eine solche Servicekommunikation *nicht* gelingt, hat Vicco von Bülow (Loriot) in vielen seiner Sketchen aufs Trefflichste vorgeführt.

> »Aaah, ja«: *So spielt er in* ›Kalbshaxe Florida‹ *satirisch auf die Unsitte von Restaurant-Bedienungen an, sehr häufig und impertinent zu fragen:* »Schmeckt's?« *Er mokiert sich über die Servicekommunikation im Herren-Oberbekleidungsgeschäft* (»Der Anzug hebt sich noch im Schritt …«) *genauso wie im Fachgeschäft für Ehebetten. Zur Erinnerung:* »Wir hätten gern ein Bett.« »Haben Sie da an eine Schlaf-Sitz-Garnitur gedacht mit versenkbaren Rückenpolstern, an eine Couch-Dreh-Kombination oder an das klassische Horizontalensemble?« »Wir schlafen im Liegen.« »Aaah, ja.«

Loriot-Dialoge haben immerhin einen verqueren Charme. Manchmal begegne ich in der Realität aber einer Servicekommunikation, die nicht einmal mehr das hat. Dazu ein Beispiel:

»Sagen Sie das dem Wettergott«: Nein, ich bin kein Morgenmensch. Und ja: 6-Uhr-40-Flüge sind eine Qual für mich. Also stehe ich um 4.45 Uhr auf, fahre mit müden Augen zum Flughafen Düsseldorf, gebe mein Gepäck am Drop-off-Schalter ab und erfahre: »Der Flug ist eineinhalb Stunden verspätet.« Kein »Es tut mir leid« oder so etwas Ähnliches. Ich: »Und warum haben Sie mir keine SMS geschickt?« Die Mitarbeiterin: »Das weiß ich auch nicht.« Das ist meine Lieblingsantwort. Nach der Sicherheitskontrolle setze ich mich zu Leysieffer, bestelle mir einen Cappuccino und ein Smoothie, klappe mein Notebook auf und arbeite. Die Ansage: »Meine Damen und Herren, der Flug XYZ ist verspätet und startet voraussichtlich um 8.00 Uhr.« Schließlich wird es 7.30 Uhr, und da ich nichts mehr hörte, werfe ich einen Blick auf die Anzeigetafel und sehe, dass das Boarding bereits begonnen hatte. Ich haste also eine Etage höher – der Flugsteig hat sich auch geändert –, komme zum Schalter, und die Mitarbeiterin sagt zu mir: »Ich wollte Sie gerade wieder auschecken« Ich: »Und warum machen Sie keine Ansage?« Sie: »Wir haben drei Mal eine gemacht.« Ich: »Aber nicht so, dass es unten zu hören war, wie die ersten Ansagen.« Sie: »Wir erwarten von unseren Fluggästen, dass sie 30 Minuten vor Abflug am Gate sind.« Ich: »Ich erwarte von Ihnen, dass Sie pünktlich fliegen oder mir wenigstens eine SMS schicken, wenn der Flug verspätet ist.« Sie: »Sagen Sie das dem Wettergott.« Ich: »Verschickt der bei Ihnen die SMS?«

Charmanter Service geht anders. Und professioneller auch: Versetzt sich eigentlich mal jemand in die Situation der Fluggäste? Es ist doch das kleine Einmaleins, dass der Kunde bei Unregelmäßigkeiten gut und klar informiert werden möchte. Wenn die Basics nicht klappen, reißt das ein Schokogruß auch nicht raus.

Der Kunde ist kein »homo oeconomicus«

Kunden erinnern sich zumeist nicht an Fakten oder Nutzenargumente, die ein Verkäufer ihnen gewissenhaft aufsagt. Sondern an ihre Gefühle während des Einkaufs oder Beratungsgesprächs. Sie entscheiden zumeist auch nicht (oder zumindest nicht nur) rational, sondern aus dem Bauch heraus.

Globale Marken wie Nike oder Samsung haben deshalb schon früh begonnen, ihre Flaggschiff-Läden gewissermaßen in Freizeitparks zu verwandeln. Das Kundenerlebnis wurde hier wichtiger als das Geschäftsergebnis, das ohnehin zunehmend über Online-Kanäle erwirtschaftet werden musste.

Im Unterschied dazu haben es Versicherungen, die oft viele Jahre lang überhaupt keinen direkten Kontakt zu ihren Kunden haben, sondern nur einmal pro Jahr eine Rechnung schicken, viel schwerer, einen emotionalen Draht aufzubauen und aufrechtzuerhalten.[96] Deshalb hatte Ergo mit dem Claim »Versichern heißt Verstehen« versucht, hier einen neuen Weg einzuschlagen. Dass sich dieser Weg als schmaler Grat entpuppt hat, haben wir an anderer Stelle ausführlich gezeigt (siehe Kapitel 3).

Was oft übersehen wird: Auch der B2B-Kunde ist kein rein ökonomisch denkendes Wesen. Fällt in der Industrie eine Maschine aus, ist das nicht nur ein technischer, sondern ein sehr emotionaler Zwischenfall. Gefühle kochen hoch, wie zum Beispiel

➤ **Ärger**: »Die Maschine ist ausgefallen! Die Produktion steht still!« Das bedeutet Ärger mit dem Vorgesetzten, Ärger mit anderen Abteilungen, Ärger mit Kunden. Vielleicht sogar den Verlust existenziell wichtiger Kunden?

➤ **Angst**: Kein Wunder, dass diese Vorstellung Angst auslöst. Was bedeutet der Ausfall konkret für das Unternehmen? Gelingt es dem Techniker, die Maschine überhaupt und wenn ja schnell genug zu reparieren? Was kostet der Ausfall, was die Reparatur?

➤ **Unsicherheit**: Oft fühlen sich betroffene Unternehmer oder Mitarbeiter auch verunsichert. War die Entscheidung für diese Maschine überhaupt richtig? Welche Störungen und Ausfälle können noch auf uns zukommen?

➤ **Misstrauen**: Schlechte Erfahrungen mit anderen Unternehmen können auch zu Misstrauen führen: »Steht der Serviceingenieur überhaupt auf der Seite meines Unternehmens? Hilft er mir, meine Produkte zu verbessern und Kosten zu senken? Oder denkt er nur an seinen eigenen Profit?«

Servicemitarbeiter müssen lernen, ihren Kunden auf zwei Ebenen zu begegnen:

➤ **Auf der fachlichen Ebene** geht es um die Reparatur der Maschine.

➤ **Auf der persönlichen Ebene** gilt es, mit Gefühlen umzugehen. Also über Emotionen wie Ärger, Angst, Unsicherheit oder Misstrauen offen zu sprechen. Dazu gehört auch die Auseinandersetzung mit eigenen Vorannahmen: Vielleicht hat der zuständige Mitarbeiter ja gar keinen Ärger mit seinem Vorgesetzten, obwohl dies in anderen Unternehmen häufig vorkommt? Vielleicht hegt er auch gar kein Misstrauen gegenüber dem Servicemitarbeiter, obwohl dieser so etwas mehrfach erlebt hat?

Viele Servicemitarbeiter empfinden es als hilfreich, wenn sie verstehen, dass starke Gefühle auf Kundenseite nicht persönlich gemeint sind. Sondern dass sie der aktuellen Situation geschuldet sind und sich relativ leicht mildern lassen, indem man sie direkt anspricht (»Ich sehe, dass die Probleme mit der Maschine ziemlich viel Stress ausgelöst haben. Das tut mir leid. Konkret kann ich Ihnen jetzt Folgendes anbieten ...«).

Carl Rogers hat einmal gesagt, es gehe darum, »die private Welt des Klienten so zu spüren, als ob es die eigene wäre, ohne jemals die Qualität des ›als ob‹ zu verlieren ... « Wir sagen: Das ist tatsächlich eine große Kunst.

Die interne Sprache macht die Musik

Was innen nicht glänzt, kann außen nicht funkeln – darüber haben wir schon in Kapitel 4 ausführlich gesprochen. Hier möchten wir noch einmal unterstreichen, dass dies insbesondere für die Sprache gilt. Sprache formt eine Organisation – vor allem die Sprache der Führungskräfte in

Verbindung mit den Themen, über die sie sprechen. Ist die intern kultivierte Sprache getragen von einer positiven und konstruktiven Haltung, färbt dies auf das gesamte Unternehmen ab. Mitarbeiter greifen die Worte auf, sie interpretieren das Gesagte und richten ihr Handeln daran aus.

Sieht eine Führungskraft ihre Mitarbeiter als »Ladies and Gentlemen« wie Horst Schultz bei Ritz-Carlton, so wird sie sie in einem entsprechenden Stil ansprechen und ihre Mitarbeiter auf diese Weise ermutigen, sich ebenfalls so zu verhalten: gegenüber den Kunden, aber auch in der Interaktion mit Kollegen. »We are ladies and gentleman serving ladies and gentlemen« – so der legendäre Claim des Luxushotels, der ein besonderes Gefühl transportiert.

Kaufst du schon oder überlegst du noch?

Ein schwedisches Auf-Augenhöhe-Kommunikationsgefühl (»tipis sverige Snörrigkeit«) will das Selbstbaumöbelhaus IKEA kultivieren, indem es seine Kunden auf allen Kanälen mit »Du« anspricht. Die junge Zielgruppe wundert sich wahrscheinlich gar nicht darüber, denn sie wird von ihren Radiosendern und Fitnesstrainern ja auch munter mit »Du« angesprochen, sogar, wenn sie im Rudel unterwegs ist. Die älteren IKEA-Kunden wundern sich möglicherweise ein wenig über die Duzerei? Aber wer weiß: Vielleicht löst das »Du« auch Kindheitserinnerungen an die Kinder von Bullerbü und Pippi Langstrumpf aus. Gute Gefühle, losgetreten durch ein einfaches Du.

Auch bei Apple bemüht man sich um eine gefühlige Kundenansprache. Diese allerdings wird den Mitarbeitern so detailliert vorgeschrieben, dass im Technikblog »Gismodo« von einer »Sterilisation der Sprache« die Rede ist.[97] Unsichere Kunden sollen nach der Regel »Feel, felt, found« überzeugt werden. Möchte ein Kunde zum Beispiel ein iPad kaufen, sucht aber eine Maus dazu, so soll der Verkäufer wie folgt reagieren: »Das kann ich sehr gut verstehen (feel). Auch ich bin ein Maus-Fan und habe nicht geglaubt, dass man sich daran gewöhnen kann (felt). Aber mit ein bisschen Übung gewöhnt man sich schnell an die neue Bedienung (found).«[98] Der Kunde soll sich entspannt, gut beraten und glücklich fühlen – darum geht es bei Apple. Kein Kunde darf deshalb irgendwie kritisiert werden. Ganz gleich, was er treibt. Sogar als der US-amerikanische Komödiant Mark Malkoff als Darth Vader verkleidet sein Telefon reparieren lassen wollte, als er sich eine Pizza in den weißen Laden bestellte und auch, als er eine Ziege mit in den Store brachte – die Apple-Verkäufer ließen sich nicht aus der Fassung bringen (»What's your e-mail, Darth?«).[99] Nun, der Shop kalkulierte die Publicity durch die Aktion sicherlich ein. Dennoch zeigt diese Aktion, wie groß die Auswirkungen sein können, wenn Kunden sich wirklich wohl fühlen dürfen.

Ach ja: Im Jahr 2008 war Mark Malkoff auch schon einmal für eine Woche in einen IKEA-Store in New Jersey eingezogen.

Renaissance des Schreibens

Weil immer mehr Kunden heute permanent unterwegs und dabei auch permanent online sind, möchten sie häufig nicht mehr mit Callcentern telefonieren. Es ist schließlich peinlich, in der Abflughalle laut »Ja!« oder »Zwei!« in sein tragbares Telefon zu rufen, nur weil man in ein automatisches Sprachsteuerungssystem geraten ist.

So kommt es, dass der Anteil der per E-Mail gestellten Anfragen immer größer wird, während der telefonische Kontaktanteil schrumpft. Andreas Klug, Vorstand ITyX AG, weiß es ganz genau: »Noch in 2008 wurden 90 Prozent aller Servicetransaktionen im Callcenter per Telefon erledigt. Heute haben E-Mail und Web das Telefon als führendes Kontaktmedium längst eingeholt – in manchen Branchen bereits überholt.« Er konstatiert deshalb eine »Renaissance des Schreibens«.

Für exzellente Servicekommunikation heißt das: Mitarbeiter müssen lernen, emotional zu schreiben! Wie das geht, hat das **Münchener Hotel Cortiina** sehr gut verstanden:

Wenn es um einen so bürokratischen Vorgang wie eine Reservierungsbestätigung geht, erwarten wir eher einen spröden, kurzen Schriftsatz, den wir der Rezeptionsdame wütend unter die Nase halten können, wenn das Hotel trotz unserer Buchung doch kein Zimmer für uns reserviert hat. Das Münchner Hotel Cortiina aber nutzt diesen Touch-Point, um ein Fest für die Sinne anzukündigen: »Unsere 75 Zimmer wurden vom Architekten Albert Weinzierl designt und ausgestattet. Naturkautschuk-Matratzen und ökologisch bewusst gewählte und handgenähte Bettwäsche sowie regionale Materialien wie Naturholzmöbel, geöltes Eichenparkett, 100-jährige Mooreiche, Jura-Naturstein in den Badezimmern sind seine Handschrift«, heißt es in der Buchungsbestätigung. Wer das liest, atmet Eichenduft und fühlt Naturstein unter den Füßen! Und mehr noch: Er sieht schon, wie er von der Sonnenterrasse »den Blick über die Dächer der Altstadt« genießen wird, er freut sich auf den Geschmack der »internationalen Kreationen« im Restaurant, auf »selbstkreierte Cocktails« und das »ausgesuchte Weinangebot«. Nicht zuletzt kommt der Brief nicht aus der Buchhaltung, sondern von einem »Reservation Agent«.

Mit dieser Reservierungsbestätigung im Handgepäck erwarten wir an der Rezeption kein Feilschen um unsere Reservierung, sondern fühlen uns wie ein lang erwarteter Gast. Das ist Servicekommunikation der Exzellenz-Klasse.

Wir stecken so sehr in ökonomischen Optimierungszwängen, dass das Gefühl oft auf der Strecke bleibt. So sparen wir vielleicht Zeit beim Kunden, indem wir uns nur auf die Fachfragen konzentrieren – doch so entsteht keine Vertrauensbasis.

Sprache ist mehr als ein reines Informationsmedium. Sie transportiert eine Haltung. Deshalb ist es so wichtig, dass Unternehmen eine interne Sprache kultivieren, die die besondere Kultur des Hauses ausdrückt und verstärkt.

Auch die Sprache zum Kunden ist ein wichtiges Vehikel der Kundenbindung – das gilt für die gesprochene wie für die geschriebene Sprache. Doch hier gilt: Es reicht nicht, über eine kumpelhafte Ansprache künstliche Nähe herzustellen. Wer freundschaftliche Gefühle vorspielen und die Kunden letztendlich nur instrumentalisieren will, verscherzt sich die Zuneigung der Kunden.

> Servicekommunikation braucht Gefühl. Sie gelingt aber nur dann, wenn das Gefühl mehr sein darf als ein Verkäufer-Tool.

14. Zwei, die sich verstehen

Nirgends kommen sich Anbieter und Kunden näher als beim Service. Nur wer genaue Kenntnis über den Lebensstil seiner Kunden besitzt, formuliert Angebote, die unwiderstehlich sind und bei denen sich die Menschen aufgehoben fühlen. Die Gefahr: Unternehmen und Organisationen unterschätzen die Geschwindigkeit des gesellschaftlichen Wandels. Wer gestern ein hervorragender Kundenversteher war, hat keine Garantie, nicht gegen Wertekodizes der Zielgruppen von heute zu verstoßen. Doch neue Orientierungen bieten auch ungeahnte Chancen für jeden, der die Veränderungen vorwegnimmt.

Ein König stürzt – und mit ihm eine weltweit renommierte Organisation

Spanien im Frühjahr 2012: König Juan Carlos stürzt – und zwar so tief, wie ein Monarch im 21. Jahrhundert nur stürzen kann. Zunächst klingt die kleine Notiz noch harmlos, die das spanische Königshaus vermelden lässt. Der 74-Jährige sei bei einem Privatbesuch in Botswana gefallen. Dabei habe er sich eine Fraktur der rechten Hüfte zugezogen. Sofort kamen gute Wünsche von Vertretern der offiziellen Politik. Zwar mochten sich einige Landsleute des gekrönten Hauptes schon damals gefragt haben, was der Top-Repräsentant ausgerechnet zu einer Zeit im Süden Afrikas zu suchen habe, in der das eigene Land am Abgrund der Euro-Krise stand. Noch allerdings überwog das Mitleid mit dem König. Immerhin hatte der Mann Spanien einst von der Diktatur in die Demokratie geführt. Plötzlich allerdings kam heraus: Juan Carlos war in Afrika in Begleitung einer deutschen Prinzessin namens Corinna zu Sayn-Wittgenstein unterwegs und löste damit kurz vor seiner goldenen Hochzeit einen veritablen

Eheskandal aus. Freilich sollte es noch viel dicker kommen. Bald wurde deutlich, dass der König nicht nur als sprichwörtlicher Schürzen-, sondern auch als veritabler Großwildjäger unterwegs war.

Ein Foto geht um die Welt, das jedem Tierfreund das Blut in den Adern gefrieren lässt. Der mächtige Schädel eines toten Elefanten, abgestützt mit seinem Rüssel an einen Stamm. Es ist, als ringe das gewaltige Tier nochmals um Atem. Als wolle es sich im wahrsten Sinn des Wortes gegen die Tat aufbäumen. Mund und Augen sind offen. Ein letztes Mal zeigt der graue Riese seine mächtigen Stoßzähne. Davor posieren ungerührt ein alternder König und seine wahrscheinliche Geliebte im Safari-Outfit, die todbringenden Flinten locker in die Armbeuge gelegt. Jeder, der dieses Bild betrachtet, würde Juan Carlos für alles halten, nur nicht für einen der wichtigsten Repräsentanten einer weltweit renommierten Tierschutz-Organisation. Doch genau das ist Spaniens König zu diesem Zeitpunkt – zumindest offiziell. Der stolze Großwildjäger amtiert als Ehrenpräsident der spanischen Sektion des World Wide Fund For Nature (WWF).

Trotz der eindeutig dokumentierten Situation wird es mehrere Monate dauern, bis der spanische WWF-Zweig die Konsequenzen zieht und Juan Carlos den Ehrentitel aberkennt. Bis dahin freilich erleidet die Reputation der Organisation erdrutschartige Verluste. Höhepunkt: Die französische Schauspiellegende und Tierschützerin Brigitte Bardot vergleicht Juan mit Wilderern, nennt seine Reisen »mörderisch«.

Dieser Jagdunfall bringt nicht nur die spanische Monarchie gefährlich ins Wanken. Auch das gesamte Geschäftsmodell des WWF ist akut bedroht. Die Organisation setzte seit ihrer Gründung 1961 in der Schweiz auf prominente Namen, klassische Lobby-Arbeit und Öko-Sponsoring. Man verbündete sich mit der Wirtschaft, organisierte mit Unterstützung von Öl- und Brauerei- und anderen Konzernen Regenwald-, Tiger-, aber auch Elefanten-Projekte. Im Vordergrund standen weniger die aktiven Mitgliedsgruppen wie beim Bund für Umwelt- und Naturschutz Deutschland (BUND) oder dem Naturschutzbund Deutschland (NABU). Und noch viel weniger ging es um aufsehenerregende

Protestaktionen wie bei Greenpeace. Doch mit seiner aktiven Öffentlichkeitsarbeit sicherte der WWF sehr erfolgreich die Finanzierung zahlreicher Projekte. Zudem sensibilisierte er Millionen Menschen für Naturschutzthemen. Kein Wunder, dass die Organisation mit dem Panda-Logo in vielen Ländern größte Sympathien genoss. Die Voraussetzung dafür freilich war ein hohes Maß an Glaubwürdigkeit. Und genau daran haperte es bereits seit einiger Zeit.

Wenn die gemeinsame Wertebasis bröckelt

Der Journalist und Filmemacher Wilfried Huismann hatte bereits den Film »Der Pakt mit dem Panda« als kritische Auseinandersetzung mit dem WWF gezeigt. Nun brachte er just zum Zeitpunkt des Juan-Carlos-Skandals das »Schwarzbuch WWF« heraus. Darin wird die Nobelmarke unter den Naturschutz-Organisationen in zahlreichen Fällen des Greenwashings beschuldigt: Konzerne nutzten die Projekte zur Verbesserung ihres angekratzten Images. Die ökologische Arbeit basiere häufig auf einer verhängnisvollen »Allianz aus Geld- und Blutadel«. Diese Vorwürfe versuchte der WWF gerichtlich zu unterbinden. Außerdem ließ er seine Anwaltskanzlei Druck gegenüber dem Buchhandel aufbauen, damit das »Schwarzbuch« von den Auslagen verschwände. Dies hatte dann freilich den nächsten Medienskandal zur Folge, als die *FAZ* über die Vorgänge berichtete[100] und die Deutsche Journalistinnen- und Journalisten Union (DJU) dem WWF Zensur vorwarf.

Schlimmer hätte das Krisenmanagement kaum ausfallen können. Der Umgang des WWF mit dem Skandal schien noch einmal zu bestätigen, wie sehr die Naturschutz-Organisation die gesellschaftliche Entwicklung aus den Augen verloren hatte. Dabei sind die Kampagnen des WWF perfekt inszeniert. Großflächig blickt dem Publikum eine Tigermutter mit ihren Jungen entgegen. Darunter die Zeile: »5 Euro, damit sie leben.« Oder ein kleines Elefantenbaby vor der bloßen Silhouette seiner Mutter. »Gestern war sie noch da. 5 Euro helfen, die Wilderei zu stoppen.« Die Botschaften sind auf den Punkt gebracht, der Emotionalisierungsgrad ist maximal.

Doch eine Kommunikationsleistung wirkt auf Dauer nur dann, wenn die gemeinsame Wertebasis zwischen Sender und Empfänger stabil ist. Beim WWF hingegen bröckelt sie bedrohlich. Während die Großorganisation noch immer auf zentral gesteuerte Kampagnen und Prominenz setzt, haben ihre Unterstützer einen anderen Weg eingeschlagen: Mitsprache und Transparenz sind bei ihnen zur selbstverständlichen Forderung für jedwedes Engagement geworden. Längst hätte der WWF daher sein Organisationsmodell stärker auf die Basisarbeit ausrichten und sich von fragwürdigen Bündnispartnern trennen müssen. Sonst braucht er sich nicht darüber zu wundern, dass vielen sein Organisationsmodell so antiquiert erscheint wie das Safari-Foto seines monarchischen Ex-Ehrenpräsidenten aus Spanien.

Von Mensch zu Mensch

Im Headquarter von Facebook hängt ein Schild: »Users. People.« Die Macher des sozialen Netzwerks mögen sich in vielem irren, aber in diesem einen Punkt haben sie absolut recht. Die Menschen wollen nicht mehr auf Nutzer reduziert werden. Sie fragen nicht nur bestimmte Services nach, sondern sie wollen Begegnungen von Mensch zu Mensch. Sie wollen sich aufgehoben fühlen mit ihren Orientierungen und Lebenseinstellungen. Erst das Teilen der Werte bildet eine Community. Doch freilich verändern sich Werte. Unternehmen und Institutionen beweisen ihre Marken-Intelligenz dadurch, dass sie gemeinsam mit ihrer Gemeinde Wege beschreiten. Beispiel BMW: Der Slogan »Freude am Fahren« klang in den Achtzigern des letzten Jahrhunderts noch nach dem Hit des Neue-Deutsche-Welle-Stars Markus: »Ich will Spaß, ich geb Gas«. Inzwischen haben sich die Einstellungen zur Mobilität entscheidend geändert. Schutz von Umwelt und Klima sowie die Schonung von Ressourcen sind auch für die zentralen Zielgruppen der bayerischen Nobelmarke entscheidend geworden. BMW setzt deswegen so konsequent wie kaum eine andere Marke auf Verbrauchsreduzierung, Leichtbau und Elektromobilität. Der Erfolg: Der Slogan »Freude am Fahren« ist heute gesellschaftlich vollwertig anschlussfähig, denn er klingt wie »Fahrgenuss ohne Reue«.

Auf Engel vertraut man gerne

Das Tempo des Wertewandels in unserer Gesellschaft hat sich drastisch verschärft. Für Unternehmen und Organisationen ist daher nichts kostbarer als eine funktionierende Gesprächsebene mit ihren Kunden. Eine Organisation, der das augenscheinlich sehr gut gelingt, ist der ADAC. Der Verein hat mit 18 Millionen mehr Mitglieder als das bevölkerungsstärkste Bundesland Nordrhein-Westfalen Einwohner. Seine Markenbekanntheit liegt bei überragenden 97 Prozent.[101] Er genießt unter den Bürgern das höchste Vertrauen – noch vor sozialen Organisationen wie Rotes Kreuz und Caritas und der Bundeswehr.[102] Das Geheimnis des Erfolgs? Die in Tests immer wieder bestätigten Erfolge bei der Pannenhilfe.[103] Die Helfer sind schnell vor Ort, diagnostizieren sicher und lösen die Probleme routiniert – insofern haben sie ihren Ehrentitel »Gelbe Engel« verdient. Die Gesprächssituation könnte idealer nicht sein: Jemand, der mit einer Panne auf der Straße liegenbleibt, wartet auf seinen Retter.

Jedes Erfolgsgeheimnis hat jedoch seine Kehrseite: Weil ihn die erfolgreiche Pannenhilfe groß gemacht hat, hält der ADAC verbissen an der Strategie fest, seinen Mitgliedern handfeste Vorteile bieten zu wollen. In der Vergangenheit hat dies bestens funktioniert. Doch inzwischen bieten fast alle Hersteller als Gegenleistung für die regelmäßige Wartung der Fahrzeuge in ihren Werkstätten umfassende Mobilitätsgarantien. Das macht allen Autoclubs zu schaffen, hat dadurch doch ihre Basis-Dienstleistung keine Alleinstellung mehr.

Was also tun? Der ADAC bietet als Ersatz zahlreiche weitere konkrete Benefits, die er über Kooperationsprojekte organisiert. Zum Beispiel tanken Mitglieder bei Shell billiger und sparen bei jedem Stopp an einer Zapfsäule. Dieser Service scheint auf den ersten Blick sehr attraktiv zu sein. Nur inszeniert sich der Club bei vielen Gelegenheiten als engagierter Fürsprecher der Autofahrer im Kampf gegen die mächtigen Ölkonzerne. Und dieser Selbstdarstellung läuft die Shell-Partnerschaft völlig zuwider. Viel besser würden im Zeitalter des Share-Prinzips Kooperationsprojekte mit den vielen unabhängigen Tankstellen passen.

Risiken für die Anschlussfähigkeit

Die Clubführung zeigt sich in zentralen Fragen immer wieder erstaunlich unflexibel. So kämpft der ADAC auch eisern gegen ein Tempolimit auf Autobahnen oder gegen ein absolutes Alkoholverbot für Autofahrer. Das mag gestern weitgehender Konsens unter den Autofahrern gewesen sein. Doch laut Umfragen tritt inzwischen eine klare Mehrheit der Bürger für diese Limits ein. 82 Prozent wollen die Geschwindigkeit begrenzen, 77 Prozent die Null-Promille-Grenze.[104] Hier wird deutlich, dass die ADAC-Leitung dazu neigt, ihre Lobby-Arbeit aus alten Reflexen heraus zu definieren. Sie ist bei scheinbar bewährten Einstellungen stehengeblieben, statt selbstkritisch dem Wandel von Einstellungen zur Mobilität auf der Spur zu sein.

Noch scheint die Konkurrenz durch alternative Autoclubs wie den Verkehrsclub Deutschland sehr überschaubar. Doch der Einsatz für eine ökologisch verträgliche Verkehrspolitik und einen Mix der unterschiedlichen Mobilitätsformen vom Auto über Busse und Bahnen bis hin zum Fahrrad könnte sich langfristig für den kleinen Verein auszahlen und für den großen Club zum Problem der Anschlussfähigkeit auswachsen. Denn erfolgreiche Serviceanbieter offerieren ihren Kunden das entscheidende Mehr zur Dienstleistung: Sie machen deutlich, dass sie die Werte und Einstellungen ihrer Kunden teilen. Wer gegen diesen Konsens verstößt, dessen Geschäftsmodell ist akuten Risiken ausgesetzt. Doch es gilt auch die umgekehrte Regel: Wer Kunden versteht, die bislang von allen Anbietern vor den Kopf gestoßen wurden, der kann bahnbrechende Erfolge erzielen.

Die Antithese zur Muckibude

Kennen Sie noch das Schlagwort von der Muckibude? In den 1980er-Jahren genossen Fitnessstudios einen mehr als zweifelhaften Ruf. Die Trainer waren nicht besonders gut ausgebildet, die Geräte günstig und wenig präzise. Dafür gab es Disco-Sound, Sauna und exotische Drinks an der Bar. Und wer zweimal nachfragte, bekam gegen genügend Bares häufig unter der Theke legale, halblegale und illegale Präparate zum Muskelaufbau gereicht.

Wer ging in diese Fitnessstudios? Vorwiegend junge Menschen, die stolz auf ihre durchtrainierten Körper waren. Menschen, die Ausschau nach durchtrainierten Körpern hielten. Und was war mit all den anderen Fitness-Interessierten? Vor allem den etwas älteren Semestern blieben wenig Alternativen: Manche Frauen machten damals vor Fernsehtrainern ihre Workouts. Doch auch die beliebten Anleitungen Jane Fondas motivierten meistens nicht besonders lange. Wer als Mann seine Knochen riskieren wollte, konnte sich in ein Altherren-Fußballteam einreihen. Alternativ ging man Tennis spielen, was freilich eine im wahrsten Sinn des Wortes einseitige Angelegenheit war. Genauso wie das Golfen, das meistens auch noch entsprechend Kleingeld erforderte. Klar, das Joggen war eine Alternative für alle. Nur stärkte es zwar das Herz-Kreislauf-System, doch leider blieben wichtige Muskelpartien untrainiert.

Kurz und gut: Das Fitness-Angebot wies eklatante Lücken auf. Daraus entwickelte sich eine immer gewaltigere Marktlücke. Denn über die Jahre nahm das Interesse der Deutschen an Fitness kontinuierlich zu. Zugleich änderte und ändert sich der Lebensstil der Milieus jenseits der Lebensmitte radikal. Untersuchungen wie die 50+-Studie[105] belegen, dass die große Mehrheit der Best-Agers von heute einen Lebensstil führen will, der von Aktivität und Fitness getragen ist. Eine konsequente Antwort darauf hatte in der Welt der Fitnesstempel und -studios nur einer: Werner Kieser.

Die Duschkabinen sehen aus wie Strahlentriebwerke. Neben ihnen stehen schlichte Metallspinde. Auf edlen Parkettböden stehen schwere Trainingsgeräte. Ein schlichter Trinkwasser-Spender ist der einzige Luxus. Eisen, Leder und Schweiß. Die Welt von Kieser-Training könnte puristischer nicht sein. Sie ist die perfekte Antithese zu allem, was davor die Studios ausmachte. Keine Musik, kein Wellness-Programm, keine tätowierten Muskelpakete und kein Blingbling.

Der Wertewandel als bester Marketing-Mitarbeiter

»Die Kunden müssen schuften, und sie zahlen dafür«, sagt Werner Kieser.[106] Er predigt Krafttraining ohne jede Ablenkung. Körperhygiene statt Körperkult. Kieser vergleicht sein Programm gelegentlich schon mal mit der Entfernung von Zahnstein. Das alles klingt nicht spaßig – und genau so soll es sein. Der ehemalige Schweizer Boxer will Menschen zum Trainieren bringen, deren mächtiger innerer Schweinehund sie jahrelang vom Sport abgehalten hat. Menschen, denen der Schönheitswettbewerb an der Hantel panische Abscheu und Ängste einjagt. Menschen, die aber trotzdem etwas für die Erhaltung ihrer Gesundheit tun wollen.

»Du brauchst deinen Rücken. Dein Rücken braucht Kraft.« Der Kieser-Slogan ordnet die Herausforderung Fitness in eine für jeden leicht beherrschbare Kausalkette. Hunderttausende Kunden sind inzwischen treue Markenfans geworden. Doch Kieser hatte harte Zeiten zu überstehen, seit er in den 1960-er Jahren sein erstes Studio gegründet hatte. Der Erfolg kam erst mit den 1990er-Jahren. Denn erst dann hatten Aerobic und Tennisboom die Generationen jenseits der Lebensmitte reif dafür werden lassen, sich in ein Fitnessstudio zu verirren. Jetzt griff der Wertwandel und wurde zum besten Marketing-Mitarbeiter Werner Kiesers. Seither verstehen sich der Herr der puristischen Fitness und seine wachsende Gemeinde blendend.

Heimatgefühl satt für alle Hobby-Weinkenner

Auch Jacques Héon musste gemeinsam mit seinem deutschen Compagnon Olaf Müller-Soppart eine Weile auf den Erfolg warten. 1974 eröffneten die beiden ihre erste Weinhandlung. Ihr Angebot: Weine aus Frankreich, die meist für damalige Geschmäcker ziemlich trocken schmeckten. Ihr Versprechen: Die Tropfen kamen ohne Umweg über die Großhändler direkt von den Winzern. Ihr Service: Die Kunden durften auf Wunsch jeden Wein probieren. Kostenlos. Inzwischen ist aus diesen Anfängen eine höchst beliebte Franchise-Kette geworden, an deren Ursprünge noch der Name erinnert: »Jacques' Wein-Depot«.

Nach wie vor sind die »Jacques'« typischerweise am Rande größerer Städte angeordnet, meist in verkehrs- und damit transportgünstiger Lage. Die Atmosphäre in den Geschäften hat etwas vom Winzerkeller. Fotos und Landkarten aus Frankreich und Italien erinnern an den letzten Urlaub. Doch es geht rustikal zu, überall stehen massenhaft Weinkartons. Hier wird der Genuss nicht von Großmeistern der Weinwissenschaft zelebriert. Jeder darf hier die typischen Gesten des gehobenen Weintrinkens einüben. Niemand wird sich darüber mokieren, dass das nicht gleich im ersten Anlauf klappt. Und keiner wird abprüfen, ob die Kunden auf Anhieb alle Pfirsich-, Lakritz- und Johannisbeer-Aromen identifizieren können, die ihren Nasen aus den Gläsern entgegenschweben. Die Depots sind behagliche Schutzräume – sie bieten Heimatgefühl satt für alle Hobby-Weinkenner.

Vom passiven Konsumenten zum Creative Consumer

Wie groß ist die Reichweite einer Marke? Früher war das Maß der Dinge dafür die Erreichbarkeit der Zielgruppen. Je mehr Menschen Kontakt mit dem Unternehmen hatten, desto größer der potenzielle Geschäftserfolg. In Zukunft wird etwas anderes wichtig sein: die Aktivierbarkeit der Multiplikatoren. Die Menschen wollen nicht mehr nach vorgefertigten Mustern leben, und deswegen wollen sie auch nicht mehr passiv bei der Weiterentwicklung von Unternehmen und Services bleiben. Es geht um Cocreation, um vielfältige Angebote zur Mitgestaltung. Engagierte Journalisten in Zeitungsverlagen präsentieren ihre Texte vor der Publikation in sozialen Netzwerken, um die ersten Leserreaktionen zur Optimierung zu nutzen. Gleichzeitig nehmen sie ganz offen wichtige Anregungen zur Bearbeitung von Themen auf, wodurch das Publikum in den Produktionsprozess integriert wird. Zeitungen wie die *Stuttgarter Zeitung* holen sich bei ihren Lesern sogar immer wieder Meinungen darüber ein, wie die Gestaltung zentraler Seiten der Ausgabe des nächsten Tages gestaltet sein soll. Das belegt eindrücklich: Die Zeit der passiven Konsumenten ist vorbei. Stattdessen wird es in Zukunft »collaborative consumers« geben. Diese schlüpfen zugleich in die Rolle von Kunden und in die von Mitwirkenden, ja sogar Mitarbeitern an Produkten und Services. Sie werden zum Teil des Unternehmens und damit zu hoch wirksamen Markenbotschaftern.

Jacques' ist groß geworden in einer Zeit, da Zeitschriften wie *Vinum*, *Wein Gourmet* und *Feinschmecker* ein Massenpublikum eroberten. In den Keller- und Industrieräumen der Depots am Rande der Städte fand in Wirklichkeit Ungeheuerliches statt: Die anspruchsvolle Weinliebhaberei wurde egalisiert, ein breites Publikum eroberte für sich den Kult der Upperclass. Dazu passt das Franchising-Konzept mustergültig: Die Läden werden oft von Menschen betrieben, die lange auf ihre Chance auf Selbstständigkeit warten mussten. Viele Geschäfte haben zudem eingeschränkte Öffnungszeiten, werden im Nebenberuf oder neben der Familienarbeit geführt. Es geht dort improvisiert zu – und das ist es, was die Kunden schätzen.

Zugleich bringt jeder Agenturinhaber seine persönliche Note mit ein. Zwar sind die Weinpreise zentral festgelegt, aber es gibt ein reichhaltiges Zusatzsortiment. Von ausgesuchten Schokoladen über edle Suppen bis hin zu Korkenziehern und Karaffen lässt sich so eine individuelle Atmosphäre gestalten. Außerdem bieten die Inhaber ein eigenständiges Veranstaltungsprogramm, zu dem Degustationen genauso wie dazu passende Menüs gehören. Einbringen können sich auch die Kunden – zum Beispiel mit Rezepten für die bekannten Jacques-Kundenkochbücher. Wein und Esskultur, das schweißt zusammen. Und wenn sich dabei jeder einbringen kann, anstatt nur zu konsumieren, wer soll diese Gemeinschaft dann noch auseinanderreißen?

15. Ehrlich kommt am besten

Kunden von heute wollen vor allem eins: ernst genommen werden. Nichts ist dümmer, als sie für dumm verkaufen zu wollen. Wer dagegen selbst im Krisenfall ehrlich kommuniziert, zeigt ein Wertebewusstsein, an das Kunden gerne andocken. Dauerhaft und von ganzem Herzen.

»Alitalia will sich wohl sprichwörtlich eine weiße Weste zulegen« oder »Braucht ihr Maler? Wendet euch an Alitalia!« Diese Häme musste die italienische Fluggesellschaft Alitalia in sozialen Netzwerken wie Twitter und Facebook über sich ergehen lassen. Was war passiert? Im Februar 2013 war ein Flugzeug bei der Landung von der Piste ins Gras geschliddert. 16 Menschen wurden verletzt. Und da lag die Maschine nun, ramponiert und auf die Seite gekippt, der Alitalia-Schriftzug deutlich zu sehen. Nein, das würde nicht gut aussehen auf den Pressefotos der nächsten Tage, dachten sich die Verantwortlichen und ließen den Schriftzug kurzerhand weiß überlackieren. Nur die rumänische Flagge blieb sichtbar, unter der das Flugzeug geflogen war.

Klartext sprechen

Leider ging die Aktion nach hinten los: »Jetzt wird in aller Welt nicht über das Unglück als solches, sondern über die Art des Krisenmanagements berichtet«, erklärte Hartwin Möhrle, Krisenmanager und PR-Berater, gegenüber der *Deutschen Welle*.[107] Zwar war das Umlackieren nach einem Unfall früher einmal PR-Standard bei Fluggesellschaften – das war aber in einer Zeit, in der noch nicht jedermann mit einem einfachen Smartphone plus Social-Media-Account binnen Sekunden wirksame Öffentlichkeitsarbeit anzetteln konnte.

Heute müssen Unternehmen offen mit kritischen Situationen umgehen. Sie müssen Klartext sprechen und auch mit Bildern offen umgehen können. Das erfordert ein Umdenken für PR-Leute, denn die ungeschminkte Realität ist leider nicht so glamourös wie die glatt polierten Image-Geschichten. Doch je pointierter die Tweets und je verwackelter die von Usern vor Ort aufgenommenen Fotos, desto authentischer wirkt die Kommunikation. »Nude« setzt sich hier genauso durch wie der gleichnamige Trend in Mode und Kosmetik.

Wenn Unternehmen um den heißen Brei herumreden, ist das weder professionell noch pro-aktiv. Es ist feige – und dumm. Denn Kunden lassen sich nicht mehr so einfach für dumm verkaufen. Alles, was ihnen komisch vorkommt, googeln sie mal eben oder stellen ihre Frage in die Social-Media-Marktplätze ein. Sekunden später haben sie dann Menschen gefunden, die auf das Thema reagieren, vielleicht haben sie sogar einen virtuellen Shitstorm entfacht. Das geht heute ganz schnell.

Umso mehr schätzen Kunden es, wenn Unternehmen eine Panne in ein Wow-Erlebnis verwandeln. Diesen Effekt macht sich Lufthansa zunutze.

Lufthansa arbeitet zusammen mit dem Unternehmen Dolfi1920 (www.dolfi1920.de). Die in Frankfurt am Main ansässige Firma repariert Koffer, die bei Flügen beschädigt wurden. Das Prozedere funktioniert so: Lufthansa gibt Fluggästen, deren Koffer unter die Räder gekommen sind, eine Hotline-Nummer. Der Kunde setzt sich mit dem Kofferspezialisten in Verbindung und erfährt: »Wir lassen den Koffer abholen, wo der Kunde es will. Wenn er will, kann er den Koffer auf der Terrasse seines Hauses, bei Nachbarn, in seiner Stammkneipe oder auf der Arbeit hinterlassen.«[108] Ein Kurierdienst holt das beschädigte Stück ab und bringt es repariert dorthin, wo der Kunde es wünscht, auch wenn dafür Hunderte von Kilometern zu fahren sind. Kosten für den Kunden: keine. »Was macht Dolfi1920 anders als andere?«, fragt ein Blogger auf www.servicedesaster.de. »Sie haben die Probleme ihrer Kunden verstanden und lösen sie. In einschlägigen Foren kann man nachlesen: Das finden die Kunden richtig gut.«

Das **Kameha Grand Hotel** war Pionier in Sachen iFeedback. Gäste können jederzeit über im Hotel ausgelegte iPads Feedback geben, wenn ihnen etwas gefällt oder nicht gefällt. Die Aussagen gehen in Echtzeit an das Management, die Reaktion erfolgt schnell. Beispiel: Wenn ein Gast schreibt: »Sehr schön hier, aber zu wenig Kleiderbügel im Schrank«, kann zwei Minuten später ein Mitarbeiter vor der Tür stehen und zusätzliche Kleiderbügel übergeben. Sicher ein Wow-Effekt!

Authentische Bilder zeigen

Ehrlichkeit entsteht nicht nur durch klare Worte, sondern auch durch ehrliche Bilder. Und die wirken besonders authentisch, wenn sie besonders unprofessionell aufgenommen wurden: unscharf, schräg, verpixelt und schlecht beleuchtet.

Man könnte dies als Paparazzi-Effekt bezeichnen. Weder Prominente noch Hotels oder Restaurants können verhindern, dass permanent fotografiert wird und dass Smartphoner ihre selbst gemachten Bilder auch gleich ins Netz laden. Nun gibt es Restaurants wie das EVA in Los Angeles, die Gästen 5 Prozent Rabatt geben, wenn sie ihr Telefon am Eingang abgeben.

Andere aber nutzen die Fotografierwut der Gäste jetzt für ihre eigenen Zwecke aus:

Das **Restaurant Comodo** in New York präsentiert seine Speisekarte via Instagram (#comodomenu). Mit der entsprechenden App können die Gäste sich Fotos anschauen, die andere Gäste von den angebotenen Gerichten aufgenommen haben. Völlig ungeschminkt. Wer je die selbst fotografierte Speisekarte einer semiprofessionell geführten Dönerbude studiert hat, weiß, wie entwaffnend ehrlich so etwas aussehen kann.[109]

Über **Hotelbewertungs-Seiten** im Internet werden auch immer mehr Fotos veröffentlicht, die nicht den Hochglanzfotos der Hotels entstammen, sondern von Gästen selbst. So krumm und schief sie auch aussehen mögen, viele Bucher stützen ihre Entscheidung eher auf diese Aufnahmen als auf die geschönten Weitwinkelperspektiven professioneller Fotografen.

Offenheit zulassen

Serviceprozesse müssen definiert sein, sonst entsteht Chaos. Denn klar definierte Prozesse und eine exzellente interne Kommunikation führen dazu, dass Mitarbeiter sich auf die empathische und herzliche Kommunikation und einen werthaltigen Kundenkontakt konzentrieren können. Die Kunst liegt darin, klar definierte Prozesse mit einer Offenheit für individuelle Herzlichkeit zu verbinden. Mitarbeiter brauchen Handlungsspielraum für den Fall, dass ein Prozess nicht zu hundert Prozent greift.

Gelingt es Unternehmen, eine solche Haltung der Offenheit und Transparenz einzunehmen, werden Krisen vielleicht nicht mehr als große Katastrophen wahrgenommen, sondern als notwendige und gute Veränderungen.

> Bei exzellenter Servicekommunikation geht es nicht darum, Märchen zu erzählen!

16. Enttäuschte Liebe schmerzt besonders

Verletzungen gibt es in jeder Beziehung. Erst in der Krisenkommunikation entscheidet sich, ob die Bindung gestärkt wird oder zerbricht. Einfühlsamkeit kann die Servicekommunikation nirgends besser beweisen als hier. Deshalb ist jede Krise die Chance für das Aufflammen neuer Leidenschaft.

Von der Bahn um den Finger gewickelt

Wieder mal die Deutsche Bahn! Franzi Do. ist eigentlich eine treue Kundin. Doch an diesem Januartag lässt sie das Unternehmen eine Dreiviertelstunde bei klirrender Kälte vergeblich am Bahnsteig warten. Der Zug kommt nicht. Eine Erklärung noch viel weniger. Da reißt Franzi der Geduldsfaden. Sie kündigt die Geschäftsbeziehung. Allerdings auf sehr originelle Art, mittels eines Postings auf der Facebook-Seite »DB Bahn«:

»Meine liebste Deutsche Bahn, seit vielen Jahren führen wir nun eine abenteuerliche Beziehung. Wir haben Tiefen überstanden, in denen du sehr einengend und besitzergreifend warst und mich manchmal überraschend mehrere Stunden festgehalten hast, weil es dir nicht gut ging. Ich verstehe ja, dass dich der Winter so überrascht hat. Für uns kam er auch so plötzlich. Ich bin da ja nicht nachtragend. Auch deine Ausreden im September, wo es laut deinen Aussagen auch schon gewisse Störungen wegen Glatteis gab, habe ich schmunzelnd hingenommen. Ich bin so gerührt, dass du so viel Zeit mit mir verbringen möchtest. Als ich dich um ein bisschen mehr Freiraum gebeten habe, hast du das toleriert und kamst einfach immer ein bisschen später. Pünktlichkeit ist nicht deine Stärke, das weiß ich ja. Auch darüber sehe ich meist noch hinweg. Dass du mich jetzt aber bei klirrender Kälte fast 45 Minuten warten lässt, ohne Bescheid zu sagen, und dann gar nicht auftauchst, das geht nun wirklich zu weit. Stets war ich tolerant und finanzierte deine Späßchen jedes Jahr mit mehr meiner kostbaren Taler, damit unser Verhältnis nicht beschädigt wird. Ich finde es sehr schade, dass du unsere aufregende Beziehung so leichtfertig aufs Spiel setzt. Es tut mir sehr leid, aber ich denke nun wirklich über eine endgültige Trennung nach. Ich brauche jemanden an meiner Seite, der zuverlässig ist, nicht nur mein Geld will und auch bereit ist, auf meine Bedürfnisse einzugehen. Und ich habe so jemanden kennengelernt. Er nennt sich Opel und ist immer für mich da. Leider werdet ihr euch nicht kennenlernen. Adieu. Deutsche Bahn? – Ich bin doch nicht blöd!«

Nicht nur Bahnkunden können Franzis Wut verstehen. Ihr Beitrag, der weit jenseits des pauschalen Bahn-Bashings liegt, ist umso origineller einzuschätzen. Und jetzt die Überraschung für viele – das Social-Media-Team der Bahn reagierte genauso originell. Nur wenige Minuten später kommt eine Antwort:

»Hallo meine liebste Franzi Do,

es tut mir so leid. Ich weiß, dass ich in der Vergangenheit viele Fehler gemacht habe und nicht immer pünktlich bei unseren Treffen war. Dafür möchte ich mich in aller Form bei Dir entschuldigen. Ich habe die Zeit mit Dir sehr genossen. Manchmal wollte ich, dass sie kein Ende hat. Dass ich manchmal sehr anhänglich bin, weiß ich. Es fällt mir schwer loszulassen. Dass ich Dich mit dieser Zuneigung erdrückt habe, ist unentschuldbar und mein größtes Laster. Dass wir heute einen Termin hatten, habe ich total vergessen. ;-(Wo und wann waren wir verabredet? Ich schaue dann gerne einmal in meinem Terminkalender nach.

Ich kann verstehen, dass Du Dich nach etwas anderem umgesehen hast. Eine Frau wie Du bleibt natürlich nicht lange alleine, das weiß ich. Vielleicht gibst Du mir aber noch einmal die Möglichkeit, Dir zu zeigen, wie viel Du mir bedeutest. Ich werde bei unseren nächsten Treffen auch versuchen pünktlich zu sein oder Bescheid zu sagen, falls ich mich verspäte.

Ich werde Dich vermissen. ;-(«

Der Autor dieser Zeilen legte zwar in der Eile auf die deutsche Rechtschreibung nicht allzu großen Wert (wir haben sie der leichteren Lesbarkeit zuliebe korrigiert). Doch umso größeren Wert legte er auf Einfühlungsvermögen und Tonalität. Hut ab! Diese Reaktion in Rekordgeschwindigkeit verdient höchsten Respekt. Wer immer von der vorwiegend jüngeren Social-Media-Klientel das Vorurteil gehabt hatte, die Bahn sei ein humorloser, von Beamten geprägter Staatskonzern, der wurde in Windeseile eines Besseren belehrt.

Später schaltet sich sogar die Opel-Kommunikation in den Dialog ein:

>Ich bin so glücklich, dass Du Dich nach dem Ende Deiner langjährigen Beziehung so leidenschaftlich zu mir bekennst …«

Doch dafür ernten die Autobauer aus Rüsselsheim nur den Spott des Konkurrenten Renault, der ebenfalls in dem Aufmerksamkeit erregenden Austausch mit von der Partie sein will:

>Dass Du nun mit diesem Opel gehst, macht mich sehr traurig …«

Die Bahn ist jetzt alles andere als aus dem Spiel. Franzi ringt mit sich, kann noch nicht so recht Vertrauen fassen. Denn »die jahrelangen Enttäuschungen sitzen sehr tief«. Die Bahn hakt nach:

> »Warum hast Du die ganzen Enttäuschungen in Dich reingefressen und noch nichts gesagt? Ich wusste nicht, dass es so schlimm um uns steht.«

Dann erbittet sich Franzi Bedenkzeit – und die Bahn gelobt Besserung: »Ich werde mir die allergrößte Mühe geben, immer pünktlich zu sein …« Franzi erhält das Angebot nachzufragen, ob die Bahn künftig auch pünktlich ist. Mit dieser Zusage hat die Bahn die geliebte Kundin nach allen Regeln der Kunst um den Finger gewickelt. Nun steht einem Happy End nichts mehr im Wege:

> »Zusammen schaffen wir den Neuanfang.«

Binnen weniger Stunden gibt es Hunderte positiver Kommentare – nicht nur für Franzi Do., sondern auch für die Bahn. Wow!

Auf die Empathie kommt es an

In diesem Kundendialog steckt alles, was eine perfekte Reaktion auf eine Beschwerde ausmacht. Zunächst einmal hat der Social-Media-Redakteur der Bahn größtmögliche Empathie bewiesen. Da war nichts mehr zu hören von jenem maßlosen Selbstlob und den Relativierungen, mit denen die Bahn sonst genervte Kunden zur Verzweiflung treibt. Im Winter 2010/2011 waren in desaströsen Wochen gerade mal 60 Prozent der Nahverkehrszüge pünktlich. Im Fernverkehr sank die Quote manchmal sogar auf magere 20 Prozent, wie damals der *Tagesspiegel* und *Spiegel online* berichteten.

In der damaligen Situation kamen Millionen Kunden zu spät zur Arbeit, zu Geschäftsterminen oder nach Hause. An jedem Bahnsteig machte sich eine Mischung aus Wut, Empörung und mit Zynismus gepaarter Verzweiflung Luft. Die Anzeigetafeln in den Bahnhofshallen zeigten nicht mehr die Ankunft der Züge, sondern die Dauer der Verspätung. Da kochte selbst die Seele der treuesten Kunden über. Und wie reagierte die Bahn? Das Unternehmen räumte zwar ein gewisses Pünktlichkeitsproblem ein, doch nur um dieses Eingeständnis sofort wieder zu kassieren. Man betonte, dass schließlich »der überwiegende Teil der täglich 5,7 Millionen Fahrgäste im Nah- und Fernverkehr« sein Ziel mit der Bahn erreicht habe. Ganz so, als hätte es ja schlimmer kommen können – etwa wenn Fahrgäste auf der Reise verschollen wären. Außerdem seien ja, übers Jahr betrachtet, neun von zehn Zügen pünktlich. Nur beklagte damals schon die Stiftung Warentest, dass die Bahn detaillierte Statistiken geheim halte. Beschönigung, Relativierung und Ausweichmanöver – so empfanden die Kunden in ihrer Aufwallung diese Form der Antwort.

Wie gut hätte das laufen können, wenn die Bahn sich so verhalten hätte wie zwei Jahre später ihr begabter Social-Media-Redakteur. Der verwies auf keine unpersönliche Statistik. Er redete sich nicht aus seiner Verantwortung. Sondern er entschuldigte sich schlichtweg. Und dann versetzte er sich an die Stelle der Kundin: »Ich kann Dich gut verstehen.« Auf genau diese Empathie kommt es an. Sie ist entwaffnend. Wenn Kunden erst mal ihren Frust loswerden dürfen und ein Unternehmen nicht auszuweichen versucht, dann erntet es in 90 Prozent aller Fälle allein schon dafür Anerkennung.

Es ist der Umgang mit Beschwerden und Reklamationen, mit dem ein Unternehmen seine Kultur schonungslos offenbart. Werden die Kunden nur als Störung im festgefügten Betriebsablauf gesehen? Oder wird jede Begegnung mit ihnen als bereichernd wahrgenommen – und zwar nicht nur im monetären Sinne? Der amerikanische Marketing-Papst Philip Kotler bringt es auf die schlüssige Formel: »Anstatt die Menschen nur als Konsumenten zu sehen, sollten wir sie als ganzheitliche menschliche Wesen sehen, mit Geist, Herz und Seelen.«[110]

Jede Beschwerde ist eine Beratung

Selbst das beste Unternehmen hat Kunden, die unzufrieden sind. Doch in den allerwenigsten Fällen erfährt es auch davon. Von 100 verärgerten Kunden schweigen 95 gegenüber den Firmen. Die Gründe? Man will keinen zusätzlichen Frust ansammeln, man scheut den Aufwand, man fürchtet einen Konflikt, oder man vertraut auf keine zufriedenstellende Lösung. Umso wertvoller sind für jedes Unternehmen die wenigen Kunden, die ihrem Ärger Luft machen. Der Energiedienstleister Techem begann vor einigen Jahren, die Beschwerden der Kunden systematisch zu bearbeiten. Schon im ersten Jahr sank die Kündigungsquote um rund ein Drittel.[111] Die Kosten einer Reklamation liegen bei weitem unter denen der Neukundengewinnung. Zudem wurde in Studien belegt: Nach gut gelösten Beschwerden steigen Umsatz und Ertrag. Die Kunden fühlen sich verstanden und anerkannt. Und das wollen sie belohnen. Ihren Bekannten und Freunden werden sie zudem vom positiven Umgang berichten. Jenseits dieses Werbe- und Bindungseffekts ist aber jede Beschwerde vor allem eine Beratung für das Unternehmen. Denn nur in Einzelfällen tritt das Problem des Kunden singulär auf. Viel häufiger steht eine systematische Schwäche dahinter. Die Kunden sind der beste Indikator, wo es im Angebot und in der Kommunikation klemmt. Wer besser werden will, lernt aus ihren Enttäuschungen – und ist dankbar dafür.

Ein »Einzelfall« als Stolperstein

Herbst 2011: Deutschland im Smartphone-Boom. Bis zum Jahresende gehen sage und schreibe 11,8 Millionen der kompakten Mini-Computer im Hosentaschenformat über die Ladentische. Das entspricht einem Anstieg von über 30 Prozent, meldet der Branchenverband Bitkom, der mit deutlich weniger gerechnet hatte. Fast die Hälfte aller verkauften Handys sind Smartphones. Doch die Rekorde des Handels haben eine Schattenseite: Die Geräte mit all ihren Apps und Diensten saugen binnen kürzester Zeit eine gewaltige Menge an Datenvolumen. Die Netze sind diesem Bedarf oft nicht mehr gewachsen. Gespräche reißen ab, SMS kommen nicht an, und Anwendungen stürzen reihenweise ab.

Betroffen ist auch der Berliner IT-Fachmann Matthias Bauer. In seiner Stadt, in der besonders viele Technikaffine im Netz unterwegs sind, häufen sich die Probleme – ähnlich wie in den Großräumen Hamburg, München und Düsseldorf. Bauer ist Kunde des Anbieters O2. Und er bekommt auf seine Nachfragen wenig Ehrlichkeit und Verständnis und umso mehr Relativierungen zu hören. Es handle sich um einen beklagenswerten »Einzelfall« und um »begrenzte Phänomene«. Er könne sicher sein, dass bald Abhilfe geschaffen werde. »Wir arbeiten an einer Lösung.«

Nach mehreren Monaten ohne jede Änderung hatte Bauer das Warten satt. In ihm keimte der Verdacht, dass die Probleme flächendeckend waren. Und als IT-Experte hatte er auch schon eine Lösung parat. Unter dem ironischen Titel »Wir sind Einzelfall« startete er eine Online-Initiative auf einer gleichnamigen Website. Bauer wollte wissen, wie viele Kunden ebenfalls zu den Betroffenen der Netzausfälle zählten. Und siehe da: Binnen kürzester Zeit gingen Tausende von Meldungen ein. Schnell war damit klar, dass sich das Problem nicht auf einzelne Smartphones bezog, sondern auf das überlastete Netz. Statistiken bestätigten die Probleme. Und die betroffenen Kunden twitterten und bloggten, was das Zeug hielt. Dann sprangen auch vermeintlich konservative Printmedien auf den Zug auf. »Hat O2 ein Problem?«, fragte die *Frankfurter Allgemeine Zeitung* süffisant in einem Beitrag ihres Technik-Ressorts. Der Einzelfall drohte zum Stolperstein zu werden.

Protest, der zu neuen Kunden führt

Doch O2 hatte verstanden – und änderte seine Haltung binnen Wochen grundlegend. Das Vorgehen zeigt mustergültig, wie Deeskalation funktioniert: Die Kommunikationsverantwortlichen suchten den direkten Kontakt mit der Initiative und einzelnen Betroffenen. Man versuchte, sich nicht länger herauszureden. Man nannte die Probleme beim Namen. Die Betroffenen hatten sehr schmerzhafte Erfahrungen gemacht.

Schließlich kann ein mehrmaliger Abriss des Kundengesprächs für Geschäftsleute den Verlust eines Auftrags bedeuten. Entsprechend wichtig war eine deutliche Entschuldigung für die Erneuerung von Vertrauen. Dann zeigte man eine klare, leicht nachvollziehbare Lösungsstrategie auf: Der Netzausbau sollte beschleunigt werden. Dabei werde man zunächst auf eine Aufrüstung bestehender Basisstationen zielen, da der Neubau zu viel Zeit in Anspruch nehme. O2 bat um einen anonymisierten Datensatz, der Fehlerbeschreibungen, Stadt und Stadtteil aufführte. Die Angaben würden dann mit dem Netzausbauplan verglichen. So werde man die Brennpunkte bald ausreichend versorgt haben, versprach der Anbieter.

Zwar dauerte es noch ein ganzes Jahr – aber dann startete O2 mit einem einzigartigen Angebot durch: Die Kunden können sich mit einem neuen »Live Check« detailliert im Internet darüber informieren, wie gut das O2-Netz an ihrem Standort ist. Mit dem Tool ist es möglich zu erkennen, ob und wie gut die nächstgelegenen Antennen arbeiten. Zusätzlich war nun die Netzabdeckung aus neuen digitalen Karten ersichtlich. Diese Transparenz bot bis dahin nur die Tochter der spanischen Telefonica – ein klassisches Alleinstellungsmerkmal.

Durch das Eingehen auf die Kritiker hatte O2 aus einem Nachteil einen Vorteil gemacht. Sobald die Gesprächsangebote und Lösungsstrategien auf dem Tisch lagen, war die gefährliche Protestwoge gebrochen. Die Telekom hatte es sich nicht nehmen lassen, auf die Probleme des Konkurrenten mit einer Kampagne zu reagieren. Darin wandte sich der Branchenriese in großen rosaroten Lettern an »enttäuschte O2-Kunden und wir-sind-einzelfall.de-User« und forderte sie zum Wechsel auf. Doch O2 hatte richtig reagiert. Die Haltung der Blogger wechselte zur Kooperation. Das Problem lag plötzlich nicht mehr allein auf Seiten des Mobilfunk-Anbieters. Man stellte sich gemeinsam den Schwierigkeiten und suchte nach optimalen Lösungen. Das schweißte zusammen und zahlte sich aus. In den ersten drei Monaten des Quartals 2012 gewann O2 knapp 300 000 neue Kunden dazu.

Beschwerden brauchen Management

»Beschwerden? Haben wir glücklicherweise so gut wie nie!« Nicht selten werten Firmenchefs die bloße Sprachlosigkeit unzufriedener Kunden als Ausweis höchster Zufriedenheit. Dabei ist der Grund vielleicht allein schon darin zu suchen, dass den Kunden gar keine Möglichkeiten geboten werden, ohne große Umstände ihre Meinung zu äußern. Ein funktionierendes Beschwerdemanagement beginnt mit der Einrichtung und Kommunikation fester Anlaufstellen und Verfahren. »Unzufrieden mit uns? Sprechen Sie mit Frau Mayer!« Allein diese Aufforderung bietet schon die Chance, dass Kritik geäußert wird und sich dann nicht mehr Ihrer Kontrolle entzieht. Wichtig aber: So gut kompetente Anlaufstellen auch sind – jeder Mitarbeiter muss die Reklamations- und Beschwerde-Policy des Unternehmens nicht nur zur Kenntnis genommen, sondern sie verinnerlicht haben. Ohne ein klares Bekenntnis der Chefs und ohne Trainings geht das nicht. Reklamationen dürfen kein Problem, sie müssen willkommene Kenntnisquelle sein. Die Regeln und Abläufe müssen nach innen und außen klar geregelt sein – und genauso die Tonalität: Kunden dürfen Fragen erwarten (»Ist es Ihnen recht, wenn wir …?«), genauso wie eine Entschuldigung und persönliche Verantwortlichkeit (»Ich kümmere mich persönlich darum«). Und zu guter Letzt – was häufig vergessen wird – braucht jeder Beschwerdevorgang, nachdem angemessene Zeit verstrichen ist, eine Nachfrage: »Sie waren damals mit unserem Service nicht ganz zufrieden, bis wir gemeinsam eine Lösung gefunden haben. Jetzt wollten wir uns nochmals bei Ihnen erkundigen, ob Sie wieder mit unseren Leistungen zufrieden sind.«

Ein Fußballclub, der seine Sympathien verspielt

Es hätte auch anders laufen können. Früher erzählten unzufriedene Kunden zehn, vielleicht auch mal zwanzig Bekannten ein Negativerlebnis in Service und Kundenkommunikation. Heute haben sie die Möglichkeit, ein Publikum von Zig-, ja Hunderttausenden Menschen zu erreichen. Beispiel Werder Bremen: Der Fußball-Club im Nordwesten zählt zu den Vereinen mit den höchsten Sympathiewerten der Liga. Dazu trägt nicht nur Lokalpatriotismus bei, sondern auch ein besonderes soziales Engagement. Unter anderem startete und unterstützte der Club mehrere Kampagnen für das ehrenamtliche Engagement, sozial Benachteiligte, ältere Menschen und Jugendliche.

Hinter diesen Initiativen steckt eine bestimmte Haltung, die von Werten getragen wird, die die Fans an ihrem Club schätzen. Vorherrschender Eindruck: Werder, das ist ein Verein, in dem es sozialer und menschlicher zugeht als anderswo im rauen Fußballgeschäft. Dazu trägt unter anderem auch die Kontinuität in Vereinsführung, Management und Trainerstab bei, die ihresgleichen sucht. Zusammenhalt und Bindung sind auch gut für das Geschäft. Transportiert wird diese Botschaft von einem ausgefeilten Servicebereich. Unter anderem eröffnete 2010 die neue Werder Fan-Welt in der Ostkurve des Weserstadions. Fanprodukte und -angebote befeuern hier in direkter Nähe zu den Stars die Vereinsbindung.

Nur leider sendete der SV Werder in den folgenden Jahren auch ganz andere Botschaften. Zunächst einmal geriet nach Jahren des sportlichen Triumphs der Erfolgsmotor ins Stocken. Das hätten die Anhänger des Clubs wahrscheinlich noch als Zwischentief akzeptiert. Doch die Loyalität sehr vieler Fans erhielt einen schweren Schlag, als ihnen 2012 ein neuer Sponsor vorgestellt wurde: Ausgerechnet der umstrittene Geflügelzüchter Wiesenhof sollte mit seinem Logo künftig auf den stolzen Vereinshemden prangen. Der Massentierhalter wird immer wieder mit Vorwürfen der Tierquälerei, des Antibiotika-Missbrauchs oder mangelnder Hygiene konfrontiert. Wohl in größter Not und unter erheblichem Druck hatte der Traditionsclub sich für diesen Unterstützer entschieden – und damit das Gros der anderen Unterstützer draußen im Lande gegen sich aufgebracht. Sofort brach in den Internet-Foren ein Shitstorm los. »Kein Blut auf Werder T-Shirts!«, »Keine Hühnerbrüste!«, »Schande über Euch!« – zahllose dieser Parolen prasselten auf den Verein ein.

Risiko Internet-Pranger

Der Club musste jetzt zwar nicht ohne einen Hauptsponsor in die nächste Saison gehen. Doch war es das wert? Wie so oft äußerte sich in diesem Fall das enttäuschte Vertrauen der Kunden und Markenfans in einer verletzenden Wortwahl. Je heftiger sie aber ausfällt, desto mehr lohnt es sich, die Tiefenstruktur des eskalierenden Konflikts zu identifizieren. Bei Werder zeigte sich, dass nichts weniger bedroht war als die Basis des Zusammenhalts von Fan-Gemeinde und Vereinsführung. Fußball lebt von seinen Qualitäten zur Emotionalisierung. Dahinter stehen beim SV Werder Werte wie Team-Spirit und soziales Engagement. Da wiegt der Vorwurf der Tierquälerei besonders. Das zeigt der Vergleich mit der IngDiba. Das gleichfalls sehr beliebte Finanzinstitut war durch einen harmlos daherkommenden Werbespot unter erheblichen Druck geraten: Der Spot zeigte IngDiba-Ikone und Basketballstar Dirk Nowitzki scherzhaft in einer Metzgerei, in der er ein Rädchen Wurst gereicht bekam. Das genügte, um Vegetarier und Veganer wüsteste Diskussionen über Für und Wider des Fleischverzehrs auf den Social-Media-Präsenzen der Bank führen zu lassen. Dies alles war freilich ziemlich harmlos gegen die geballte Wut, die nun Werder Bremen traf.

Der Internet-Pranger stellt heute ein erhebliches Risiko für Unternehmen dar. Denn die virulenten Themen werden oft binnen kürzester Zeit auch von zahlreichen weiteren Medien aufgegriffen. Laut der Studie »Digital Journalism 2012« arbeitet mehr als jeder zweite Journalist bereits mit den Social Media als Quelle. Auf diese Weise erreichen die Empörungswellen des Netzes auch sehr traditionelle Milieus. Entscheidend für diesen Vervielfältigungseffekt ist die Frage, ob jeweils gemeinsame Werte von Netzgemeinde, Journalisten und klassischen Medien-Konsumenten getroffen werden. Bei Werder Bremen war dies zweifelsohne der Fall und der ausgelöste Shitstorm wurde damit weit über die Ränder der Internet-Communitys hinausgetragen.

Jede Verletzung des Kundenvertrauens kann verheerend sein. Deswegen empfiehlt es sich, die drohenden Gefahren systematisch und proaktiv anzugehen.

Kundenbefragungen müssen tief gehen

»Sie haben kürzlich unseren Service genutzt. Sind Sie einverstanden, wenn wir Sie im Anschluss an das Gespräch dazu befragen? Wenn nicht, dann drücken Sie bitte die Eins …« Diese Hotline-Ansagen sind wahrscheinlich jedem Kunden vertraut. Sie stehen für eine frappierende Oberflächlichkeit der Befragungskultur. Zuerst mehrere Minuten Wartezeit und ein ständig wiederholtes Marken-Jingle. Dann eine synthetische Telefonstimme. Darf man sich wundern, wenn in dieser Situation zahllose Kunden reflexartig per Tastendruck der Befragungssituation ausweichen? Wer wirklich wissen will, was seine Kunden denken und empfinden, muss tiefer gehen. Die Menschen wollen als Menschen gesehen und befragt werden, nicht nur als Umsatzbringer. Wie ticken unsere Kunden? Was bewegt sie? Welchen Lebensstil teilen sie? Es müssen die gemeinsamen Werte und nicht nur die Zufriedenheit mit Waren und Dienstleistungen sichtbar werden. Und die Kunden sollten die Gelegenheit erhalten, Erwartungen zu äußern. In ihren eigenen Worten, nicht nur auf einer Skala von eins bis sechs. Wenn sie empfundene Missstände ansprechen, dann müssen sie spüren, dass sie ernst genommen werden. Später muss das Unternehmen Lösungen anbieten. Ein beliebiges Callcenter oder eine Umfrage in Marke Eigenregie ist kaum in der Lage, diese komplexen Herausforderungen zu meistern. Die Gefahr ist groß, dass nur neue Missverständnisse geschaffen und Enttäuschungen gestiftet werden. Kundenbefragungen sind alles andere als einfach. Doch nur wer sie regelmäßig mit Anspruch und klarer Zielrichtung durchführt, erhält eine sichere Informationsbasis für die strategische Weiterentwicklung seines Unternehmens.

Jedes im Service starke Unternehmen braucht heute ein Kundenfeedback-Management. Denn Service wird immer sehr persönlich genommen. Die Verletzungen gehen hier sehr viel tiefer als Enttäuschungen, die Produkte auslösen. Zentraler Punkt dabei sind systematische Kundenbefragungen. Welche Leistungen schätzen die Kunden am meisten? Von welchen hängt das Image des Unternehmens ab? Was sind die größten Hürden für einen intensiveren Kundenkontakt? Welche Leistungen wünschen sich die Kunden? In welche Richtung sollte sich das Unternehmen aus Kundensicht entwickeln? Tragfähige Antworten lassen sich nur durch systematische Interviews finden, durchgeführt von Experten. Die Ergebnisse liefern wichtige Informationen über die zentralen Zielgruppen und Milieus. So entsteht eine verlässliche empirische Grundlage für jede Zukunfts- und Marketingstrategie.

Darüber hinaus gibt es aber auch zahlreiche Situationen im alltäglichen Kundenkontakt, die Firmen zur Recherche nutzen sollten. Zum Beispiel ist dies immer dann der Fall, wenn Wartezeiten entstehen. Autohäuser können im Herbst und Frühjahr die Termine zum Reifenwechseln auf mehrere Samstage bündeln. Eine gute Idee ist es, dann jedoch nicht nur die Werkstatt optimal besetzt zu halten, sondern auch alle Kundenberater an Bord zu holen. Wenn Sie jetzt die Wartezeit der Kunden nur mit einer Tasse Kaffee überbrücken, haben Sie eine Chance verschenkt. »Wie zufrieden sind Sie eigentlich mit Ihrem neuen Wagen?« »Wo, glauben Sie, können wir unseren Service noch verbessern?« »Was finden Sie bei uns stark und empfehlenswert?« Solche Fragen stärken nicht nur den Zusammenhalt, sondern sie sind eine hervorragende Ausgangsbasis für Verbesserungen – sofern die Resultate nicht verhallen, sondern später schriftlich fixiert, ausgewertet und umgesetzt werden.

17. Ich bin, wie ich bin?

Authentizität überzeugt. Nur wer zu sich steht, auf den stehen die Kunden. Die Herausforderung: Authentizität vermittelt sich nicht von allein, sondern ist das Ergebnis einer intelligent inszenierten Servicekommunikation.

Überall begegnen wir Menschen, die ihre Rollen so perfekt spielen, dass sie selbst hinter ihren Masken fast nicht mehr zu erkennen sind. Viele von ihnen leben sogar in einer komplett künstlichen Welt: Sie gleiten vom durchgestylten Apartment zum Flughafen, per Flieger zum nächsten Flughafen, per Taxi ins Hotel, von dort ins Kongresszentrum, von dort in die Mall, zum Golfplatz, zum klimatisierten Resort in den Süden und so weiter, das Smartphone als Fernsteuerung ihrer selbst ständig in der Hand balancierend.

Kein Wunder also, dass eine neue »Sehnsucht nach Unmittelbarkeit, nach Ursprünglichkeit, nach Echtheit und Wahrhaftigkeit und nicht zuletzt nach Eigentlichkeit« zu spüren ist. [112] Viele Menschen wünschen sich Authentizität zurück.

Der Kunde auf der Suche nach sich selbst

Als Begründer einer Ethik der Authentizität gilt der französische Aufklärer Jean-Jacques Rousseau (1712–1778). Er hielt es für wichtig, »dass Personen sich in einem authentischen Selbstverhältnis befinden, das metaphorisch als *Treue zur eigenen inneren Natur* bezeichnet werden kann«. [113] Das Problem der Authentizität stellt sich dem Menschen also erst mit dem Beginn der neuzeitlichen Kultur. Vorher hatte es Vorstellungen von Autonomie, Originalität, Innerlichkeit oder gar einer *inneren Natur* nicht gegeben.

Einen heftigen Schub erlebte die Diskussion um Authentizität wieder ab den 1960er-Jahren in der Hippie-Bewegung, die sich von den steifen und als »unecht« empfundenen Verhaltensweisen der 1950er-Jahre befreien wollte. Der Schwung der neu gewonnenen Freiheiten kippte ab den 1970er-Jahren allerdings in neue Variationen des Nicht-Authentischen um: Wer »echt« sein wollte, musste sich den neu etablierten Formen eines Authentizitätspathos unterwerfen, musste seine innersten Regungen enthüllen, geriet in eine neue »Tyrannei der Intimität« (so formulierte es der US-amerikanische Soziologe Richard Sennett).

Heute stehen wir vor neuen Herausforderungen: Wir sind (zumindest theoretisch) so flexibel, dass wir sofort unseren Wohnort wechseln, unsere Arbeitsbeziehungen verändern, unsere Familie auflösen oder neu gründen, unsere Religion neu erfinden, unsere soziale Zugehörigkeit verschieben oder in anderen Sprachen kommunizieren können. Wir haben uns aus traditionellen Beziehungen und Bezügen herausgelöst und wissen nun gar nicht mehr, was authentisch für uns selbst noch bedeutet.

Identitätsphilosophen sprechen schon lange davon, dass es so etwas wie einen »Kern« des Individuums gar nicht mehr gibt. Vielmehr sei die Einheit und Identität des Subjekts längst in lauter Einzelteile zerfallen. Diese ergebe heute nicht einmal mehr das feste Muster eines Patchworks.[114], sondern purzle immer wieder durcheinander wie ein Kaleidoskop.[115] Was könnte für uns also eine neue »persönlichkeitsintegrierende Bezugsnorm der Lebensführung« werden? Möglicherweise: Konsum.[116] Wenn den Kunden alle Konstanten wegbrechen, können sie immer noch selbst bestimmen, was sie kaufen und was nicht. Konsum bietet Kontrolle und Kontinuität. Konsum bietet einen Fundus, aus dem Kunden sich die Bauteile ihrer Authentizität aussuchen können.

Was ist eigentlich Authentizität?

Das Wort *authentisch* kommt vom griechischen Wort αυθεντικός (authentikos), was übersetzt so viel heißt wie »zuverlässig, verbürgt«. Damit war das Original einer Urkunde gemeint, nicht seine Kopie. Heute verstehen wir unter Authentizität häufig eine Wirkungskategorie (»ein Unternehmen wirkt in den Augen des Kunden authentisch«) und *zugleich* eine Ausdruckskategorie (»ein Unternehmen verhält sich authentisch«) – wobei das tatsächlich nicht das Gleiche ist.

So kann zum Beispiel eine Spirituosenmarke wie Alandia mit den Worten werben »Original Absinth from Europe – buy the real thing at Alandia«, und sie kann sich mit Kostümen, Kulissen, echten Antiquitäten und Accessoires so darstellen, als sei sie der Belle Époque direkt entsprungen – als authentische Absinth-Marke. Tatsächlich aber wurde das Unternehmen erst 2001 gegründet, und es verheimlicht dies nicht einmal (www.absinth-alandia.de).

Umgekehrt kann der Versuch, sich unverfälscht selbst auszudrücken, schnell nach hinten losgehen. So zeigte sich zum Beispiel Konzernchef Klaus Kleinfeld im Zuge der Siemens-Schmiergeldaffäre viel zu authentisch, befindet Rainer Niermeyer in seinem Buch *Mythos Authentizität*: »Sich (ehrliche) Betroffenheit oder gar Unsicherheit anmerken zu lassen, hat ihm keine Sympathien eingebracht – ganz im Gegenteil. Der Glaube an ihn als krisensicherer Führer eines Milliardenkonzerns wurde nachhaltig erschüttert.«[117]

Authentizität ist eine Eigenschaft einer Sache oder Person an sich, und sie ist eine Zuschreibung durch Dritte – und damit das Ergebnis von Kommunikation.

Strategien der Inszenierung von Markenauthentizität

Der neuen Suche nach Authentizität kommen Produkte und Dienstleistungen entgegen, deren Markenkerne wiederum aus lauter Einzelteilen zusammengebaut und so überzeugend inszeniert wurden, dass sie letztendlich authentisch wirken.

Viele Unternehmen »stehlen« dazu willkürlich Patina aus anderen Zusammenhängen: »Die Marken passen ihre Produkte dem ungelebten Leben ihrer Kundschaft an, leihen sich Authentizität aus zweiter Hand und hoffen auf einen Imagetransfer durch das Spiel mit attraktiven Ersatz-Identitäten«, schreiben Christopher Schwarz und Peter Steinkircher in ihrem Beitrag über »Mimikry Marketing« für die *Wirtschaftswoche*.[118]

Die Kundschaft ist dankbar für das Angebot an imaginären Wunschwelten, weil sie diese für ihre eigene Authentizitätskonstruktion braucht. Die Markentasche, die Markenbrille, das Markenschreibgerät dienen der Selbstdarstellung, der Selbstbestätigung. Zwar durchschauen Kunden das Inszenierungsspiel, sie können und wollen ihm aber nicht entrinnen – vielleicht lieben sie das Spiel mit Imaginationen und Identitäten sogar.

Der Erfolg einiger Marken, die sich als besonders authentisch inszenieren (oder inszeniert haben), spricht dafür, dass die Strategie aufgeht:

Inszenierte Geschichte: Das Bekleidungsunternehmen Gant zum Beispiel inszeniert sich als US-Ostküstenmarke, die seit den 1950er-Jahren von den Elitestudenten der Ivy League getragen wurde. Wer die Kataloge des Unternehmens durchblättert, die Läden durchstöbert und Button-down-Hemden kauft, darf sich auch ein wenig wie die Harvard-Elite fühlen. Dass der Gründer des Unternehmens Bernard Gantmacher hieß und ein ukrainischer Einwanderer war, unterstützt den imaginierten sozialen Aufstieg sogar. Und dass Gant heute zu einem schwedischen Unternehmen gehört, stört die Kunden offenbar so wenig wie der Fakt, dass die Edelmarke Marc O'Polo nicht aus Schweden kommt, sondern aus Stephanskirchen, und die Modemarke René Lezard nicht aus Paris, sondern aus Schwarzach.[119]

Heilsversprechen: Das alkoholfreie Erfrischungsgetränk Bionade war als »das offizielle Getränke einer besseren Welt« angetreten. Es galt als natürlich, gesund, nachhaltig, aus lokaler Herkunft, im Einklang mit der Natur hergestellt. 1995 startete die Produktion, 2002 wurden bereits 2 Millionen Flaschen jährlich verkauft, 2007 waren es 200 Millionen. »Die Bionade wurde zu so etwas wie dem politisch korrekten Streber unter den Getränken, den trotzdem jeder leiden konnte«, schreibt Charlotte Haunhorst in jetzt.de (*Süddeutsche Zeitung*).[120] Das Bio-Getränk war die Anti-Cola in einem von Großkonzernen dominierten Markt, ein witzig-widerspenstiger David, der den Goliaths erfolgreich die Stirn zu bieten verstand. Das für die Zielgruppe doppelt positiv besetzte Image – Heile-Bio-Welt plus Anti-Kapitalismus – wurde mit Werbesprüchen wie »Gut in Bio, schlecht in Chemie« sehr erfolgreich vermarktet. Die Probleme fingen an, als das Unternehmen 2008 den Flaschenpreis um 33 Prozent erhöhte und dies nur mit dem Verweis auf Konkurrenzprodukte erklären konnte – David knickte gegen Goliath ein. Nächster Fauxpas: Man konnte Bionade im McCafé kaufen, also an einem Ort, den die Zielgruppe der LOHAS[121] zum No-Go deklariert hatten. Und noch ein Minuspunkt: Die Verbraucherorganisation Foodwatch stellte fest, dass die Bio-Limo gar nicht so bio war, wie sie tat. Als 2009 Radeberger (Oetker-Gruppe) 70 Prozent des Unternehmens übernahm, war das saubere Bio-Image dahin. Und als die restlichen 30 Prozent im Jahr 2012 an Radeberger veräußert wurden, machte das auch keinen großen Unterschied mehr.

2010 hatte Bionade bei einer interaktiven Kampagne unter dem Motto »Fragen kann man ja mal« wissen wollen: »Darf man seine Ideale verkaufen, wenn sie gut schmecken?« oder »Macht Cola Kinder süßer?« Das Verhalten des Unternehmens zeigt erstens: Ja, man kann seine Ideale verkaufen. Zweitens bringt Bionade jetzt eine eigene Cola auf den Markt. Sie soll zwar dem Bionade-Heilsversprechen entsprechend »natürlich« sein – aber mit dem neuen Produkt gibt das Unternehmen seine vielleicht wichtigste Differenzierung auf und stellt sich in eine Reihe nicht nur mit Coca-Cola und Pepsi, sondern auch mit anderen Nischenprodukten wie Afri, Fritz und Club-Cola.

Wir sind gespannt, ob Bionade einen Dreh in seiner Kommunikation findet, die der Fan-Gemeinde das noch erklären kann. Die Zeiten, in denen die Naturlimo in der Fantasie der Kunden noch – wie Demeter-Kartoffeln – in einer heilen Welt zubereitet wurde, sind jedenfalls vorbei.

Imaginiertes Abenteuer: Paradoxerweise lieben gerade Großstädter die Fantasie, in die wilde Natur auszubrechen und dort ihr authentisches Leben wiederzufinden. Das erklärt den großen Erfolg von Outdoor-Marken wie Vaude und von Outdoor-Händlern wie Globetrotter, der seine Kunden mitten in der Innenstadt an Steilwänden klettern und in Eiskammern frieren lässt. Was könnte mehr Authentizität vermitteln als echte Höhenangst oder echt kalte Füße?

Das Modelabel Arqueonautas schickt seine Kunden auf eine Fantasiereise in die Tiefsee. Die Story: 1995 gründet Nikolaus Graf Sandizell das marinarchäologische Bergungsunternehmen Arqueonautas Worldwide Subaquática zur Rettung und zum Schutz des im Meer versunkenen Kulturguts durch professionelle Bergung. Zwölf Jahre später trifft Nikolaus Sandizell den Geschäftsführer des Textilhandelsunternehmens Kitaro Düsseldorf, Kai Wilhelm. Beide entwickeln die Idee »zu einer Modemarke mit authentischem und spürbarem Ursprung«, in die Erfahrungen und die Eindrücke der Arqueonautas-Taucher direkt einfließen sollen. Laut Webseite: »Die sportiven Kollektionsteile werden den Bedürfnissen der modernen Schatzsucher angepasst, mit ihnen entwickelt und von ihnen getragen. Jedes Kollektionsteil ist ›Crew Tested‹, ›Salt Water Washed‹ und ›Water Proofed‹.«

Echtes Salzwasser auf der Haut des Kunden – was könnte authentischer sein? Doch die Story geht noch weiter: Ein Euro pro verkauftem Kleidungsstück geht in die Finanzierung von Projekten, die den Schutz besonders gefährdeter Schiffswracks vor Schleppnetzfischerei und Plünderung unterstützen. Im Gegenzug bekommt die Modefirma pittoreske Meeresfunde für ihre Läden – und mehr noch: Sie »leiht sich das Deep-Blue-Image der Unterwasserwelt, den Nimbus maritimer Männlichkeit – und damit schenken die Taucher der Marke eine Erzählung, eine Herkunft, eine Identität«.[122] Die ursprüngliche Heimat von Arqueonautas ist zwar nur ein profaner Hinterhof in Düsseldorf. In den Köpfen der Kunden aber ist die Marke weltweit auf dem Meeresgrund unterwegs, auf der Suche nach neuen Schätzen.

Natürlich wissen die Kunden, dass das Spiel mit der Authentizität nur eine Inszenierung ist, aber sie spielen das Theater gerne mit. Sie mögen es aber nicht, wenn das Unternehmen hinterrücks die Spielregeln verändert – wie etwa der einstige Rebell Bionade, der dann doch zum Mainstream konvertiert ist. Oder wenn ein Unternehmen sich heimlich nicht an die Spielregeln hält. So wie aktuell zum Beispiel die Hersteller von Bio-Eiern, die ihre Hennen doch nicht in einer heilen, freien Welt gackern lassen, obwohl sie das doch versprochen hatten. Wenn so etwas ans Licht kommt, fühlen sich die Kunden verraten. Gegen den großen Aufschrei hilft dann auch keine Servicekommunikation mehr.

Inszenierung authentischer Kommunikation

Authentizität ist immer eine Zuschreibung, die durch gelungene Kommunikation entstehen kann – aber nicht muss. Denn kein Kunde glaubt zuverlässig das, was er von der Marketingabteilung vorgesetzt bekommt. Er glaubt das, was er glauben möchte, das, was in ihm selbst Resonanz erzeugt, weil es zu seiner eigenen Identitätskonstruktion passt. Unternehmen sollten also mit ihrer Kommunikation nicht ausschließlich um sich selbst kreisen. Für sie kommt es vielmehr darauf an zu wissen, was ihre Kunden bewegt. Was diese über ihr eigenes Ego imaginieren – und welche Marken sie kaufen möchten, um diese Fantasie in Szene zu setzen.

Wir sehen vier Eckpfeiler einer authentischen Servicekommunikation:

1. Wiederholung

Markenerfolg hängt »wesentlich von der narrativen Qualität der Produktkommunikation ab, die wiederum auf das Prinzip der Serialität, also auf das Wiederholungsmotiv setzt«, erklärt Kai-Uwe Hellmann, Experte für Konsumforschung am Institut für Soziologie der TU Berlin in seiner lesenswerten Studie »Fetische des Konsums«.[123] Erfolgreiches Branding ist erfolgreiches Storytelling. Im Idealfall sind jede Menge Geschichten über ein Produkt oder eine Dienstleistung im Umlauf, die sich in das »kollektive Gedächtnis« der Konsumenten einschreiben und im Laufe der Zeit sogar ein Eigenleben entwickeln. Erst diese Geschichten machen das Produkt zu einer Marke. Mehr noch: Letztendlich macht die Story überhaupt das Produkt aus. Wie sehr das zutrifft, zeigen die Marken Arqueonautas (ohne die Schatzgeschichten wäre die Düsseldorfer Mode nur eine weitere Variante des Marinelooks) oder Alandia (Absinth war viele Jahre lang verboten – und was verboten ist, wirkt interessant).

2. Integration

Das Erzählen der Markengeschichte funktioniert natürlich nur, wenn alle Erzählstränge in allen Medien die gleichen Inhalte transportieren. Eine wechselseitige Verstärkerwirkung tritt nämlich nur ein, wenn Nutzenversprechen, Produktgestaltung, Kundenansprache und letztendlich auch das Geschäftsmodell zusammenpassen. Um noch einmal auf die Geschichte der Heile-Welt-Brause zurückzukommen: Es kann nicht authentisch wirken, wenn ein Bio-Erfrischungsgetränk (wie Bionade) von einem Konzern (wie Oetker) vertrieben wird, der für Fertigpizza steht.

3. Spontaneität

Authentizität wird oft als »unverstellter Selbstausdruck« missverstanden. Wenn Unternehmen oder ihre Sprecher aber allein ihren spontanen Einfällen folgen, handeln sie blind. Dazu ein Beispiel aus dem mittlerweile verblichenen Konzern Schlecker: Der von der Werbeagentur Grey entwickelte Claim »For you. Vor Ort« sollte frischen Wind in das Unternehmen bringen. Dann erklärte ein Sprecher der Drogeriekette frei heraus, der Schlecker-Kunde an sich sei dem »niederen bis mittleren Bildungsniveau zuzuordnen« und außerdem kein »reflektierter Sprachverwender«. Die *Wirtschaftswoche* nahm dieses Debakel in ihre Liste »Katastrophen der Kommunikation« auf und kommentierte die Haltung des Sprechers gegenüber dem eigenen Kunden so: »Der merkt gar nicht, wenn wir ihn verarschen.«[124] Nun – er merkte es doch und reagierte entsprechend entsetzt.

Der Idealfall ist, dass Mitarbeiter authentisch herzlich und freundlich sind – dabei aber auch intelligent, ohne berechnend zu erscheinen. Nur: Menschen sind keine Maschinen. Jeder ist auch einmal nicht so gut drauf oder nicht so smart unterwegs. Ein Profi nimmt dies aber nicht zum Anlass, seine Kunden »spontan« pampig zu behandeln oder etwas Unüberlegtes in der Öffentlichkeit zu sagen. Er motiviert sich vielmehr, professionell freundlich zu sein. Damit verhält er sich nicht immer authentisch, weil er ja eigentlich eine andere Stimmung hat. Aber er schlüpft für die gute Service-Performance vorübergehend in eine Rolle – und davon profitiert er genauso wie der Kunde. Wenn positive Resonanz vom Kunden kommt, koppelt dies zurück und erzeugt beim Mitarbeiter im Idealfall eine authentisch-gute Stimmung. Glückliche Kunden können Mitarbeiter glücklich machen!

4. Strategie

Spontaneität allein reicht also nicht, die Strategie muss immer mitgedacht werden. Aber nicht auf Kosten der Spontaneität. Das zeigt wiederum eine Facebook-Kampagne für das Spülmittel Pril aus dem Hause Henkel.

Die Idee: Internetnutzer entwerfen ein neues Design für eine Spülflasche, die beliebtesten Motive gehen dann in Serie. Doch es kam anders als von Henkel gedacht: Die User verliebten sich ausgerechnet in schräge Designs wie etwa in das Motiv einer braunen Flasche mit dem Claim »Schmeckt lecker nach Hähnchen«. Das passte wiederum nicht zum Markenimage von Pril. Laut einem *Focus*-Bericht veränderte Pril deshalb das Vorgehen mitten im Wettbewerb. Designs wurden überprüft, bevor sie online gingen, angeblich gefälschte Stimmen wurden gelöscht. Zwei harmlose Motive gingen in Führung, die laut *Focus* »wirkten, als habe der Konzern sie unbedingt gewinnen lassen wollen«. Daraufhin setzen Teilnehmer wütende Statements auf die Facebook-Seite. Sie schimpften über die »verlogene Kampagne« und über »Wahlbetrug«.[125]

Henkel hat bei dieser Kampagne das System offenbar nicht verstanden. Ein spontanes Reagieren auf die Online-Dynamik ist nicht gelungen, ein authentischer Austausch mit den Kunden wurde aus strategischen Gründen abgewürgt.

Besser reagierte hier das Versandhandelsunternehmen Otto, das einen Modelwettbewerb auslobte. Auch hier machten sich User einen Spaß aus der Aktion, indem sie für einen BWL-Studenten stimmten, der sich als Blondine »Brigitte« verkleidet hatte. Otto stand zu seinem Versprechen und zog das Fotoshooting mit der Drag Queen durch. Zwei Wochen lang war ausgerechnet ein Fake-Model Gesicht der Otto-Facebook-Fanpage. Gerade das wirkte auf viele User konsequent – und authentisch.[126]

Authentizität dialektisch denken

Ob eine Unternehmenstradition, ein Heilsversprechen oder ein Abenteuer authentisch wirken, lässt sich nicht auf einem polaren Kontinuum beschreiben zwischen fake und real oder zwischen spontan und strategisch. Es handelt sich hier tatsächlich um ein dialektisches Verhältnis.

Das Beispiel Otto zeigt, dass Fake eine eigentümliche Kategorie der Realität sein kann, während Realitäten wie die Tiefsee im Beispiel Arqueonautas tatsächlich inszeniert werden müssen, damit wir sie als authentisch wahrnehmen können.

Spontaneität indes muss immer überlegt bleiben (sonst schlägt sie um in Dummheit, siehe Schlecker). Und strategisches Handeln funktioniert nur, wenn es im Kern lebendig, ungewöhnlich und frei bleiben darf (wie das Shooting mit Fake-Brigitte bei Otto zeigt).

> Wer Authentizität in ihrer gesamten Komplexität lebt, auf den stehen die Kunden.

18. Datenkraken küsst man nicht

Wer seine Kunden liebt, weiß alles über sie. Wirklich? Amazon, Google, WhatsApp und Co. beweisen, dass zu viel Datensammeln von den Kunden nicht immer als Dienstleistung verstanden wird. Gerade im deutschsprachigen Raum wird manche gut gemeinte Zusatzdienstleistung schnell zum bedrohlichen Bumerang für den Unternehmenserfolg. Servicekommunikation und Datensicherheit müssen eine höchst empfindliche Balance wahren – sonst ist der wichtigste Servicewert akut bedroht: das Vertrauen.

Super-GAU für eine fantastische Idee

Irgendwo in Deutschland, ein Klassenzimmer kurz vor 10 Uhr morgens: Oberstudienrat Dieter Michels berichtet, warum die legendäre Seeschlacht von Salamis für die Perser so verheerend und für die alten Griechen so prächtig lief. Dann der erlösende Gong! Türen und Fenster werden aufgerissen, die Schüler stürmen in Richtung Pause. In den Gängen herrscht dichtes Gedränge. Hier steht ein Automat im Flur: Die Schüler stellen weiße Flaschen unter den Spenderhahn, drücken einen Knopf – und schon sprudelt sauberes, klares Wasser in die Flaschen, die anschließend mit ihrer typischen blauen Kappe verschlossen werden.

Hinter der Szene steckt der bekannte Wasserfilter-Hersteller Brita. Das Unternehmen mit Sitz im idyllischen hessischen Städtchen Taunusstein kam eines Tages auf die brillante Idee, die Getränkeversorgung der Schulen zu revolutionieren. Dicklich süßer Kakao, vor Zucker triefende Fruchtgetränke und sirupartiger Sprudel: Jahrzehntelang strotzten die Getränke der Schul-Kioske und -Getränkeautomaten des Landes nur so vor kalorienreichen Gesundheitsrisiken. Das Fatale daran: Kinder gewöhnen sich an die Süße. Die Deutsche Gesellschaft für Ernährung rät deswegen Eltern und Lehrern bereits seit langem, möglichst konsequent bei ungesüßten Getränken zu bleiben. Denn Geschmack sei schlicht eine Frage der Gewohnheit. Und das Forschungsinstitut für Kinderernährung stellte in seinen Untersuchungen fest, dass nicht nur der Zuckergehalt in den Getränken ein Problem darstellt. Kinder trinken zudem schlicht zu wenig. So lautet das erschreckende Fazit einer Studie, in der das Institut das Ernährungsverhalten von Kindern erforschte.

Dabei könnte die Lösung doch so einfach sein, dachten sich die Spezialisten von Brita und ersannen das »Projekt Schoolwater«: Ein Wasserspender würde künftig einfaches Leitungswasser kühlen und besprudeln. Schließlich ist Leitungswasser in Deutschland von ausgezeichneter Qualität. Es sichert die Flüssigkeitsversorgung der Kinder ohne die Gefahren von Karies und zusätzlichen Pfunden. Die Geräte der Tochterfirma Brita Ionox wurden zudem mit einer Hygienesicherung ausgestattet. Tests bewiesen, dass den Kindern das gekühlte Nass schmeckte. Ähnliche Ionox-Geräte hatten früher schon namhafte Experten auch jenseits des Schulbereichs überzeugt. Das Universitätsklinikum Tübingen lieferte dem Hersteller ein Referenzschreiben, das trotz des nüchternen Verwalter-Tonfalls fast schon euphorisch zu nennen ist. »Viele positive Rückmeldungen seitens der Patienten, Besucher und Mitarbeiter sprechen für die Akzeptanz und Qualität der Anlagen«, heißt es darin. Hygiene, Technik und Support seien einwandfrei. Die »Firma Ionox« habe durch »zahlreiche konstruktive Lösungsideen« zum Erfolg des Projekts beigetragen. Wenn selbst eine solch namhafte Institution überzeugt war, was sollte dann den Erfolg von »Schoolwater« noch bremsen? Immerhin war für die Eltern auch der günstige Preis ein schlagkräftiges Argument: Gerade mal 36 Euro sollten sie für die Trinkwasserversorgung eines Kindes bezahlen – und zwar jeweils für das ganze Schuljahr.

Ein perfektes Angebot also? Leider nur beinahe. Denn Brita Ionox hatte ein technisches Feature zu viel für das Projekt ersonnen. Jede Trinkflasche der Schüler war nämlich mit einem integrierten, verschlüsselten RFID[127]-Chip versehen. Bei RFID handelt es sich um eine Art Funketikett, das mithilfe elektromagnetischer Wellen eine Datenerfassung ermöglicht. Solche Chips sind in Ausweisen enthalten. Auch werden Haustiere damit versehen, um sie identifizieren zu können, falls sie entlaufen. Wirtschaftlich arbeiten zum Beispiel einige Unternehmen der Textilindustrie oder der Lebensmittelbranche mit RFID. Denn auf diese Weise lässt sich ein effizientes Warenbestandsmanagement betreiben. Nur erheben Datenschützer bereits seit vielen Jahren Bedenken gegen die Technologie: RFID, so die Befürchtung, gestatte unter anderem das Aufzeichnen von Bewegungs- oder Einkaufsprofilen. Die informationelle Selbstbestimmung sei akut gefährdet. Der Handel muss sich deshalb mit vehementen Kampagnen wie »STOP RFID« auseinandersetzen.

Ein Preis als öffentlicher Pranger

Brita hatte freilich keinerlei Spionage im Sinn. Der Chip sollte lediglich als Zugangsberechtigung zu den aufgestellten Anlagen dienen und Missbrauch verhindern. Maximal alle zehn Minuten sollte jede Trinkflasche frisch aufgefüllt werden können. Nach diesen zehn Minuten würden die Informationen automatisch gelöscht, versprach Brita. »Darüber hinaus werden keine weiteren Daten erhoben oder gespeichert.« Diese glasklare Zusicherung sollte dem Hersteller allerdings nur wenig helfen.

April 2012: Ein mit Blumen geschmückter Festsaal in Bielefeld. Im Hintergrund prangt in großen Lettern: »Big Brother Awards«. Ein Preis als öffentlicher Pranger. Blitzlichter. Fernsehkameras. Zahlreiche Journalisten stehen unter Hochspannung. Die Elite der Netzaktivisten und Datenschützer wird heute Politiker und Unternehmen gnadenlos für ihre Vergehen abstrafen. Eingeladen hat der Verein zur Förderung des öffentlichen bewegten und unbewegten Datenverkehrs (FoeBuD).[128]

Ein umständlicher Name, der nichtsdestoweniger für die Vergabe der schlagzeilenträchtigen Big Brother Awards steht. Sie werden von einer namhaften Jury, in der die Internationale Liga für Menschenrechte genauso vertreten ist wie der Chaos Computer Club, an Firmen, Organisationen oder Personen vergeben, »die in besonderer Weise und nachhaltig die Privatsphäre von Menschen beeinträchtigen und persönliche Daten Dritten zugänglich machen«.

Markus Hankammer, Geschäftsführer von Brita, wird diesen Tag nicht so schnell vergessen. Denn er persönlich bekommt für das »Projekt Schoolwater« den Big Brother Award der Kategorie Wirtschaft verliehen. Damit steht er in einer Reihe mit den Schöpfern von »FinFisher«, einer bei Geheimdiensten beliebten Spionage-Software. Oder mit einem ostdeutschen Innenminister, dessen Polizei Zigtausende Verbindungsdaten von Anti-Nazi-Demonstranten ausforschte. Der Künstler padeluun, der nur unter diesem Pseudonym auftritt, hält die »Laudatio«. Erst spöttelt er süffisant über die »mit Schnüffelchip bestückten Fläschchen«, die Brita einsetze. Dann prangert er an, die Eltern und Schüler hätten »keinerlei Hinweis« über die verwendete RFID-Technik erhalten. Es handle sich um »fatale Entwicklungen und Verfestigungen«, warnt der Datenschützer: Wieder einmal würden Kinder, Jugendliche und junge Erwachsene ohne ihr Wissen zum Tragen der Chips gebracht. Wieder einmal würden »Daten von Schülerinnen und Schülern und ihren Eltern außerhalb des Schutzraums Schule« gesammelt. YouTube überträgt live. Online-Journale berichten von dem Event über ganze Foto-Click-Strecken hinweg. Und am nächsten Tag werden die Printmedien in Deutschland nachlegen. Im Zentrum der Berichterstattung: eine finstere Datenkrake, die eine Schoolwater-Trinkflasche umklammert hält.

Hat Brita wirklich den Award verdient? Daran kann man ernsthaft zweifeln. Auf Anfrage des *Wiesbadener Kuriers* begutachtete der hessische Datenschutzbeauftragte »Schoolwater«. Sein Urteil: Entwarnung, eine Datenschutzbrisanz sei nicht zu erkennen. Wie denn auch? Die Daten werden permanent gelöscht, Bewegungs- oder sonstige Profile nicht aufgezeichnet. Für padeluun und Co. ist indes allein die Verwendung und Verbreitung der RFID-Technologie verdammenswert.

Doch egal, wie man zu der Vergabe auch stehen mag, sie zeigt: Allein auf Sachargumente kommt es hier nicht an, beim Thema Datenschutz liegen die Nerven blank. Das gilt doppelt und dreifach, wenn es um eine so sensible Zielgruppe wie Kinder und Jugendliche geht. Genau dieses Risikopotenzial hatte Brita übersehen. Eine hervorragende Serviceidee entpuppte sich als drohender Super-GAU für das Image des Unternehmens.

Heißes Eisen Datenschutz

Die Bundesbürger sind wesentlich sensibler, was den Schutz ihrer Daten betrifft, als andere Nationen. Das belegt eine 2012 veröffentlichte europaweite Untersuchung im Auftrag des Webhosters One.com zum Thema Cloud Computing. In Deutschland zweifeln danach fast drei Viertel derjenigen, die noch keine Cloud-Dienste nutzen, an der Sicherheit der Online-Festplatten. Der europäische Durchschnitt lag bei 43 Prozent. Und bei den deutschen Cloud-Nutzern wählt eine Mehrheit von fast zwei Dritteln den Anbieter vor allem nach dem Kriterium Sicherheit aus. Der Branchenverband Bitkom stellte in seiner Studie »Datenschutz im Internet« 2011 allerdings eine Spaltung der bundesdeutschen Nutzer fest. Die einen seien fahrlässig und leichtsinnig, die anderen übervorsichtig. Jedem siebten User sei es komplett egal, was mit seinen Daten geschehe, jeder Sechste jedoch verzichte aufgrund von Befürchtungen komplett auf Online-Handel oder Geschäfte. Allerdings wünschten sich vier von fünf Nutzern im Internet mehr Schutzvorkehrungen. Dieser Wert ist eindeutig: Nur Unternehmen, die den Datenschutz ernst nehmen, sind in Zukunft in der Lage, Vertrauenskapital bei Kunden und Öffentlichkeit aufzubauen und zu halten.

Studenten gegen Facebook – David gegen Goliath

Die Reihe der Datenskandale in Deutschland ist lang. 2008 räumte die Deutsche Telekom ein, Telefondaten von Managern und Aufsichtsräten ausgespäht zu haben. Hintergrund war die Befürchtung, Journalisten könnten von Insidern mit brisantem Wissen gefüttert worden sein. 2009 kam der Discounter Lidl in die Schlagzeilen. Er registrierte offenbar systematisch Informationen über die Krankheiten von Mitarbeitern. Und er ließ Angestellte mit versteckten Kameras überwachen. Im selben Jahr richteten sich auch Vorwürfe gegen die Bahn. Sie hatte Daten von Lieferanten mit denen von Mitarbeitern abgeglichen. Man hatte Korruption bekämpfen wollen. Dies allerdings pauschal – ohne konkrete Anhaltspunkte und die Prüfung von Einzelfällen.

Die zu Recht kritische Berichterstattung über solche Vorfälle sensibilisiert die Bevölkerung. Wo der Vorwurf des maßlosen Datensammelns erhoben wird, da formiert sich bald heftiger Widerstand. Doch dies ist nur die eine Seite der Medaille. Die andere besteht darin, dass die große Masse der Konsumenten die Nachteile unter bestimmten Umständen durchaus akzeptiert. Nirgends zeigt sich das klarer als bei den Giganten des Web-2.0-Zeitalters.

Fast jeder dritte Bundesbürger hat einen Facebook-Account. Und dies, obwohl seit Jahren erhebliche Vorwürfe gegen das Social Network erhoben werden. An der Spitze der Kritiker steht der schleswig-holsteinische oberste Datenschützer Thilo Weichert, der Facebook vorwirft, umfassende Nutzerprofile zu erstellen. Das Unternehmen weist zwar die Beschuldigungen zurück. Doch 2011 sorgte eine kleine Gruppe österreichischer Studenten für Furore, die ebenfalls den aufstrebenden Big Player des Netzes an den Pranger stellte. Max Schrems, einer dieser Studenten, verlangte von Facebook die Herausgabe der über ihn persönlich gespeicherten Daten. Weil er sich dabei auf in Europa gültiges Recht berufen konnte, reagierte das Netzwerk. Es stellte dem jungen Mann Daten zu, deren Ausdruck sage und schreibe 1200 Seiten Papier erforderte. Die Studentengruppe erhob mehrere Klagen. Facebook reagierte auf den Druck und stellte vorläufig zum Beispiel so umstrittene Funktionen wie die Gesichtserkennung auf Fotos ein. Dennoch warten offenbar Zigtausende Nutzer teils schon sehr lange auf ihre persönliche Auskunft über die von ihnen bei Facebook gespeicherten Daten.

Das Netzwerk ist inzwischen börsennotiert und mit mehreren Dutzend Milliarden Dollar bewertet. Und dennoch ist die rechtliche und vor allem mediale Auseinandersetzung mit den österreichischen Studenten äußerst schmerzhaft. Denn erstens handelt es sich um eine klassische »David-gegen-Goliath-Konstellation«, bei der die Sympathien asymmetrisch zur Finanzmacht verteilt sind. Und zweitens ist Facebook selbst aus dem studentischen Milieu heraus entstanden. Entsprechend wichtig ist es für seine Sympathiewerte.

Noch scheinen die Vorteile in der Bewertung der Nutzer zu überwiegen: Facebook ist eine weltweite Kontakt- und Nachrichtenbörse. Jeder kann durch das Netzwerk selbst zum Medium werden. Diesem basisdemokratischen Ansatz stehen jedoch die Markt- und Machtinteressen des Unternehmens gegenüber. Aufgrund der Börsennotierung ist das Management zu einer immer stärkeren Kommerzialisierung gezwungen. Wann genau ist der Punkt erreicht, an dem das Image ins Rutschen gerät? Wie empfindlich die Situation auch für die anderen Internet-Giganten ist, belegt ihre zunehmende Nervosität.

Google in der Rolle des bösen Antihelden

USA, Dezember 2012: Zeitungsanzeigen, Fernsehspots und Online-Inserate – eine Kampagne überzieht das Land. Sie trägt die Regenbogenfarben des Suchmaschinen-Konzerns Google. Doch nicht der Konzernname springt einem in großen Lettern entgegen, sondern das zum Verwechseln ähnliche Wort »Scroogled«. Der Begriff ist von Ebenezer Scrooge abgeleitet, der Figur des menschenfeindlichen Geizhalses aus Charles Dickens berühmter »Weihnachtsgeschichte«. Hinter der

Kampagne steckt Microsoft, der den Wettbewerber mit einer nie dagewesenen Negativkampagne attackiert. Google wählte für sich selbst das Motto: »Don't be evil – sei nicht böse«. Jetzt soll das Unternehmen als das blanke Gegenteil, nämlich als ein von Gier und Bösartigkeit zerfressener Antiheld, im Bewusstsein der Kunden verankert werden. Google versuche die Nutzer gezielt zu täuschen, lautet der Hauptvorwurf. Die Ergebnisse der Produktsuche in »Google Shopping« seien teilweise gar nicht nach Wichtigkeit sortiert. Die Reihenfolge richte sich teils schlicht nach den Werbeausgaben der Händler.

Das ist starker Tobak, doch schon wenige Monate später legt Microsoft nach. Diesmal richten sich die Angriffe gegen »Gmail«, den neuen Google-Maildienst. Der Suchmaschinen-Konzern durchforste die persönlichen Inhalte der digitalen Nutzerpost. Er stelle sein Gewinnstreben vor die Privatsphäre der Verbraucher. Ob die Vorwürfe nun zutreffen oder auch nicht – sie zeigen: Im Kampf um die Marktanteile der Zukunft spielt das Schlachtfeld des Datenschutzes eine ganz entscheidende Rolle. Problematisch ist die Microsoft-Kampagne vor allem aufgrund der Tatsache, dass auch die Praktiken des Software-Konzerns heftige Kritik auf sich ziehen. Datenschützer erheben regelmäßig Vorwürfe nicht nur gegen Google oder Facebook, sondern genauso gegen Microsoft und Apple.

Die Sicht der Ankläger ist freilich nur ein Ausschnitt der Wirklichkeit. Denn hinter der Datenschutz-Problematik steckt nicht allein die blinde Profitgier der Konzerne – sondern auch ihr Wille, im Wettbewerb mit Service zu überzeugen. Im Grunde machen die Giganten des Internets mit den Nutzern einen Deal aus: Sie liefern Mail-Dienste, synchronisieren Kalender, bieten Speicherplätze satt und vieles andere, was die tägliche Arbeit an PC, Laptop, Tablet und Smartphone angenehm macht. Und das alles auch noch in den meisten Fällen völlig kostenlos. Die Voraussetzung ist allerdings ein tiefer Blick in die Nutzerdaten. Die Services funktionieren in vielen Fällen desto besser, je freizügiger die Abonnenten der Dienste sind. Ein Termin in Potsdam oder München? Kein Problem, er ist rasch im Kalender verzeichnet. Und schwuppdiwupp – Google rechnet gleich noch die Fahrtzeit aus und sendet einen Alarm, wann es höchste Zeit ist aufzubrechen.

Transparenz ist entscheidend

Kundendaten sind für alle Unternehmen höchst wertvolle Informationen. Erst durch sie lassen sich Services passgenau weiterentwickeln und individuelle Angebote erstellen. Dass dabei gesetzliche Vorgaben erfüllt werden müssen, ist nur ein Minimalstandard. Die Sensibilität der Kunden mag unterschiedlich sein, doch sie alle erwarten Transparenz. Der Chaos Computer Club (CCC) stellte deswegen im Jahr 2010 die Forderung nach einem »Datenbrief« auf. Im Grunde geht es dabei um die Umkehr der Informationspflicht: Unternehmen und Behörden sollen nicht mehr auf Verlangen der Kunden und Bürger mitteilen, welche persönlichen Daten sie im Einzelfall gesammelt haben. Sondern die Unternehmen und Behörden sollen von sich aus verpflichtet werden, die Betroffenen regelmäßig über die gesammelten Daten zu informieren. Wenn im Laufe eines Jahres Post an die Kunden gehe, dann könne doch einfach der »Datenbrief« als zusätzliche Information beigefügt werden. Die Brisanz dieser Forderung zeigt, in welche Richtung sich die Diskussion entwickelt. Unternehmen werden von der Idee wenig begeistert sein, weil sie erstens von vornherein Misstrauen sät und zweitens aufgrund der Dynamik von Kundendaten im Alltag schwer praktizierbar ist. Doch der Vorschlag zeigt, dass Unternehmen gut beraten sind, von vornherein offen über die gesammelten Daten und alle Schutzvorkehrungen zu informieren. Eine versteckte Datenschutzerklärung allein reicht nicht aus. Die Prinzipien des Umgangs mit Daten müssen offensiv kommuniziert werden – zum Beispiel in einem Newsletter, der ein klares Bekenntnis dazu enthält, leicht verständliche Beispiele auflistet und Begründungen dafür liefert, warum gesammelte Daten den Kunden nützen.

Auch Amazon will das Leben der Kunden angenehmer machen. Wer es liebt, im üppigen Angebot zu stöbern und dabei von den Erfahrungsberichten anderer Kunden zu profitieren, der erhält regelmäßig passgenaue Angebote per Mail. Sehr regelmäßig. Je kürzer die Frist, desto größer allerdings die Gefahr, dass die Nutzer am Ende nicht das Gefühl der Unterstützung haben – sondern dass sie permanent beobachtet werden.

Teilen macht Service

Wie schmal der Grat ist, auf dem die Unternehmen wandeln, bewies einmal mehr die Deutsche Bahn. Sie ließ sich Anfang 2013 von den Kunden ihres Bonus-Programms neue Vertragsbedingungen bestätigen. Die Bahn wertet die Daten auch aus, um zusätzliche Angaben über Bedürfnisse und Konsumgewohnheiten zu bekommen. Ziel ist es, den Kunden Werbeangebote von Kooperationspartnern wie Banken oder Versicherungen zu unterbreiten. Als Anfang 2013 jedoch *Spiegel online* berichtete, offenbar sei die Weitergabe der Daten an Partnerunternehmen geplant, war der Aufschrei der Datenschützer programmiert. Zahlreiche Medien berichteten an prominenter Stelle von den angeblichen Plänen. Die spätere Richtigstellung und Beteuerung der Bahn, es sei keinerlei Weitergabe oder gar ein Verkauf der Daten geplant, verhallte weitgehend ungehört.

Übertriebenes Geschäftsinteresse ist das eine Risiko. Das andere ist viel banaler: mangelnde Sicherheitsvorkehrungen. 2012 untersuchte die Stiftung Warentest mehrere Dutzend Smartphone-Apps. Das Ergebnis war höchst beunruhigend. Die Sicherheitslücken von neun Apps wurden als »sehr kritisch«, von 28 weiteren »kritisch« eingestuft. Der Dienst »WhatsApp« ist zum Beispiel extrem weit verbreitet, da sich mit ihm SMS-Kosten einsparen lassen. Er sendet allerdings nicht nur Kurzbotschaften weiter, sondern er überträgt offenbar auch ohne Nachfrage gespeicherte Telefonnummern nicht anonymisiert an den eigenen Server. Zahlreiche weitere Programme übertragen Benutzernamen und Passwort oder ganze Adressbücher unverschlüsselt an die Hersteller.

Mangelnde Schutzvorkehrungen können sich hier fatal auswirken. Das gilt auch für das Angebot öffentlicher Hotspots in Hotels, Bars oder Restaurants. Inzwischen legen sich an solchen Orten nämlich Online-Kriminelle auf die Lauer. So warnte die amerikanische Bundespolizei FBI vor kurzem ausdrücklich Reisende davor, auf gefälschte Updates hereinzufallen und sich Trojaner einzufangen, die auf Datenfang gehen. Um einen Sitznachbarn dabei zu belauschen, wie er seine Mail checkt, muss man kein Internet-Guru sein. Ein einfaches Smartphone mit der passenden App genügt, um sich in die Accounts einzuloggen und die Daten an sich zu reißen. Das ist nicht nur ein Problem für die Kunden, sondern auch für die Anbieter. Denn WLAN-Betreiber sind gesetzlich verpflichtet, ihr Funknetz gegen Missbrauch zu schützen.

Ein Verzicht oder gar Ausstieg aus den Systemen ist hier die schlechteste aller möglichen Lösungen. Denn das Bedürfnis nach mehr digitalen Services – trotz aller Sicherheitsprobleme – ist übergroß. Schon jetzt zeichnet sich ab, dass die Kunden von morgen das Einloggen in ein örtliches WLAN als pure Selbstverständlichkeit betrachten. Wie dieses Bedürfnis für den eigenen Geschäftserfolg nutzbar gemacht werden kann, ohne zu große Risiken einzugehen, dafür hat die Telekom ein interessantes Modell entwickelt. Sie will ab Sommer 2013 ihren Kunden das Angebot machen, ihren Netzanschluss für andere Kunden zu öffnen und dafür ihrerseits weltweit andere Anschlüsse kostenlos zu nutzen. So soll eine internationale Hotspot-Community entstehen. Motto: Teilen macht nicht nur Spaß, sondern manchmal auch Service.

Diese Idee ist aus zweierlei Gründen höchst interessant: Erstens surft die Telekom auf der Woge der Share-Community. Das Share-Prinzip – das Teilen von Wissen und Infrastruktur – bildete nicht von ungefähr das Motto der CeBIT 2013. Ob in den sozialen Netzwerken, der automobilen Fortbewegung oder dem Nutzen von Wohnraum, immer mehr Menschen entscheiden sich für die gemeinsame Nutzung. Dieses Prinzip auf Netzanschlüsse zu übertragen, liegt genau im Trend. Zweitens wird die Telekom profitieren, weil dadurch ihre mobilen Datennetze weniger stark belastet werden. Sie kann den Ausbau ihrer Kapazitäten mit mehr Ruhe angehen.

Sämtliche Prognosen gehen davon aus, dass die Datenmenge in den Netzen während der kommenden Jahre explodiert. Entsprechend wird das Bedürfnis nach digitalen Services wachsen. Eric Schmidt, Aufsichtsratschef von Google, schwärmt bereits von der Chance der Unternehmen, den Gefühlen, Befindlichkeiten und Assoziationen der Kunden näher denn je zu kommen.[129] Fotos, Erinnerungen, Vorlieben – wir werden künftig alles in den Netzwerken aufbewahren. Wer Zugang zu diesen Archiven unseres digitalen Selbst hat, kann uns in der Tat so individuell passende Angebote unterbreiten wie nie zuvor. Oder aber Gefahr laufen, uns mit seiner Aufdringlichkeit dauerhaft zu verprellen. Meistern werden wir die Herausforderung nur, wenn sich beide Seiten ihrer Verantwortung stellen: Die Unternehmen müssen ihre Sensibilität für den Datenschutz bei jeder neuen Möglichkeit, die das Netz bietet, nachjustieren. Doch diese Anforderung gilt genauso für die Kunden, die oft allzu leichtfertig der Öffentlichkeit persönlichste Daten preisgeben, die sie doch nur in einem Netzwerk ihren Freunden weiterreichen wollten.

Nachwort: Auf Augenhöhe mit dem Kunden von morgen

Die Kommunikation der Zukunft ist Service. Der Service der Zukunft ist Kommunikation. Wir kommen nicht daran vorbei, mehr, besser, intensiver und intelligenter mit unseren Kunden zu reden, wenn wir auch morgen erfolgreich, besser noch: erfolgreicher sein wollen. Wobei mit »wir« die Spitze der Unternehmen genauso gemeint ist wie jeder einzelne Mitarbeiter in jeder Abteilung. Denn im Zeitalter der Vernetzung steht jeder im Fokus des Kunden.

Dabei geht es nicht um die letzten Finessen der klassischen Rhetorik, sondern um ganz einfache und grundlegende Dinge:

➤ Klartext sprechen,

➤ alle Sinne berühren,

➤ Emotionen schwingen lassen,

➤ ehrlich und authentisch kommunizieren.

Das ganz Einfache entpuppt sich dabei einmal mehr als eine große Herausforderung. Denn wir stehen vor einem entscheidenden Paradigmenwechsel:

> Servicekommunikation wird in Zukunft nicht mehr *für* den Kunden gemacht, sondern entsteht in Kollaboration *mit* dem Kunden.

Das funktioniert nur unter einer Voraussetzung: Wir müssen endlich und radikal bereit sein, mit dem Kunden auf Augenhöhe zu kommunizieren. Wir sollten den Kunden nicht mehr als Kundenkönig überhöhen, sondern ihn als Partner wertschätzen. Denn nur so können wir seine Kompetenz wahrnehmen und nutzen. Und nur so können wir von dem profitieren, was als Geheimnis der leistungsfähigsten Organisationen gilt: eine produktive Kombination von Wertschöpfung und Wertschätzung.

Gelingende Servicekommunikation ist eine Frage der Werte. Eine Frage der inneren Haltung. Ein großes Thema, das sich nicht in Halbtages-Seminaren zum Thema Kommunikation abhaken lässt und auch nicht in einer kurzen Service-Schulung.

Hier geht es um langfristige Organisationsentwicklung. Denn neue Denk- und Verhaltensmuster entwickeln sich nicht auf Knopfdruck, sondern brauchen Beharrlichkeit, Geduld, Übung, vor allem aber überzeugende Führungskräfte. Führungskräfte, die ihre Mitarbeiter nicht zu besserem Service oder zu mehr Kommunikation antreiben, sondern aus einer starken, inneren Haltung heraus mitziehen. Der österreichische Neurologe und Psychiater Viktor E. Frankl hat dies einmal sehr schön auf den Punkt gebracht:

> »Während ich von Trieben getrieben werde, werde ich von Werten gezogen.«
>
> *Viktor E. Frankl*

In Zukunft werden die Unternehmen die erfolgreichsten sein, denen es gelingt, ihre Kunden nicht mehr als anonyme Verbraucher wahrzunehmen, sondern als individuelle Wertschöpfer. Und sie werden mit solchen Kunden besonders erfolgreich sein, die zu ihrer eigenen Wertekultur beitragen können und wollen. Gewinnen werden also diejenigen, die

➤ ihre Kunden als Partner wertschätzen,

➤ gemeinsam mit ihren Kunden Werte schaffen,

➤ einen herzlichen und ehrlichen Kundenkontakt pflegen, ohne zu nerven,

➤ Serviceleistungen transparent machen,

➤ Serviceversprechen konsequent einhalten,

➤ IT-Systeme nicht nur zum eigenen Vorteil, sondern vor allem zum Nutzen der Kunden einsetzen

➤ und nicht zuletzt auch ihren Mitarbeitern Gutes tun und auch darüber reden.

Wie gesagt: Das klingt ganz einfach. Aber kennen Sie nur ein einziges Unternehmen, dem das konsequent gelingt? Wir nicht. Aber wir kennen doch etliche, die auf einem sehr guten Weg sind.

Wir wünschen Ihnen auf Ihrem persönlichen Weg hin zu einer Kultur der wertvollen, wertschätzenden und wertschöpfenden Servicekommunikation alles erdenklich Gute. Wenn Sie Fragen haben, unterstützen wir Sie gerne. Wir freuen uns auf Sie!

Ihre Service-Expertin
Sabine Hübner (www.sabinehuebner.de)

und

Ihr Kommunikations-Experte
Reiner App (www.pragma-beratung.de)

Anhang

[1] Kühne, Martina: *Servicekultur im Netzzeitalter. Zwischen Algorithmen und Intuition – Wie digitale Dienste zu sinnlichen Erlebnissen werden.* Rüschlikon/Zürich: GDI Gottlieb Duttweiler Institute, 2011. S. 4.

[2] www.perspektive-blau.de/artikel/0610c/0610c.htm

[3] Tns Infratest; DHL Deutsche Post: *Einkaufen 4.0. Der Einfluss von E-Commerce auf Lebensqualität und Einkaufsverhalten.* Bonn: Deutsche Post AG, Februar 2012.

[4] Einkaufen 4.0, a. a. O., S. 69.

[5] http://www.onlinehaendler-news.de/2012/12/05/showrooming-mal-anders-ebay-und-paypal-eroffnen-ladengeschaft/Ariane Noelte: Showrooming mal anders: eBay und Paypal eröffnen Ladengeschäft.

[6] http://www.derhandel.de/news/blog/pages/show.php?id=9378 Marcelo Crescenti: »Amazon plant keine stationären Geschäfte«.

[7] Einkaufen 4.0, a. a. O., S. 7.

[8] http://www.handelsblatt.com/unternehmen/handel-dienstleister/moebelkette-ikea-erwirtschaftet-erneut-rekordumsatz/7673120.html

[9] http://www.welt.de/wirtschaft/article13834915/Modekette-H-amp-M-stemmt-sich-gegen-die-Krise.html

[10] http://www.buchmarkt.de/content/52243-media-control-deutscher-e-book-markt-waechst-deutlich.htm

[11] http://www.spiegel.de/netzwelt/web/musikindustrie-der-deutsche-musikmarkt-schrumpft-nicht-mehr-a-828129.html

[12] Steinhaus, Ingo: *Sag niemals nie. Service ohne Ende.* http://www.itmittelstand.de/home/newsdetails/article/sag-niemals-nie-service-ohne-ende.html

[13] Detecon Consulting in Zusammenarbeit mit der Munich Business School: *Kundenservice der Zukunft. Mit Social Media und Self Services zur neuen Autonomie des Kunden. Empirische Studie: Trends und Herausforderungen des Kundenservice-Managements.* Bonn: Detecon International GmbH, August 2010. S. 6.

[14] Laut der Studie Cars Online 11/12 von Capgemini.

[15] »Dienstleistungen in Deutschland: Besser als ihr Ruf, dennoch stark verbesserungsbedürftig! Anregungen für eine zukunftsfähige Dienstleistungspolitik.« Arbeitskreis Dienstleistungen der Friedrich-Ebert-Stiftung Wirtschaftspolitik und der Dienstleistungsgewerkschaft ver.di, zusammengestellt von Josef Hilbert und Rolf Brandel, Bonn, 2/2006.

[16] Die Studie stammt aus dem Jahr 2007.

[17] Deborah Tannen: *Du kannst mich einfach nicht verstehen. Warum Männer und Frauen aneinander vorbeireden.* München, 1993.

[18] Basis der Angaben ist eine Studie im Auftrag des Bitkom, für die die Institute Aris und Forsa 1 000 Deutsche ab 14 Jahren repräsentativ befragt haben. Veröffentlicht wurde die Studie im März 2011.

[19] *Financial Times* online vom 30.03.2011.

[20] *Handelsblatt* online vom 19.05.2011.

[21] *Handelsblatt* online vom 20.06.2011.

[22] Vgl.: http://www.horizont.net/aktuell/agenturen/pages/protected/Ergo-Streitfall-HORIZONT-praesentiert-Originale-und-Plagiate-in-der-Werbung_94582.html

[23] Beate von Keitz, Frank Schmidt, Holger Rußmann: Der Aufbau der Marke ERGO. *Planung & Analyse*, Heft 6/2010.

[24] Stiftung Warentest: *test* 6/2007.

[25] http://www.adac.de/infotestrat/tests/autozubehoer-technik/mobile-navis/Navis_updates/vergleich_naviupdates.aspx

[26] http://www.jungesportal.de/sicher-unterwegs/test-navi-servicehotlines.php

[27] http://www.motor-klassik.de/oldtimer/autos-die-man-nicht-vergisst-opel-kapitaen-1242494.html

[28] Vgl. *Auto-Bild*, Bericht vom 21.10.2011.

[29] http://www.kununu.com/de/all/de/it/abat/kommentare

[30] http://www.spiegel.de/spiegel/vorab/belegschaft-des-frankfurter-apple-stores-waehlt-betriebsrat-a-866460.html

[31] http://diepresse.com/home/wirtschaft/international/501509/Starbucks_Sie-verwandeln-Mitarbeiter-in-Roboter.

[32] http://t3n.de/news/twitter-shitstorm-starbucks-392991/ und http://onlinemarketing.de/news/das-twitter-desaster-von-starbucks

33 http://de.wikipedia.org/wiki/Starbucks#Twitter-Fauxpas

34 http://www.starbucks.de/about-us/career-center

35 Diesen Eindruck legt die ARD-Dokumentation »Augeliefert« nahe. Quelle: http://www.ardmediathek.de/das-erste/reportage-dokumentation/ausgeliefert-leiharbeiter-bei-amazon?documentId=13402260

36 Stock-Homburg, Ruth: *Der Zusammenhang zwischen Mitarbeiter- und Kundenzufriedenheit. Direkte, indirekte und moderierende Effekte.* Gabler, September 2011, S. 194–196. Im gleichen Jahr erschienen: Franz, Robert: *Auswirkungen der Mitarbeiterzufriedenheit auf die Kundenzufriedenheit im Dienstleistungssektor: Theoretische Grundlagen und empirische Ergebnisse.* Europäischer Hochschulverlag, 2011.

37 http://www.gastronomie-report.de/gastro/index.php?StoryID=5692

38 Schleuter, Willibert: *Die sieben Irrtümer des Change Managements. Und wie Sie sie vermeiden.* Campus, 2009.

39 Huck-Sandhu, Simone; Spachmann, Klaus: *Zwischen Strategie und Schnellschuss: Interne Kommunikation in der Wirtschaftskrise.* Universität Hohenheim, FB Kommunikationswissenschaften und Journalistik, 2010, hier S. 20.

40 O.A.: Wie sage ich es meinen Leuten? *Manager Magazin online,* 3.8.2010; http://www.manager-magazin.de/unternehmen/artikel/0,2828,709712,00.html

41 http://www.spiegel.de/thema/warteschleife/

42 http://www.spiegel.de/netzwelt/web/sascha-lobos-kolumne-callcenter-warteschleifen-und-nervende-kunden-a-876270.html und http://digital-naiv.com/2013/01/09/de-der-kunde-nervt-wie-sau-oder-sascha-lobo-zu-callcentern-auf-spiegel-online/

43 http://www.trendwatching.com/de/trends/servilebrands/

44 Kühne, Martina: *Servicekultur im Netzzeitalter. Zwischen Algorithmen und Intuition – Wie digitale Dienste zu sinnlichen Erlebnissen werden.* Rüschlikon/Zürich: GDI Gottlieb Duttweiler Institute, 2011. S. 21.

45 »Brand Attachment and Brand Attitude Strength: Conceptual and Empirical Differentiation of Two Critical Brand Equity Drivers«, Mai 2010.

46 Je intensiver sich ein Kunde seiner Marke verbunden fühlt, desto mehr bewegt er sich »from an egocentric to a more reciprocal brand relationship involving sharing one's resources with the brand«, S. 13.

47 Wippermann, Peter: Suche Zeit, biet Geld! Warum der Kunde im Mittelpunkt der zukünftigen Unternehmensinteressen steht und Consumer Centricity der Schlüssel für den Erfolg in der Netzwerkökonomie sein wird. In: *Deutsche Post DHL; tns Infratest: Einkaufen 4.0 Der Einfluss von E-Commerce auf Lebensqualität und Einkaufsverhalten.* Bonn, 2012. S. 48–43, hier S. 43.

48 Quelle: Destatis. Pressemitteilung vom 2.1.2012.

49 http://www.cbsnews.com/8301-505270_162-57564225/downton-abbey-effect-british-butlers-make-big-comeback/

50 http://www.kaup-conciergerie.com/kaup-cie.php. Vgl. auch Anne Preissner/Claus G. Schmalholz: Outsourcing de luxe. In: *Manager Magazin* 8/2009, S. 96.

51 http://www.gruenderplan24.de/2012/08/02/geschaeftsidee-virtueller-persoenlicher-assistent/

52 http://www.spiegel.de/spiegel/print/d-89571115.html; Kistner, Anna: Im Hüllenhimmel. In: *Spiegel* 46/2012 vom 12.11.2012.

53 http://www.heise.de/mac-and-i/meldung/Geheimnisse-aus-dem-Apple-Store-1261483.html; Schwan, Ben: Geheimnisse aus dem Apple-Store. In: *Heise online* vom 16.6.2011.

54 http://www.welt.de/wirtschaft/article13888931/Die-geheime-Macht-der-Hersteller-beim-Autokauf.html; Doll, Nikolaus: Die geheime Macht der Hersteller beim Autokauf. In: *Die Welt* vom 26.2.2012.

55 http://www.uni-jena.de/Mitteilungen/PM120822_Nepotismus.html; Original-Publikation: Mark S. Rosenbaum and Gianfranco Walsh: Service Nepotism in the Marketplace. In: *British Journal of Management*, Vol. 23, 241–256 (2012).

56 http://www.sueddeutsche.de/kultur/christoph-waltz-und-die-oscars-begehrtes-biest-1.1605689

57 http://www.spiegel.de/panorama/leute/imagewechsel-bei-verona-pooth-ich-bin-doch-nicht-bloed-a-490485.html

58 http://www.cash-online.de/versicherungen/2012/studie-online-service/84139

59 http://mashable.com/2013/02/06/zappos-facebook-results/

60 Heuser, Uwe Jean: Frau Facebook. In: *Die Zeit*, 14.2.2013, S. 36.

61 Wakeboard ist eine Mischung aus Wasserski und Surfbrett. Das Brett wird an die Füße geschnallt, der Sportler wird von einem Boot übers Wasser gezogen und vollführt dabei Kunststücke.

[62] Kilian, Karsten: Multisensuales Marketing: Marken mit allen Sinnen erlebbar machen. In: *transfer Werbeforschung und Praxis*, 04/2010, S. 42–48, hier S. 48.

[63] Kilian, Karsten: Multisensuales Marketing: Marken mit allen Sinnen erlebbar machen. In: *transfer Werbeforschung und Praxis*, 04/2010, S. 42–48.

[64] Weitere Best-Practice-Beispiele finden Sie in: Steiner, Paul: *Sensory Branding. Grundlagen multisensualer Markenführung.* Wiesbaden: Gabler, 2011.

[65] Vgl. auch Schüür-Langkau, Anja: Multisensuales Marketing: Fünf Sinne auf Empfang. In: *Springer für Professionals.* http://www.springerprofessional.de/teil1-multisensuales-marketing--fuenf-sinne-auf-empfang/3214508.html

[66] http://www.gastronomie-report.de/gastro/index.php?StoryID=4622; http://www.ahgz.de/unternehmen/starwood-eroeffnet-neue-hotels-in-europa,200012194058.html

[67] http://www.n-tv.de/ratgeber/Deutscher-Servicepreis-2011-article2834636.html; http://www.handelsblatt.com/unternehmen/management/koepfe/motel-one-dieter-muellers-hotel-discounter/6621954.html; und: http://www.sueddeutsche.de/muenchen/motel-one-wie-das-prinzip-billig-hotel-funktioniert-1.1300813

[68] Vgl. Kilian, Karsten: Multisensuales Marketing: Marken mit allen Sinnen erlebbar machen. In: *transfer Werbeforschung und Praxis*, 04/2010, S. 42-48, S. 43.

[69] Nach Kilian, Karsten: Multisensuales Marketing: Marken mit allen Sinnen erlebbar machen. In: *transfer Werbeforschung und Praxis,* 04/2010, S. 42–48, S. 43.

[70] http://www.spiegel.de/wirtschaft/unternehmen/apples-store-der-meiste-umsatz-pro-quadratmeter-a-881201.html

[71] http://www.prnewswire.com/news-releases/zara-opens-its-new-global-concept-store-on-new-york-citys-fifth-avenue-142666705.html#

[72] http://www.manager-magazin.de/unternehmen/industrie/0,2828,838609,00.html

[73] Koch, Moritz: Das Geschäft mit dem Körperkult. In: *Süddeutsche Zeitung,* 22.2.2013.

[74] Keeve, Viola: Wohlfühl-Ambiente nimmt die Angst vor dem Bohrer. In: *Handelsblatt,* 4.5.2010.

[75] Zitiert nach *Baunetzwoche* #298 vom 30. November 2012, S. 7, www.baunetz.de

76 Güntert, Andreas: Der schönste Supermarkt der Welt: Wirklich ein M anders. In: *Handel Heute*, 8/2009, S. 66–69.

77 Güntert, Andreas: Der schönste Supermarkt der Welt: Wirklich ein M anders. In: *Handel Heute*, 8/2009, S. 66–69.

78 Schwarz, Christopher: Die schöne Fassade des Einkaufens. In: *Wirtschaftswoche*, 24.2.2013.

79 http://blogs.zappos.com/blogs/zappos-family/zcltstoriesthe8hrcall

80 Hübner, Sabine: *Surpriservice. Erfolgskonzepte und visionäre Ideen der Marktführer von heute.* Offenbach: Gabal, 2002, S. 142.

81 http://ne-na.de/ich-sag-mal-blog-zu-chief-listening-officer-statt-skript-gesteuerte-pappkameraden-dell-und-der-abschied-vom-sisyphus-in-der-warteschleife/

82 http://www.scinexx.de/wissen-aktuell-11295-2010-02-26.html

83 http://www.autobild.de/artikel/cardrops-neuer-paket-service-3872762.html

84 http://adstonishing.blogspot.de/2011/01/caribou-coffees-hot-n-wholesome.html. Mehr Beispiele unter http://blog.edelundfein.com/ambient-marketing-10-best-practice-beispiele/227

85 http://www.beebop.de/mc-donalds-ambient-media-streetlight/

86 http://www.horizont.net/aktuell/marketing/pages/protected/Max-Bahr-feiert-Jubilaeum-mit-Kampagne_81304.html

87 http://blog.scout24.com/2012/07/big-in-taiwan-bei-krones-sind-die-mitarbeiter-die-stars-des-social-web/

88 http://blog.scout24.com/2012/07/big-in-taiwan-bei-krones-sind-die-mitarbeiter-die-stars-des-social-web/

89 *Reader's Digest*, September 2012.

90 Kundenbefragung im Rahmen eines Online-Panels, vorgenommen vom Deutschen Institut für Service-Qualität im Auftrag des Nachrichtensenders n-tv, 14.12.2012.

91 Laut Pressemitteilung Deutsches Institut für Service-Qualität.

92 Laut *Handelsblatt*, 20.01.2012.

93 Alter, Roland: *Schlecker. Oder: Geiz ist dumm – Aufstieg und Fall eines Milliardärs.* Rotbuch Verlag, Berlin 2012.

94 *Manager Magazin online*, 14. Februar 2013.

95 Vgl. *Wirtschaftswoche* 43/2012.

96 Sündenfall Ergo. Sieben Schritte, eine Marke zu ruinieren. In: *Handelsblatt* 14.–16.Sept. 2012, S. 52-59, hier S. 56 und: http://www.rheingold-salon. de/grafik/veroeffentlichungen/HB%20Suendenfall%20Ergo.pdf

97 http://www.welt.de/wall-street-journal/article108901796/Einblick-in-die-geheimen-Verkaufstricks-von-Apple.html

98 Beispiel aus dem Beitrag »Die Bibel des iGod« von Christoph Fröhlich. In: *Stern*, 30.8.2012. http://www.stern.de/digital/computer/angebliches-lehrbuch-fuer-apple-mitarbeiter-die-bibel-des-igod-1887042.html

99 Video unter http://www.huffingtonpost.com/2011/07/26/goat-apple-store_n_909937.html

100 *FAZ* vom 02. Juni 2012.

101 Laut Imagebarometer 2008.

102 Laut der Online-Umfrage »Perspektive Deutschland« in den Jahren 2005, 2004 und 2003.

103 Zum Beispiel beim ARD-Markencheck vom 14.01.2013.

104 Tempolimit-Umfrage von Infratest-dimap aus dem Jahr 2007 im Auftrag des Online-Portals »mobile.de«/Null-Promille-Umfrage von Emnid aus dem Jahr 2011 im Auftrag von *Bild am Sonntag*.

105 Vgl. Dieter Otten: *Die 50+ Studie. Wie die jungen Alten die Gesellschaft revolutionieren.* Hamburg, 2008.

106 FAZ vom 11.10.2010.

107 http://www.dw.de/pr-panne-bei-alitalia/a-16577290

108 Zitiert nach http://www.servicedesaster.de/blog/?p=163

109 http://www.best-practice-business.de/blog/zukunft-strends/2012/10/30/wird-die-instagram-speisekarte-bald-zum-standard-in-der-gastronomie/

110 Philip Kotler: *Marketing 3.0. From Products to Customers to the Human Spirit.* S. 4.

111 Laut *Handelsblatt* online, 31.10.2006.

112 Susanne Knaller; Harro Müller: Einleitung. Authentizität und kein Ende. In: Knaller/Mülller (Hg.): *Authentizität. Diskussion eines ästhetischen Begriffs.* München 2006, S.7–16, hier S. 8.

113 Vgl. Saupe, Achim: Authentizität. Version 1.0. In: *Docupedia-Zeitgeschichte*, 11.2.2010, http://docupedia.de/zg/ . Saupe zitiert nach Sturma, Dieter: *Jean-Jacques Rousseau.* München 2001, S. 183 f.

[114] So ein Bild des Soziologen Heiner Keupp.

[115] Vgl. Bröckling, Ulrich: *Das unternehmerische Selbst. Soziologie einer Subjektivierungsform.* Frankfurt a. M. 2007. S. 2.

[116] Vgl. Hellmann, Kai-Uwe: *Fetische des Konsums. Studien zur Soziologie der Marke.* Wiesbaden 2011. S. 240.

[117] Niermeyer, Rainer: *Mythos Authentizität. Die Kunst, die richtigen Führungsrollen zu spielen.* Frankfurt/New York 2010. S. 23.

[118] http://www.wiwo.de/unternehmen/mimikry-marketing-kauf-dich-gluecklich/5701106.html

[119] http://www.wiwo.de/unternehmen/mimikry-marketing-kauf-dich-gluecklich/5701106.html

[120] Haunhorst, Charlotte: Das Ende einer besseren Welt? In: *Jetzt.de,* 26.1.2011; http://jetzt.sueddeutsche.de/texte/anzeigen/518607

[121] nach englisch: **L**ifestyles **o**f **H**ealth **a**nd **S**ustainability

[122] http://www.wiwo.de/unternehmen/mimikry-marketing-kauf-dich-gluecklich/5701106.html

[123] Hellmann, Kai, a. a. O., S. 63.

[124] http://www.wiwo.de/erfolg/trends/pannen-katastrophen-der-kommunikation/6292506.html?slp=false&p=2&a=false#image

[125] http://www.focus.de/digital/internet/facebook/facebook-aufstand-gegen-pril-wettbewerb_aid_628554.html

[126] http://www.pressearbeit-praktisch.de/moderne-pr/pr-kampagnen-tops-und-flops/

[127] RFID steht für radio-frequency identification.

[128] Der Verein FoeBuD hat sich inzwischen umbenannt in digitalcourage e.V.

[129] Eric Schmidt, Jared Cohen: *The new digital Age: Reshaping the Future of People, Nations and Business.* New York, 2013.

Literatur

Bröckling, Ulrich: *Das unternehmerische Selbst. Soziologie einer Subjektivierungsform.* Frankfurt a. M.: Suhrkamp, 2007.

Detecon Consulting in Zusammenarbeit mit der Munich Business School: *Kundenservice der Zukunft. Mit Social Media und Self Services zur neuen Autonomie des Kunden.* Empirische Studie: Trends und Herausforderungen des Kundenservice-Managements. Bonn: Detecon International GmbH, August 2010.

Essig, Carola/Soulas de Russel, Dominique/Bauer, Denis: *Das Image von Produkten, Marken und Unternehmen.* Sternenfels: Wissenschaft & Praxis, 2010.

Hellmann, Kai-Uwe: *Fetische des Konsums. Studien zur Soziologie der Marke.* Wiesbaden: VS Verlag, 2011.

Hilbert, Josef/Brandel, Rolf (Hrsg.): *Dienstleistungen in Deutschland: Besser als ihr Ruf, dennoch stark verbesserungsbedürftig! Anregungen für eine zukunftsfähige Dienstleistungspolitik.* Bonn: Arbeitskreis Dienstleistungen der Friedrich-Ebert-Stiftung Wirtschaftspolitik und der Dienstleistungsgewerkschaft ver.di, 2/2006.

Hübner, Sabine: *Service macht den Unterschied. Wie Kunden glücklich und Unternehmen erfolgreich werden.* München: Redline, 2009.

Hübner, Sabine: *Surpriservice. Erfolgskonzepte und visionäre Ideen der Marktführer von heute.* Offenbach: Gabal, 2002.

Huck-Sandhu, Simone; Spachmann, Klaus: *Zwischen Strategie und Schnellschuss: Interne Kommunikation in der Wirtschaftskrise.* Universität Hohenheim, FB Kommunikationswissenschaften und Journalistik, 2010.

Kaut, York: *Image. Zur Genealogie eines Kommunikationscodes der Massenmedien.* Bielefeld: transcript, 2008.

Kotler, Philipp/Kartajaya, Hermawan/Setiawan, Iwan: *Marketing 3.0. From Products to Customers tot he Human Spirit.* Hoboken, New Jersey: Wiley, 2010.

Kühne, Martina: *Servicekultur im Netzzeitalter. Zwischen Algorithmen und Intuition – Wie digitale Dienste zu sinnlichen Erlebnissen werden.* Rüschlikon/Zürich: GDI Gottlieb Duttweiler Institute, 2011.

Lindstrom, Martin: *Brand Sense. Sensory Secrets behind the Stuff we buy.* New York: Free Press, 2009.

Niermeyer, Rainer: *Mythos Authentizität. Die Kunst, die richtigen Führungsrollen zu spielen.* Frankfurt/New York: Campus, 2010.

Oltmanns, Torsten/Brunowsky, Ralf-Dieter: *Manager in der Medienfalle.* Köln: BrunoMedia Buchverlag, 2009.

Oltmanns, Torsten/Kleinaltenkamp, Michael: *Kommunikation und Krise. Wie Entscheider die Wirklichkeit definieren.* Wiesbaden: Gabler, 2009.

Otten, Dieter: *Die 50+-Studie. Wie die jungen Alten die Gesellschaft revolutionieren.* Hamburg: Rowohlt, 2008.

Schmidt, Eric/Cohen, Jared: *The new digital Age: Reshaping the Future of People, Nations and Business.* New York: Alfred A. Knopf, 2013.

Steiner, Paul: *Sensory Branding. Grundlagen multisensualer Markenführung.* Wiesbaden: Gabler, 2011.

Stock-Homburg, Ruth: *Der Zusammenhang zwischen Mitarbeiter- und Kundenzufriedenheit. Direkte, indirekte und moderierende Effekte.* Wiesbaden: Gabler, September 2011.

Susanne Knaller; Harro Müller (Hrsg.): *Authentizität. Diskussion eines ästhetischen Begriffs.* München 2006, S. 7–16.

Tns Infratest; DHL Deutsche Post: *Einkaufen 4.0. Der Einfluss von E-Commerce auf Lebensqualität und Einkaufsverhalten.* Bonn: Deutsche Post AG, Februar 2012.

Über die Autoren

 Wenn in den Chefetagen großer Konzerne und des Mittelstandes das Schlagwort »Serviceverbesserung« fällt, steht ihr Name ganz oben auf jeder Liste der Spezialisten und Berater: Sabine Hübner ist gefragter Keynote-Speaker, erfolgreiche Unternehmerin, Vordenkerin und Praktikerin durch und durch. Sie gilt als »Service-Expertin Nr. 1 in Deutschland« (Pro 7), und das Magazin *Focus* zählt sie zu den »Erfolgsmachern«. 2009 und 2010 erhielt sie den Conga Award, und 2012 wurde sie zum »TOP-Speaker of the Year« gewählt. Renommierte nationale und internationale Unternehmen verlassen sich auf ihre Lösungsstrategien.

Kontakt:
Sabine Hübner
Phone   +49(0)8165.6477777
service@sabinehuebner.de
www.sabinehuebner.de
www.richtigrichtig.com

 Reiner App ist Kommunikationsexperte und Meinungsforscher. Als Geschäftsführer von PRAGMA, Institut für empirische Strategieberatung, berät er Unternehmen, Institutionen, Politik und TV-bekannte Persönlichkeiten in den Bereichen Kommunikationsstrategie und Zielgruppenforschung. Sämtliche Kommunikationsinstrumente von der Interviewstrategie, dem öffentlichen Auftritt bis hin zur massenwirksamen Kampagne sind ihm aus der eigenen Praxis bestens vertraut. Der gelernte Journalist war lange als Führungskraft im Medienbereich tätig, ist seit Jahren in Medienorganisationen wie der Initiative Tageszeitung engagiert und verfügt über ein weit verzweigtes Netzwerk in Institutionen, Politik und Medien.

Kontakt:
PRAGMA Institut für empirische Strategieberatung
Kaiserpassage 11
72764 Reutlingen
Tel.: 0 7121 988 53 34
Mobil: 0 178 359 78 58
ra@pragma-beratung.de
www.pragma-beratung.de

Stichwortverzeichnis